2판

환대산업 서비스론

Hospitality Industry Service

Hospitality Industry Service

2판

환대산업서비스론

이혜숙 · 우인애 · 황윤경 · 오지은 지음

교문사

초판을 내고 7년의 시간 동안 서비스 산업은 많은 변화를 이루었다. 정보통신기술의 발달은 인터넷의 대중화를 넘어서서 모바일 기반의 SNS(Social Network Service)를 통한 사회 관계망의 폭발적인 성장으로 새로운 변화를 체험시키고 있다. 기업이 제공하는 서비스는 SNS와 각종 애플리케이션을 기반으로 고객들에 의해 실시간으로 평가되고 공유되며, 고객들은 다양한 서비스 가운데 자신에게 맞는 서비스를 선택하는 데 있어 공유되는 체험을 근거로 한다. 먹을거리, 볼거리, 즐길거리를 제공하는 환대산업에서는 다른 산업에 비해 이러한 변화가 더욱 중요하고, 변화의 수용 여부에 기업의 성패가 달려 있다고 볼 수 있다. 이에 SNS를 활용한 이벤트와 가상현실을 활용한 홍보 등 새로운 마케팅 방법이 급격히 증가했다. 일상에서 수많은 서비스를 제공받는 고객들의 입장에서도 제공받는 서비스의 다면적인 평가가 가능해짐에 따라 선택의 폭은 넓어지고 선택의 속도는 빨라졌다. 개정판에서는 이러한 변화 방향을 충분히 반영하되 기존 내용을 충실히 하여 변화해가는 환대산업서비스를 이해하고 접근하는 데 실질적으로 도움이 되고자 하였다.

1부에서는 환대산업서비스가 무엇인지 개념을 분명히 잡고 현황을 파악할 수 있도록 환대산업서비스의 개요를 다루었다. 다양한 욕구를 충족시키기 위해 다양한 형태의 새로운 서비스가 등장하고 있으며, 서비스 외의 산업과 서비스업을 구분하는 경계는 모호해져 가고 있다. 이에 개념에 대한 설명을 보강하였고 최신 통계 수치를 반영하여 현황 자료를 업데이트하였다.

2부에서는 환대산업서비스의 핵심인 고객 접점과 고객 만족을 다루었다. 현장에서 마주하게 될 고객들에 대한 이해를 높이고 고객들의 변화를 따라잡을 수 있도록 구성하였다.

3부에서는 서비스 마케팅의 최신 동향과 함께 서비스 소비자의 일상에 새롭게 다가오는 실제 사례를 담은 서비스 전략으로서 품질관리와 마케팅을 다루었다.

4부에서는 현재와 미래의 종사원으로서, 관리자로서 직접적으로 현실과 밀접한 내용인 종사원의 기본 태도와 교육을 다루었다.

이번 개정판이 환대서비스산업에서의 미래를 꿈꾸는 학생과 현장을 이끌어나가는 종사원, 관리자 등 실무자에게 변화하는 산업을 이해하는 데 도움이 되기를 바란다.

변화가 많은 산업을 한 권의 책에 담는 것이 쉬운 과정은 아니었으나, 많은 분들의 도움을 받아 개정판을 낼 수 있었다. 먼저 수업 시간에 교재에 대한 아낌없는 피드백을 준 학생들에게 고마움을 전한다. 덕분에 독자의 눈높이에 맞추려는 자세를 놓치지 않을 수 있었다.

교정과 편집을 도와준 교문사 담당자님에게도 감사를 드린다.

2019년 겨울

저자 일동

CONTENTS

차례

PART 2 환대산업서비스와 고객

환대산업서비스 전략

PART 4 환대산업서비스 요원

PART 1

환대산업서비스의 개요

CHAPTER 1 서비스의 개념

CHAPTER 2 환대산업서비스

CHAPTER 1

서비스의 개념

전통 산업사회에서 디지털 경제로의 변화는 현대 산업사회의 주요 흐름으로 볼 수 있다.

소비자 욕구의 다양화, 인터넷 기반의 정보통신 기술의 비약적 발전, 그리고 이에 따른 새로운 서비스의 등장, 글로벌화의 가속화 등이 그 주요 현상이다. 이러한 디지털 경제에서는 서비스 산업의 비중이 높아지는데, 경영 컨설팅·시장조사·기술자문·전문 서비스 등의 생산 활동에 필요한 부가 서비스 발달과 부의 증가·여가시간 확대·여성 취업 증가·평균수명 증가 등으로 서비스 수요가 증가하기 때문이다.

환대산업의 경우에도 이러한 디지털 경제로의 변화에 따라 더욱 다양하고 복잡하게 발전하고 있으며, 그 주요한 흐름은 서비스 산업의 발전과 맥을 같이 한다.

1. 서비스의 정의

서비스(service)는 봉사, 노예신세, 섬김을 의미하는 라틴어 'Servitium'과 종, 복종의 뜻을 가진 'Servus'에서 유래했다. 즉, 종이 주인에게 봉사하듯 남을 도와준다는 의미가 담겨 있다고 할 수 있다. 일반적으로 서비스의 사전적 의미는 '생산된 재화를 운반·배급하거나 생산·소비에 필요한 노무를 제공함', '개인적으로 남을 위하여 돕거나

표1-1 서비스의 유형

내용	서비스 유형
소비재의 변화	상품의 수송, 청소, 변형 등
개인의 육체적 변화	여행, 숙박, 의료, 미용 등
개인의 정신적 변화	교육, 정보, 상담, 오락 및 유사 서비스
경제적 상태의 변화	보험, 금융중개, 보증 등

시중을 듦', '장사에서 값을 깎아 주거나 덤을 붙여 줌' 등으로 풀이된다.

서비스는 중세 이전 사회에서는 노예, 또는 시중을 든다는 의미로 통용되었으나, 산업사회에 들어서는 비생산 활동이나 비경제적 활동의 의미로 제품을 팔기 위한 부수적 수단으로 인지되어 왔다. 그러나 후기 산업사회에 접어들면서 오히려 서비스 산업이 제품 산업을 추월하면서 서비스 산업 또는 서비스 경제 및 사회라는 용어로 통용되고 있다.

서비스는 사람에게 편리함을 주는 것을 상품으로 하여 판매하는 행위라고 할 수 있다. 서비스는 소유할 수 있는 독립된 실체가 아니며, 생산과 분리하여 거래될 수 없고, 주문에 따라 생산되는 특징이 있는 인적 행위라고 볼 수 있다.

따라서 현대적 의미의 서비스는 산업적 구조의 다양성과 이질성 및 패러다임의 급속한 변화 등으로 인하여 다양한 개념으로 확대, 변화되고 있다.

2. 서비스의 개념

서비스는 행위, 과정, 성과로 구성되며, 무형적인 특성의 활동과 성과라고 할 수 있다. 일반적으로 서비스는 무형적인 요소가 많고, 제품은 유형성이 많으므로 본질적으로 차이가 있다고 여겨지고 있으나, 사실은 모든 제품과 서비스는 유·무형의 특징을 동시에 지니고 있다. 제품과 서비스가 밀접한 상호관계를 갖고 있기 때문에 완전히 무형적이거나 완전히 유형적인 제공물은 없다는 것이다.

표1-2 서비스의 의미

일상적 의미	봉사의 의미	상대방을 위해 봉사하는 행위 또는 소유권 이전 없이 제공하는 무형의 효용이나 활동을 통해 만족을 주는 행위
	환대의 의미	친절하게 고객을 대하는 태도와 자세
	무료의 의미	무료 또는 덤으로 제공하는 뜻
경제학적 의미 (유형적인 제품인 '재화'와 구분되는 '용역')	아담 스미스 (Smith, A.)	서비스 노동은 비물질적인 것으로 보존이 용이하지 않아 부가 아니라고 생각하여 부를 창출할 수 없기 때문에 '비생산적 노동'으로 간주
	세이 (Say, J. B.)	'효용' 개념을 사용하여 소비자에게 효용을 주는 모든 활동은 생산적이라는 논리로 서비스를 '비물질적 부'라고 정의
	알프레드 마셜 (Marshall, A.)	모든 경제활동은 욕구를 만족시키기 위해 서비스를 생산한다고 봄
경영학적 의미	활동론적 정의	'서비스란 판매 목적으로 제공되거나 상품판매와 연계해서 제공되는 여러 활동 · 편익 · 만족'(미국 마케팅학회)
	속성론적 정의	서비스를 유형인 제품과 다른 무형의 상품으로 정의
	봉사론적 정의	인간이 제공하는 봉사 서비스를 인간으로부터 분리하여 노동을 기계로 대체하여 서비스의 산업화를 통해 효율성, 신뢰성, 품질 향상을 달성할 수 있다고 보는 시각
	인간상호관계론적 정의	서비스는 무형의 성격을 갖는 활동으로서 고객, 서비스, 종업원의 상호관계에 의해 발생하며, 서비스는 고객의 문제를 해결해 주는 것이라고 보는 관점

서비스 기업을 구분하는 것은 서비스를 정의하는 것보다 훨씬 어렵다. 즉, 서비스의 개념을 이해하는 것보다 서비스 기업을 식별하는 것이 더욱 어렵다. 왜냐하면, 거의 모든 제품의 구매는 서비스 구매를 동반하고, 모든 서비스의 구매는 제품 구매를 동반하기 때문이다. 예를 들어, 레스토랑 서비스는 음식 구매가 중심이며, 택시 운전 서비스 사업은 차량 구입이 필수이다. 자동차 업체는 자동차라는 제품에 보증수리 서비스를 부가하여 판매하며, 컴퓨터 업체는 컴퓨터라는 제품과 함께 보수 및 교육이라는 서비스를 판매한다. 따라서 서비스를 주로 판매하는 기업을 서비스 기업이라 한다면, 세탁소, 극장, 컨설팅 회사 등을 서비스 기업으로 볼 수 있다.

Shostack(1977)에 의하면 유형성 스펙트럼(tangibility spectrum)은 많은 제품들이 유형적 특성과 무형적 특성을 함께 가지고 있다는 개념으로 시장의 실체를 무형적인 것이나 유형적 요소들이 서로 분자처럼 결합되어 있다고 가정하였다.

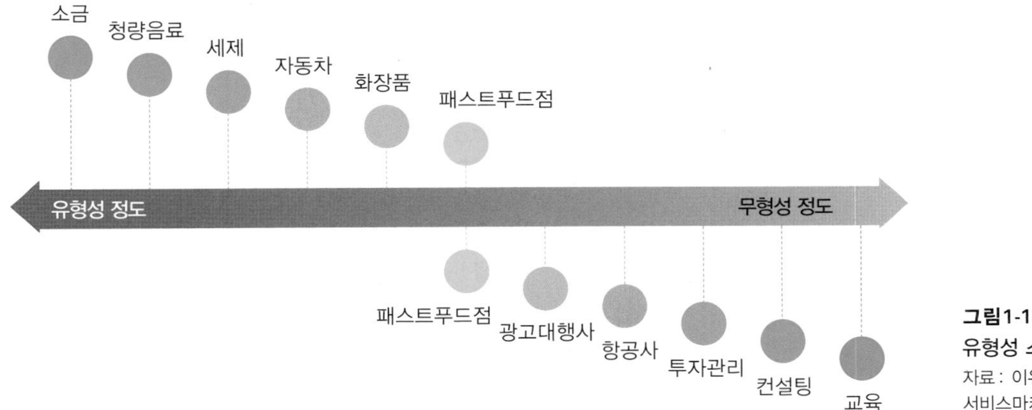

그림1-1
유형성 스펙트럼
자료 : 이유재(2013). 서비스마케팅(p.24). 학현사.

유형성 스펙트럼은 상품의 주된 특성에 따라 순수 서비스와 같이 서비스 속성이 높은 무형성 중심과 제품과 같이 서비스 속성이 낮은 유형성 중심으로 구분되는 것이다. 여기서 주의할 점은 완전히 유형적이거나 완전히 무형적인 제공물은 거의 없고 서비스와 제품의 속성이 혼재되어 있다는 점이다. 그림 1-1과 같이 가장 무형적인 것에는 교육이, 가장 유형적인 것은 소금이 위치하고 있으며 패스트푸드점과 같이 유형적인 요소를 갖고 있으며 서비스에 속하는 것은 그 중간지점에 위치하는 것으로 보았다. 즉 제품과 서비스는 따로 분리되는 것이 아니라 연속적인 것으로 보는 것이다.

서비스 특성의 여러 가지 측면을 제품과 구별해 보면 표 1-3과 같이 살펴볼 수 있다.

표1-3 제품과 서비스의 구분

구분	제품	서비스
형태	유형	무형
생산과 소비 구분	생산과 소비 분리됨	생산과 소비 동시에 이루어짐
상품 성질	동질성 유지 및 표준화 쉬움	표준화 어려움
저장성	수요 및 공급 조절 가능	저장 불가능
고객 참여	간접 참여	직접 참여

3. 서비스 구성요소

코틀러는 소비자에게 주어지는 제공물을 네 가지, 즉 순수 유형재, 서비스 수반 유형재, 제품 수반 서비스와 순수 서비스로 나누었다. 순수 유형재는 어떤 서비스도 부가되지 않은 제공물이고, 서비스 수반 유형재는 컴퓨터처럼 유형적 부분이 주가 되고, 서비스는 단지 소비자의 관심을 끌기 위해 사용되는 제공물이다. 제품 수반 서비스는 비행기 1등석 등 서비스가 핵심인 제공물, 순수 서비스는 심리 치료 등 서비스만으로 제공되는 것이다.

특히 네 가지 유형 중 서비스를 수반한 유형재와 제품을 수반한 서비스는 물리적 제품, 서비스 제품, 서비스 환경, 서비스 전달의 네 가지 요소로 구성된다.

물리적 제품(physical product)은 서비스 조직이 고객에게 전달하는 모든 것으로, 고객이 손으로 만질 수 있는 물리적 실체로서 집, 자동차, 컴퓨터, 서적, 호텔의 샴푸나 비누 등이다.

서비스 제품(service product)은 고객에 의해 구매되는 핵심적인 서비스로, 고객이 원하는 제공물을 제공하기 위해 일련의 사건을 설계해 둔 것으로서 그 예로 심부름과 모닝콜 등이 있다.

서비스 환경(service environment)은 서비스를 둘러싸고 있는 물리적 환경으로서 깨끗하고 안락한 의자를 갖추고 있으며 편리한 주차시설이 있는 극장에서 영화를 볼

표1-4 서비스 구성요소

업종	물리적 제품	서비스 제품	서비스 환경	서비스 전달
자동차 생산업체	자동차	A/S 보증, 할부	전시장, 부지	시운전, 수리시간, 상담
호텔	샴푸, 음식	심부름, 모닝콜, 셔틀버스 운행	객실, 수영장, 로비	프론트 업무수행, 객실청소, 신속한 룸서비스
대학교	졸업증서	전공과목, 직업소개	강의실, 기숙사, 운동장	가르침, 관리업무, 취업인터뷰
소매상점	상품	신용판매, 상품목록표	디스플레이, 조명, 음악	친밀성, 신속함, 박식함

자료: 조재립(2009). 서비스 경영(pp.5-6). 청문각.

그림1-2
서비스 환경: 호텔 로비

때 영화로 인한 재미 이상의 즐거움을 느끼는 것과 같은 것이다.

서비스 전달(service delivery)은 고객이 서비스를 구매할 때 실제로 일어나는 일체의 것이다. 서비스 제품이 이론상 서비스가 어떻게 기능하는가에 대한 것이라면, 서비스 전달은 실제적인 실행과정에서 서비스가 어떻게 기능하는가에 대한 것이다. 예를 들어, 패스트 푸드 식당의 경우 서비스 설계상 고객이 주문 후 10분 내에 음식을 받을 수 있어야 하지만 실제 서비스 전달과정에서는 주문이 밀리거나 종사원의 잡담 등으로 시간이 초과되는 것과 같은 경우 이는 서비스 전달의 문제인 것이다.

서비스 전달 시스템

서비스 전달 시스템(service delivery system)은 가시적인 생산 요소들을 고객과 통합시키는 과정이다. 즉, 서비스 전달 시스템은 제품 생산에 그치지 않고 제품을 소비자에게 전달하는 것까지 동시에 이루어진다. 레스토랑의 음식, 분위기는 소비 직전, 소비 중에 생산되며, 영화나 연극은 소비와 생산이 동시에 일어난다. 패키지화, 프로세스화는 고객의 참여를 유효하게 하고 판매 촉진을 할 수 있는 배달 서비스(delivery service) 기법과 다를 바 없다.

여기서 제공자는 인적 서비스만이 아닌 물적, 시스템적 생산 요소들을 동원하며 필요에 따라 유기적 유연성을 가지고 프로세스를 전개해 나간다. 당연히 제공자는 사전 예약에 의해 고객 프로그램과 프로세스를 준비하고 점검을 거친다. 이후 제공자는 고객 도착, 접촉에 의해 상호적인 의사교환을 통한 아이디어나 노하우, 문제점 등의 정보를 얻어낼 수도 있다.

자료: 최덕철(1995). 서비스마케팅. 학문사.

4. 서비스의 특성

서비스는 기본적으로 무형성, 비분리성, 이질성, 소멸성의 네 가지 특성을 가지고 있다. 이러한 서비스의 특성은 유형의 제품과 다른 독특한 내용을 가지며 서비스만의 문제점 및 대응 방안이 필요한 이유가 된다.

1) 무형성

무형성은 제품과 서비스를 구별하는 가장 기본적인 속성이며, 서비스 특성을 잘 설명해 주는 고유의 특성으로 서비스는 제조업보다 많은 무형성을 갖는다. 따라서 서비스는 그 자체를 강조하기보다 서비스 전달과정에서 오는 혜택을 강조해야 한다.

서비스는 많은 유형적 요소를 포함하고 있으나 서비스 수행은 본질적으로 무형적이다. 따라서 서비스는 유형의 제품과 비교할 때 오감을 통해 평가할 수 있는 물체, 장치, 사물이 아니라 일시적으로 경험을 할 수 있는 행위, 수행, 노력이다.

서비스재는 무형이므로 사용권과 이용권은 있지만, 소유권은 인정되지 않는다. 예를 들어, 여행상품의 경우 경험을 일시적으로 향유하는 무형성으로 인해 소유할 수 없고, 일정기간에만 이용할 수 있으며, 고객의 직접적 경험에 의해서만 평가될 수 있다. 또한 경쟁 업체가 쉽게 모방 가능하므로 차별화 전략이 필요하다.

또한 고급 레스토랑은 유형 상품인 음식을 제공하지만, 음식은 고객이 지불하는 전체 비용의 일부이며, 나머지는 고급스러운 분위기와 편리성 등 무형적 요인이 차지한다.

2) 비분리성

제품은 생산된 후 판매되어 소비가 이루어지므로 생산과 소비가 분리되지만 서비스는 유통 과정 없이 생산과 동시에 소비가 이루어진다. 즉, 상품을 판매하는 판매원의 서비스는 즉시 고객의 구매나 선택에 영향을 미친다.

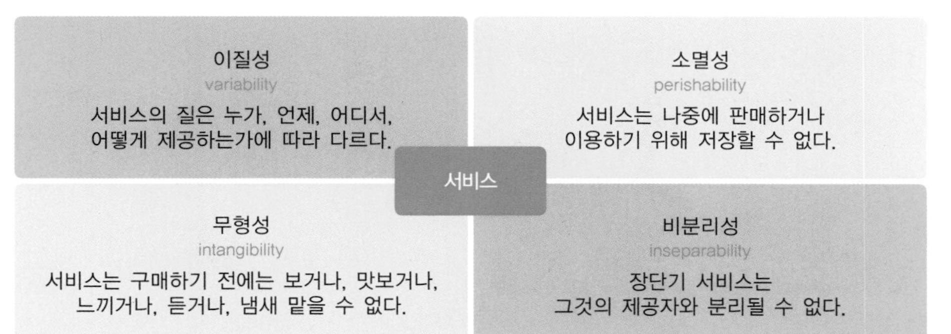

그림1-3
서비스의 네 가지 특성

서비스는 생산과 동시에 소비되므로 고객이 서비스 생산과정에 참여하는 경우가 많다. 즉, 서비스 제공자와 상호협조하면서 생산기능을 수행한다고 볼 수 있다. 이런 서비스의 비분리성(inseparability)과 고객 관여 때문에 사전에 품질을 통제하기 어려우며 대량생산 체제를 갖추기도 어렵다.

서비스는 고객이 서비스 업장으로 이동해야 하므로, 각 서비스 시설은 고객을 유인하는 데 있어 지리적 제한을 받는다. 따라서 제조업체는 한 지역에서 여러 상점을 위해 제품을 생산함으로써 규모의 경제에 따른 장점을 취할 수 있으나, 서비스 전달 시스템은 시장 내에 위치해야 하므로, 특정 시장에 크기가 맞춰져야 한다.

3) 이질성

서비스는 비표준적이며 가변적이다. 제조업에서는 생산 투입요소가 일정하고 공정이 표준화되어 제품의 동질성을 유지할 수 있다. 그러나 서비스는 고객과 직원 등 인적 요소가 포함되므로 누가, 언제, 어디서, 누구에게 제공하는지 등에 따라 서비스 품질이나 성과가 달라지는 이질성을 가지고 있다. 서비스 생산과 전달과정에는 다양한 변화 유발 요소가 존재하므로 서비스 표준화가 어렵고, 품질에 대한 관리가 어려운 반면, 고객에게 차별화된 서비스를 제공할 수 있는 기회가 될 수 있으므로 고객의 다양한 욕구를 만족시키기 위해서는 서비스 요원의 전문적 훈련이 필요하다.

아웃백 6가지 원칙(6 PRINCIPLES)

환대

우리의 사람들을 진심으로 따뜻하게 환영하고 편안함과 안녕을 추구하는 것입니다.

품질

우리가 하는 모든 일에 자부심을 부여하는 것이며, 우리의 기준에 부합하고, 세심한 곳까지 관심을 기울이며, 우리 사람들의 경험을 항상 개선하려고 노력하는 것입니다.

나눔

재미

의사결정

결과를 사전에 예측하고, 우리의 사람들과 관련된 것이 무엇인지 먼저 이해하여 실행하는 것이고, 절대 한쪽의 이익을 위해 다른 사람의 이익을 포기하지 않는 것입니다.

용기

현실과 타협하지 않는 확고한 의지를 가지고 신념과 원칙에 삶으로서, 우리의 사람들과 영업장의 성공을 위해 해야 하는 올바른 업무들을 실천하는 것입니다.

자료 : https://www.outback.co.kr/Recruit/CompanyBeliefs.aspx

서비스 이질성에 따른 차별화된 서비스의 예 : 아웃백의 서비스 요원 훈련 원칙

4) 소멸성

서비스는 고객에게 전달하는 동시에 소멸되며, 저장될 수 없다. 가전제품 등의 유형의 제품들은 판매되지 않고 남은 재고를 보관할 수 있으나, 호텔 객실, 비행기 좌석 등의 서비스 상품은 저장될 수 없다. 서비스는 물건이라기보다는 수행이기 때문에 일시적 경험으로서 시간의 제약이 있고, 저장이 불가능하므로 수요 변화에 대한 대응이 어렵다. 수요 관리 측면에서 스키 리조트와 워터파크의 복합화 사례와 시즌별 차별화 가격정책 등 비수기 수요를 개발할 수 있는 프로그램 개발이 필요하다. 또한 예약 관리 시스템과 대기고객 관리 프로그램 등을 활용하여 고객 만족도를 높여 소멸성의 위험을 최소화시켜야 한다.

위와 같은 서비스의 특성으로 인해 발생하는 문제점을 해결하기 위한 대응 방안은 표 1-5와 같다.

표1-5 서비스의 특성, 문제점 및 대응 방안

재화	서비스	문제점	대응
유형성	무형성	• 저장이 불가능함 • 특허를 통한 서비스 보호가 불가능함 • 진열 및 커뮤니케이션을 할 수 없음 • 가격 설정 기준이 모호함	• 유형적 단서 강조 • 인적 원천을 정보제공에 사용 • 구전 커뮤니케이션을 활성화 • 강력한 기업 이미지 창출 • 대고객 접촉 빈도 제고 • 제공되는 효익 강조 • 구매 후에도 커뮤니케이션에 관여
비소멸성	소멸성	• 저장 및 재판매 불가능 • 수요 및 공급의 균형 문제	• 수급 및 제공 능력의 동시 조절 • 비수기의 수요 변동에 대한 대비 • 가격과 촉진활동에 의한 수요 통제 • 대기 관리 시스템 • 유연한 채용
분리성	비분리성	• 서비스 제공자의 현존 • 서비스 생산에 고객 참여 • 직접 판매만이 가능 • 집중화된 대규모 생산이 어려움	• 종사원 선발 및 교육에 비중 둠 • 서비스 제공자의 자동화 강화 • 세심한 고객 관리 필요-고객접점에서의 효과적인 상호작용 • 복수 점포 입지전략 사용
동질성	이질성	• 표준화 및 품질 통제 어려움	• 서비스 표준의 설계 및 수행 • 사전 패키지 서비스 제공 • 서비스의 기계화, 산업화 강화 • 서비스의 맞춤화 시행

자료: 김성용(2010). Hospitality 서비스 경영 전략. 기문사.

서비스는 기본적 특성 이외에도 다음과 같은 특성이 추가되기도 한다.

① 서비스는 행위 또는 과정이다.
② 소유권의 이전을 수반하지 않는다.
③ 고객과 서비스 제공자 간의 상호작용에 의해 가치가 생산된다.
④ 인적 서비스 의존도가 높다.
⑤ 시·공간적 요소 조절은 서비스 수요와 공급에 중요한 영향을 미친다.
⑥ 일반적으로 고객의 주관적 판단에 의해 서비스의 평가가 이루어진다.
⑦ 서비스의 생산계획이 불확실하다.
⑧ 제품의 경우 소재 및 기술에 민감하나 서비스는 정보 및 커뮤니케이션에 민감하다.
⑨ 서비스는 홀로 구매되지 못하고 항상 제품과 함께 묶음으로 구매된다.

5. 서비스 패키지

서비스 패키지는 서비스 경험을 종합적으로 쉽게 이해하기 위해여 만들어 낸 개념으로 고객의 경험은 직접 서비스 과정에서 참여할 때 형성된다. 즉 서비스 패키지는 특정 환경에서 제공되는 재화와 서비스의 묶음을 말한다.

서비스 패키지에는 지원시설, 촉진제품, 명시적 서비스, 묵시적 서비스의 4가지 요소가 포함된다.

그림1-4
지원시설 : 외식 업체의 건물

1) 지원시설

서비스가 제공되기 전 서비스 장소의 물리적 자원으로 호텔, 레스토랑, 항공기 등 물적인 시설 자체를 말한다.

2) 촉진제품

구매자가 구입하거나 소비하는 제품, 또는 고객에게 제공되는 물품으로 레스토랑의 메뉴판, 스키장의 스키 등을 말한다.

그림1-5
촉진제품 : 메뉴판

3) 명시적 서비스

감각으로 쉽게 관찰이 가능한 서비스의 핵심적 특징으로 식후 포만감 또는 즐거움, 호텔의 깨끗한 방과 편안한 침대, 청결한 욕실 등을 말한다.

그림1-6
명시적 서비스 :
호텔의 깨끗한 방

4) 묵시적 서비스

서비스의 부수적인 특징으로 느껴지는 심리적 효과로 프런트 안내원의 친절함, 밝은 조명의 주차장의 안전성, 호텔이나 항공기에서의 어메니티 서비스 등 대우를 받는다는 느낌 등을 말한다.

그림1-7
묵시적 서비스 :
호텔의 어메니티 서비스

표1-6 서비스 패키지의 평가기준

서비스 패키지 요소	평가기준	
지원시설	건축상의 적합성	대학 캠퍼스의 르네상스식 건축 독특하게 인식되는 푸른 색 지붕 도심지 은행의 거대한 화강암의 외관
	내부장식	적절한 분위기가 연출되는가? 가구의 질과 조화
	시설배치	소통이 원활한가? 대기 장소는 적합한가? 불필요한 이동 혹은 추적이 있는가?
	지원장비	항공기의 기종과 사용연수는 어떠한가?
촉진제품	일관성	프렌치 프라이의 바삭바삭한 상태
	수량	대, 중, 소 크기의 피자
	선택	교환 머플러의 다양성, 임대 스키 이용 가능한 메뉴 품목
명시적 서비스	서비스 인력의 훈련	숙달된 조수의 활용범위는? 일류 의과대학 출신의 외과의사인가?
	종합성	패스트푸드점과 카페테리아 종합병원과 개인클리닉 전문대학과 종합대학교 회의실, 레스토랑, 수영장을 갖춘 모텔
	일관성	항공기의 정시도착 기록
	이용가능성	24시간 뱅킹 서비스, 소방서의 위치
묵시적 서비스	서비스 인력의 태도	친절한 승무원, 재치 있는 경찰관 퉁명스러운 음식점 종사원
	기밀보호 및 안전성	변호사 사무실에서 법률상담
	편리성	예약이용, 무료주차
	분위기	레스토랑 실내장식, 표준화된 양식 사용 잘 정돈된 것보다는 혼잡한 느낌
	대기	드라이브인 뱅킹, 통화대기 레스토랑의 칵테일 바
	지위	명문대학의 졸업장 스포츠 행사의 특등석
	행복감	대형 여객기, 밝은 조명의 주차장

자료: 최풍운 외(2001). 관광서비스 중심 환대산업서비스론(pp.46-47). 학문사.

6. 서비스의 수준

최근 많은 서비스 기업들은 치열한 경쟁기업과의 차별화를 위해 주된 서비스 외에 보조 서비스에 대한 비중을 늘려서 확장하고 있는 추세이다. 호텔 산업의 경우, 호텔의 원래 기능은 객실 서비스라고 할 수 있으나, 이런 객실 서비스만으로는 비교 우위를 창출하기 어려우므로 식음료 서비스와 휘트니스 클럽 운영 등 다른 서비스에 역점을 두어 경쟁하고자 노력하고 있다. 항공사의 경우도 고객을 운송하는 주된 서비스 외에 마일리지 서비스와 티케팅과 관련된 다양하고 편리한 서비스, 대기 고객을 위한 서비스 등을 통해 치열하게 경쟁하고 있다.

서비스 수준(Service level)은 소비자가 지불한 가격에 대해 소비자가 얻게 되는(지각하는) 외재적, 내재적 혜택의 수준이며, 또한 고객에게 전달되는 명백하거나 암시적인 혜택의 수준으로 제조업의 제품의 품질과 대응된다. 서비스 제품의 무형적 특성은 많은 작은 특성들로 구성되어 있어 측정하기 어려우며 어떤 경우에는 측정이 불가능하다. 절대적인 서비스 수준은 고객의 욕구나 서비스의 기대를 만족시키는 적절한 수준을 말한다. 서비스 매니저는 그들의 고객 만족이 무엇인지를 이해하고 고객들이 인식 가능한 서비스 수준으로 전환해야 한다.

이와 같은 서비스 특성으로 서비스의 개념과 서비스 수준에 대해 경영자와 소비자의 인식이 일치하지 않았을 때는, 소비자의 인식과 기대가 무엇인지를 고객의 지속적인 피드백 작용으로 이해하고, 서비스를 기대하고 있는 사람들에게 소비자들의 인식과 기대를 실현하는 방향으로 접근하여야 한다.

서비스 마케터의 과제

제품과 서비스 사이의 근원적 차이로 인해 서비스 마케터는 재화를 마케팅하는 마케터와 비교할 때 실제적인 어려움에 당면한다. 서비스에 대해 고객의 기대를 이해하고, 서비스를 유형화시키며, 서비스 제공과 고객 관리상의 문제를 처리하고, 고객에게 약속한 것을 지키는 것 등이 포함된다. 다음 질문들은 서비스 관리자들에게 해결하기 어려운 당면과제들의 예라고 할 수 있다.

① 상품이 무형적이고 비표준화되었을 때 어떻게 서비스 품질을 정의하고 향상시킬 것인가
② 서비스가 무형의 과정일 때 어떻게 기존 서비스를 효과적으로 설계할 수 있을 것인가
③ 어떻게 일관적이고 적절한 이미지를 고객에게 전달할 것인가
④ 서비스의 공급이 한정되어 있고 소멸하기 쉬울 때 기업이 어떻게 변동 수요에 적응할 것인가
⑤ 서비스 종사원들을 어떻게 동기부여하고 선발할 수 있을 것인가
⑥ 실제 생산비를 결정하기 어렵고 가격이 품질의 지각과 관련되어 있을 때 가격을 어떻게 설정할 것인가
⑦ 마케팅, 생산, 인사에 대한 의사결정이 다른 영역들에 중요한 영향을 미칠 때 훌륭한 전략적, 전술적 의사결정을 위한 조직구조를 어떻게 할 것인가
⑧ 조직의 효율성과 고객만족을 동시에 극대화하기 위해서는 어떻게 표준화와 개별화 간의 균형을 이룰 것인가
⑨ 서비스가 법적으로 보호되지 않을 때 어떻게 신종 서비스의 콘셉트를 경쟁자들로부터 보호할 것인가
⑩ 제공물이 무형물이고 진열되거나 사용되기 어려울 때 기업은 어떻게 품질과 가치를 고객에게 알릴 수 있을 것인가
⑪ 종사원과 고객들이 서비스 결과에 영향을 미칠 CEO 서비스 기업은 어떻게 일관된 품질의 서비스를 제공할 것인가

7. 서비스의 분류

서비스는 범위를 너무 광범위하게 정의하는 경우에는 심층적으로 분석하기 어렵고, 범위를 너무 좁힐 때에는 일반화시킬 수 없다. 서비스 분류에는 크게 일차원적 분류와 다차원적 분류가 있다. 일차원적 분류는 한 가지 분류 기준을 가지고 서비스를 분류한 것이고, 다차원적 분류는 두 개 이상의 기준 조합에 의해 서비스를 분류한 것이다. 또한 서비스만 분류한 것과 서비스와 제품을 종합 분류한 경우가 있다.

Morris & Johnston은 서비스를 과정(Process), 즉 '어떤 투입물을 가지고 특정과정

① **고객 처리 서비스**: 고객이 그들 자신에게 직접 제공되는 서비스를 추구할 때 발생하는 것으로 이러한 서비스를 제공받기 위해서는 고객 스스로 서비스 시스템에 투입되어야 한다. 예를 들면, 호텔에서 잠을 자고 식당에서 식사를 하고 병원에서 치료받는다.

② **소유물 처리 서비스**: 고객이 자기 자신에 관한 것이 아니라 자신의 소유물에 관한 처리를 서비스 기업에 요구할 때 발생하는 것으로, 예를 들면 자동차 수리를 맡기는 경우이다.

③ **정보 처리 서비스**: 모든 서비스 중에서 가장 전형적인 것으로, 예를 들면 금융, 회계, 법률, 교육, 시장조사, 컨설팅, 뉴스제공 등으로 이때의 산출물은 편지, 보고서, 책, 테이프 등 다양한 물리적 형태로 제공된다.

표1-7 Lovelock의 서비스의 네가지 범주

구분		서비스의 직접적 수혜자	
		사람	소유물
서비스 행위의 본질	유형적 행위	사람에 대한 처리 (사람의 신체에 대한 서비스) • 이발소 • 승객 수송 • 건강관리	소유물에 대한 처리 (물리적 소유물에 대한 서비스) • 연료교체 • 폐기물처리/재활용 • 수리 및 유지보수
	무형적 행위	정신적 자극에 대한 처리 (사람의 마음에 대한 서비스) • 교육 • 광고 • 심리치료	정보에 대한 처리 (무형 자산에 대한 서비스) • 회계 • 금융 • 법률서비스

자료: Lovelock 외(2014). 서비스 마케팅(제2판)(p.14). 시그마프레스.

을 거쳐 처리해서 산출물을 얻게 되는 것'으로 정의하면서 투입 요소의 유형에 따라 서비스를 고객 처리 서비스, 소유물 처리 서비스, 그리고 정보 처리 서비스라는 세 가지 종류로 분류하였다.

Lovelock은 이차원적으로 서비스를 분류하여 보다 포괄적이고 정밀하게 매트릭스로 분류체계를 제시하였다. 특히 과정 관점을 이차원적 분류로 확장하여 서비스의 직접적 수혜자와 서비스 행위의 본질에 따라 서비스를 표 1-7과 같이 네 가지 범주로 구분하였다. 서비스의 직접적 수혜자는 사람과 소유물로 나뉘고 서비스 행위의 본질은 유형적 행위와 무형적 행위로 구별된다. 과정 관점 분류의 고객 처리 서비스가 사람의 신체에 대한 유형적 서비스인 '사람에 대한 처리'와 사람의 마음에 대한 무형적

표1-8 서비스 속성에 의한 분류

1. 고객과의 관계유형에 따른 분류		서비스 조직과 고객과의 관계 유형	
		회원관계	공식적 관계 없음
서비스 제공의 성격	계속적 제공	은행, 전화가입, 보험	라디오방송, 경찰, 무료고속도로
	단속적 제공	국제전화, 정기승차권, 연극회원	렌트카, 우편 서비스, 유료고속도로

2. 고객별 서비스의 변화와 재량의 정도에 따른 분류		고객에 따라 서비스를 변화시킬 수 있는 정도	
		높음	낮음
종사원이 고객욕구에 따라 발휘하는 재량 정도	높음	법률, 의료, 가정교사	교육, 예방의료
	낮음	전화, 호텔, 은행, 고급식당	대중운송, 영화관, 패스트푸드, 레스토랑

3. 수요와 공급의 관계에 따른 분류		시간에 따른 수요의 변동성 정도	
		많음	적음
공급이 제한된 정도	피크 수요를 충족시킬 수 있음	전기, 전화, 소방	보험, 법률 서비스, 은행, 세탁
	피크 수요에 비해 공급능력이 작음	회계, 여객운송, 호텔, 식당, 극장	위와 비슷하나 불충분한 공급능력인 경우

4. 서비스 제공방식에 따른 분류		서비스 지점	
		단일 입지	복수 입지
고객과 서비스 기업과의 관계	고객이 서비스 기업으로 감	극장, 미용실	버스, 패스트푸드, 레스토랑
	서비스 기업이 고객에게 감	콜택시, 방역	우편배달, 긴급자동차 수리
	상호 떨어져서 이루어짐	신용카드, 케이블TV	방송 네트워크, 전화

5. 서비스 상품의 특성에 따른 분류		서비스가 설비 또는 시설에 근거한 정도	
		높음	낮음
서비스가 사람에 근거한 정도	높음	일류호텔, 병원	경영컨설팅, 회계
	낮음	지하철, 렌트카	전화

자료 : 이유재(2013). 서비스 마케팅. 학현사.

서비스인 '정신적 자극에 대한 처리'로 세분화된 것으로 이해할 수 있다.

Lovelock이 제시한 서비스의 분류와 각 분류에 해당하는 서비스 업종의 예시는 표 1-7, 표 1-8과 같이 각 분류체계의 마케팅 시사점을 제시한다.

8. 서비스 산업 현황

1) 서비스 산업의 분류

서비스 산업은 '서비스 제공자와 고객과의 상호관계에 의해 제공되는 유·무형적 성격의 활동 및 제품과 관련되어 부수적으로 제공되는 제반 활동, 그리고 고객의 요구를 충족시키는 시스템, 방법, 기술에 관련된 산업'을 의미한다. 서비스업의 산출물은 대체로 보관이 되지 않고 재고 축적이 불가하며, 서비스업 현장은 고객과의 접촉이 많고 노동집약적인 특징이 있다. 제조업과 비교한 서비스업의 특징은 표 1-9에 정리된 것과 같다.

표1-9 제조업과 서비스업의 특징

구분	제조업	서비스업
산출물 특성	유형, 내구적	무형, 보관 불가능
재고의 보유	산출물에 대한 재고 축적이 가능	산출물에 대한 재고 축적 불가능
고객 접촉	고객 접촉이 적음	고객 접촉이 많음
최초 접촉 이후	반응시간이 김	반응시간이 짧음
시장 규모	지역, 국내, 국제 시장	국지적 시장
생산설비 규모	대규모 설비	소규모 설비
산업특성	자본집약적	노동집약적
품질	품질측정이 용이	품질측정이 곤란

자료 : Krajewski & Ritzman(1999). Operatious Management: Strategy and Analysis(5th ed.). Addison-Wesley.

표1-10 한국표준산업분류

대분류	중분류
A. 농업, 임업 및 어업	
B. 광업	
C. 제조업	
D. 전기, 가스, 증기 및 공기 조절 공급업	
E. 수도, 하수 및 폐기물 처리, 원료 재생업	
F. 건설업	
G. 도매 및 소매업	45 자동차 및 부품 판매업 46 도매 및 상품 중개업 47 소매업; 자동차 제외
H. 운수 및 창고업	49 육상 운송 및 파이프라인 운송업 50 수상 운송업 51 항공 운송업 52 창고 및 운송관련 서비스업
I. 숙박 및 음식점업	55 숙박업 56 음식점 및 주점업
J. 정보통신업	58 출판업 59 영상 · 오디오 기록물 제작 및 배급업 60 방송업 61 우편 및 통신업 62 컴퓨터 프로그래밍, 시스템 통합 및 관리업 63 정보서비스업
K. 금융 및 보험업	64 금융업 65 보험 및 연금업 66 금융 및 보험관련 서비스업
L. 부동산업	68 부동산업
M. 전문, 과학 및 기술 서비스업	70 연구개발업 71 전문 서비스업 72 건축 기술, 엔지니어링 및 기타 과학기술 서비스업 73 기타 전문, 과학 및 기술 서비스업
N. 사업시설 관리, 사업 지원 및 임대 서비스업	74 사업시설 관리 및 조경 서비스업 75 사업 지원 서비스업 76 임대업; 부동산 제외
O. 공공 행정, 국방 및 사회보장 행정	84 공공 행정, 국방 및 사회보장 행정
P. 교육 서비스업	85 교육 서비스업
Q. 보건업 및 사회복지 서비스업	86 보건업 87 사회복지 서비스업
R. 예술, 스포츠 및 여가관련 서비스업	90 창작, 예술 및 여가관련 서비스업 91 스포츠 및 오락관련 서비스업
S. 협회 및 단체, 수리 및 기타 개인 서비스업	94 협회 및 단체 95 개인 및 소비용품 수리업 96 기타 개인 서비스업
T. 가구 내 고용활동 및 달리 분류되지 않은 자가 소비 생산활동	97 가구 내 고용활동 98 달리 분류되지 않은 자가 소비를 위한 가구의 재화 및 서비스 생산활동
U. 국제 및 외국기관	99 국제 및 외국기관

자료: 통계청(2017, 제 10차 개정). https://kssc.kostat.go.kr. 한국표준산업분류

서비스 산업 분류는 일반적으로 UN ISC(International Standard Industrial Classification) 상의 G(도매 및 소매업)에서 U(국제 및 외국기관)를 포함한다. 이에 근거하여 한국표준산업분류(2017년)에 의하면 표 1-10에 제시된 바와 같이 서비스 산업은 산업 대분류 15개 항목을 포괄하는 다양한 업종으로 구성되어 있다.

2) 우리나라 서비스 산업 현황

서비스 산업은 새로운 서비스가 계속 등장하면서 세계 경제에서 차지하는 비중이 갈수록 증가하는 추세에 있다. OECD를 비롯한 대부분의 선진국은 서비스 산업의 비중이 GDP의 60~80%를 차지할 정도로 서비스 산업 중심으로 산업구조가 변화하였다. 미국(77.0%), 영국(70.1%), 프랑스(70.2%)의 경우 GDP의 70% 이상이 서비스 산업에서 생산되고 있으며, 이와 유사한 규모의 인력을 고용하고 있는 것으로 나타났다.

한국도 경제가 발전하면서 서비스 산업의 비중이 증가하였으나 아직 60%를 밑돌고 있다. 한국의 서비스 산업 비중은 1980년대와 90년대를 지나면서 크게 성장하여 1986년에는 50%를 넘어섰고 2000년대에 이르러서는 60.2%(2006)에 달하였다. 그러나 이후 정체되어 2017년에는 58.3% 수준을 유지하고 있다.

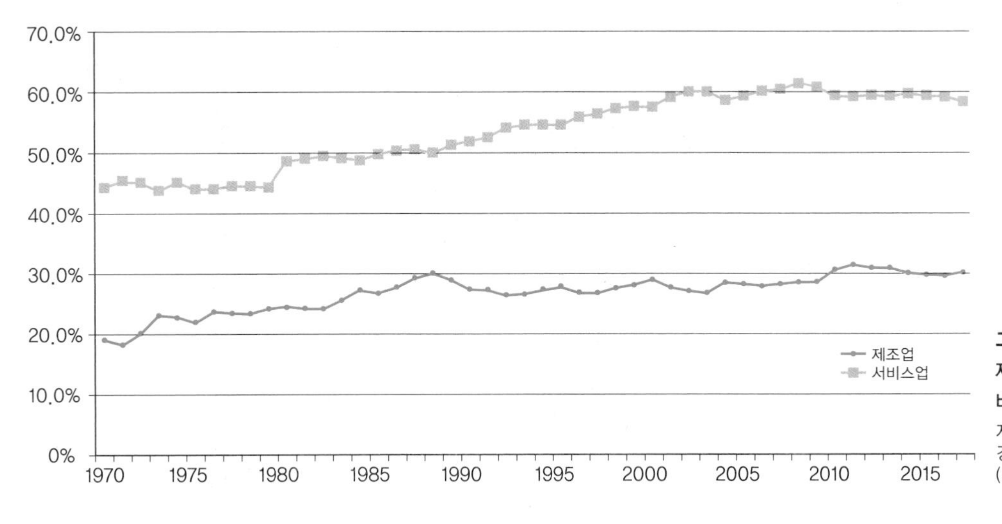

그림1-8
제조업 및 서비스 산업의 비중(한국)
자료 : ECOS(한국은행), 경제활동별 국내총생산(당해년가격).

표1-11 서비스업과 제조업의 비교

(단위: %)

구분		1995	2000	2005	2010	2015	2016	2017
GDP 비중	제조업	27.8	29.0	28.3	30.7	29.8	29.5	30.4
	서비스업	54.6	57.5	59.4	59.3	59.4	59.2	58.3
고용 비중	제조업	23.6	20.3	18.1	17.0	17.4	17.1	16.9
	서비스업	54.8	61.2	65.4	68.4	69.7	70.2	70.1

자료: ECOS(한국은행). 경제활동별 국내총생산(당해년가격).
통계청(2018). 경제활동인구조사.

2017년 한국의 서비스 산업 비중(58.3%)은 OECD 36개 회원국 중 하위 10위 정도로 낮은 수준이다. 이는 제조업이 강한 것으로 알려진 일본(68.8%, 2016년), 독일(61.9%), 핀란드(60.1%)에 비해서도 낮은 수준이다.

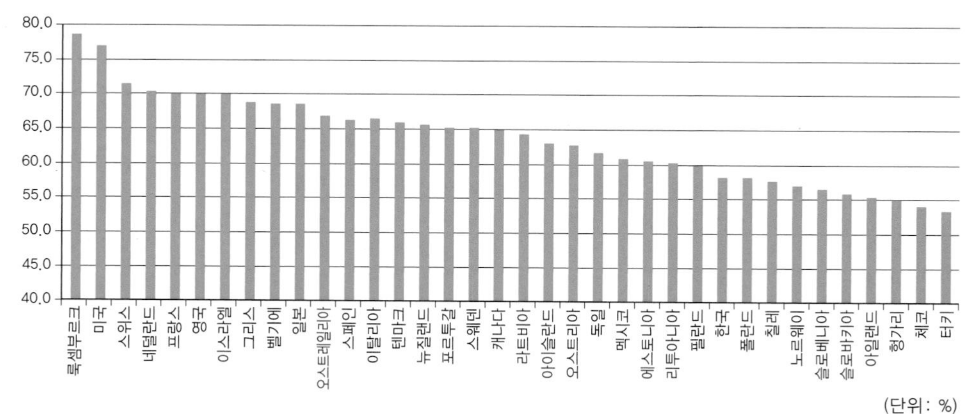

그림1-9 OECD 국가의 서비스 산업 비중 순위

자료: 한국은행(ECOS). 경제활동별 국내총생산(당해년가격)(OECD).

(단위: %)

*캐나다는 2014년 기준, 뉴질랜드는 2015년 기준, 미국, 이스라엘, 일본, 아이슬란드, 아일랜드는 2016년 기준, 나머지 국가는 2017년 기준

표1-12 서비스 산업 국제 비교

(단위: %)

구분	한국	미국	일본	영국	프랑스	독일
GDP 비중	58.3	77.0	68.8	70.1	70.2	61.9
고용 비중	70.4	79.3	71.4	81.2	77.9	71.9

*GDP 비중: 미국, 일본은 2016년 기준, 나머지 국가는 2017년 기준
고용 비중: 2016년 기준

자료: 한국은행(ECOS). 경제활동별 국내총생산(당해년 가격)(OECD).
통계청(KOSIS). 경제활동 인구조사.

표1-13 주요 서비스 업종의 수출입 비중(2017년)

순위	서비스 수출 업종	비중(%)	순위	서비스 수입 업종	비중(%)
1	운송	28.1	1	기타 사업 서비스	27.1
2	기타 사업 서비스	23.9	2	여행	25.1
3	여행	15.3	3	운송	24.5
4	건설	10.7	4	지직재산권 사용료	7.6
5	지직재산권 사용료	8.2	5	가공서비스	7.3
6	통신, 컴퓨터, 정보서비스	4.9	6	통신, 컴퓨터, 정보서비스	2.6
7	금융서비스	2.5	7	금융서비스	1.5
8	가공서비스	2.5	8	건설	1.4
9	정부서비스	1.2	9	정부서비스	1.4
10	보험서비스	1.1	10	보험서비스	0.6
11	개인, 문화, 여가서비스	1.0	11	개인, 문화, 여가서비스	0.6
12	유지보수서비스	0.4	12	유지보수서비스	0.4

자료: 한국은행(ECOS). 서비스무역세분류통계.

전 세계적으로 서비스 산업의 비중이 증가함에 따라 서비스 산업의 혁신과 생산성 향상이 경제성장을 좌우한다는 인식이 확산되고 있다. 그러나 우리나라는 소비 수준이 크게 향상되었음에도 불구하고 소비자 욕구를 충족하는 서비스를 제공하지 못한 결과 2000년대 초반부터 여행과 사업서비스 분야에서 서비스수지 적자가 급증하였다.

2017년 서비스 수출액과 수입액은 875억 달러와 1219.7억 달러이며, 우리나라 서비스 수출입 구조는 일부 업종에 크게 의존하는 편향된 구조이다.

서비스 수지 적자는 2010년 142.4억 달러에서 2015년 149.2억 달러로 만성적인 적자 상태이며 2017년에는 344.7억 달러까지 늘어났다. 특히 가공서비스(-67.6억 달러), 여행(-171.7억 달러), 기타사업서비스(-120.7억 달러) 3개 업종의 서비스 수지 적자가 총 360억 달러로 적자 중 가장 큰 비중을 차지하고 있다.

국내 서비스 산업의 생산성은 2010년부터 2017년까지 증가율이 -0.3%로 심한 정체 및 저하현상을 보이고 있다. 이는 제조업의 생산성 증가율 7.0%와 비교할 때 매우 저조한 편이다. 대부분의 선진국에서도 서비스 산업의 생산성 상승 속도가 제조업에 비해 느린 편이나, 한국 서비스 산업은 특히 양적 팽창에 비해 노동생산성이 취약한 특징을 보인다.

우리나라 서비스 산업의 생산성은 2013년 OECD 자료에 의하면 미국의 52.9%, 프랑스의 68.7%, 영국의 72.8% 수준이며 제조업 대비 42.7% 수준으로 매우 낮은 것으로 평가되고 있다. 우리나라의 경우 도·소매 음식숙박업 등 저부가가치 업종의 고용 비중은 높은 반면, 금융·사업·서비스업 등 고부가가치 업종의 고용 비중은 낮아 전반적인 생산성이 저하되는 편이며, 서비스 산업의 상당 부분을 차지하는 자영업자 비중이 높아 규모가 전반적으로 영세한 편이다.

표1-14 한국의 서비스 업종별 무역수지 추이

(단위: 억 달러)

구분	2010년	2013년	2014년	2015년	2016년	2017년
서비스 수지	−142.4	−65.0	−36.8	−149.2	−177.4	−344.7
가공서비스	−47.4	−57.1	−56.4	−61.0	−57.6	−67.6
유지보수서비스	−0.3	−0.2	−0.6	−0.3	0.0	−0.8
운송	87.3	73.5	61.9	46.3	−15.5	−53.0
여행	−84.4	−70.2	−53.6	−100.6	−99.1	−171.7
건설	96.8	155.2	152.9	96.4	95.6	77.1
보험서비스	−3.7	−2.7	0.6	−1.0	−2.8	2.1
금융서비스	−2.7	−7.6	−3.3	−0.8	0.6	4.1
지식재산권 사용료	−59.9	−55.1	−53.8	−38.6	−28.1	−21.2
통신, 컴퓨터, 정보 서비스	−4.1	3.3	9.7	7.0	9.9	11.1
기타 사업 서비스	−122.1	−104.6	−95.3	−96.2	−80.3	−120.7
개인, 문화, 여가 서비스	−2.4	−0.8	0.2	2.2	4.7	2.0
정부서비스	0.6	1.3	1.0	−2.8	−4.7	−6.2

자료: 한국은행(ECOS). 서비스무역세분류통계.

표1-15 노동 생산성 지수(부가가치 기준) (2015년=100)

구분	2010년	2013년	2014년	2015년	2016년	2017년	2010년 대비(%)
비농 전 산업	101.3	101.7	101.4	100.0	100.4	102.0	0.7
제조업(A)	99.3	100.6	101.2	100.0	102.0	106.3	7.0
서비스업(B)	100.7	101.1	100.8	100.0	100.0	100.4	−0.3

자료: 한국생산성본부. 노동생산성지수.

표1-16 서비스업의 취업자당 노동생산성 수준

(단위: US$, 2013년 기준)

한국	미국	일본	영국	프랑스	독일
46,988	88,874	60,794	64,547	68,382	59,190

자료 : OECD Statistics. National Accounts of OECD countries 및 Labor Force Statistics.
*PPP(구매력 평가) 적용

표1-17 자영업자 비중

(단위: %, 2016년 기준)

한국	미국	일본	영국	프랑스	독일	OECD 평균
15.3	6.3	6.2	12.6	7.2	5.6	10.6

자료 : 통계청(KOSIS). 종사자 지위별 취업자(OECD).

CHAPTER 2

환대산업 서비스

1. 환대산업의 분류

환대산업은 관광산업이라는 용어로 통칭하거나 혼용되어 쓰이는 경우가 많다. 학자들의 견해를 살펴보면 Ninemeier와 같이 숙박산업과 여행산업 등을 환대산업에 포함시키는가 하면, Lundberg는 관광산업을 환대산업과 여행산업으로 구분하고 있다. 그러나 리조트나 호텔의 많은 손님들이 여행대리점을 통하여 여행·환대·관광 상품을 구매하고 있는 것처럼 환대산업과 여행산업은 서로 밀접한 관련이 있으며 이러한 상호의존성으로 환대산업의 분류는 복잡하다. 다만, 환대산업을 환대서비스가 제공되는 산업분야로 크게 본다면, 정착지를 떠난 고객에게 유·무형 상품을 판매하는 사업을 기본으로 하고 있는 숙박·여행·관광 산업뿐만 아니라 외식(Foodservice)·전시(Convention)·테마파크(Theme park) 산업 등도 환대산업에 포함된다. 한국표준산업분류에 의해 환대산업을 분류해보면 표 2-1과 같다.

표 2-1 한국표준산업 분류에 의한 환대산업의 종류

51 항공운송업				
511	항공여객 운송업	5110 항공여객 운송업	51100 항공여객 운송업	여객용 전세기 운송
55 숙박업				
551	일반 및 생활숙박시설 운영업	5510 일반 및 생활 숙박시설 운영업	55101 호텔업	관광호텔, 의료관광일반호텔, 소형호텔, 수상관광호텔, 한국전통호텔
			55102 여관업	여관, 모텔, 여인숙
			55103 휴양콘도 운영업	회원제 숙박시설 운영, 회원용 콘도미니엄 운영, 특정단체 전용 휴양시설 운영, 가족호텔
			55104 민박업	농어촌 민박시설, 관광 도시 민박시설
			55109 기타 일반 및 생활 숙박시설 운영업	산장 및 방갈로 운영, 호스텔, 숙박용 펜션, 야영장 및 캠프장, 서비스드 레지던스(serviced residence) 단기 생활 숙박, 호텔, 여관, 휴양콘도 등의 일부 객실을 분양받아 운영, 교육목적이 아닌 청소년 수련 숙박시설
559	기타 숙박업	5590 기타 숙박업	55901 기숙사 및 고시원 운영업	학교 기숙사, 회사 기숙사, 고시원
			55909 그 외 기타 숙박업	하숙업
56 음식점 및 주점업				
561	음식점업	5611 한식 음식점업	56111 한식 일반 음식점업	설렁탕집, 해물탕집, 해장국집, 보쌈집, 일반 한식 전문 뷔페
			56112 한식 면 요리 전문점	냉면 전문점, 칼국수 전문점
			56113 한식 육류요리 전문점	쇠고기, 돼지고기, 닭고기, 오리고기 등 육류 구이요리 및 횟요리
			56114 한식 해산물요리 전문점	한국식 횟집, 일식 이외의 해산물 요리 전문점
		5612 외국식 음식점업	56121 중식 음식점업	중국식 음식 제공
			56122 일식 음식점업	초밥집(일식전문점), 일식 횟집, 일식 구이전문점(로바다야끼),일식 우동전문점
			56123 서양식 음식점업	서양식 레스토랑, 서양식 패밀리 레스토랑, 이탈리아 음식점
			56129 기타 외국식 음식점업	베트남 음식점, 인도 음식점
		5613 기관 구내식당업	56130 기관 구내식당업	회사, 학교, 공공기관 등의 기관과 계약에 의하여 구내식당을 설치하고 음식을 조리하여 제공

(계속)

56 음식점 및 주점업				
561	음식점업	5614 출장 및 이동 음식점업	56141 출장 음식 서비스업	출장 음식서비스, 출장 뷔페서비스
			56142 이동 음식점업	이동식 포장마차, 이동식 떡볶이 판매점,이동식 붕어빵 판매점
		5619 기타 간이 음식점업	56191 제과점업	제과점(즉석식), 떡집(음식점 형태)
			56192 피자, 햄버거, 샌드위치 및 유사 음식점업	피자 전문점, 샌드위치 전문점, 햄버거 전문점, 토스트 전문점
			56193 치킨 점문점	양념치킨 전문점, 프라이드치킨 전문점
			56194 김밥 및 기타 간이 음식점업	김밥 판매점, 일반 분식점, 아이스크림 전문점
			56199 간이음식 포장 판매 전문점	고정된 장소에서 대용식이나 간식 등 간이 음식류를 조리하여 포장판매하거나 일부 객석은 있으나 포장판매 위주로 음식점
562	주점 및 비 알코올 음료점업	5621 주점업	56211 일반 유흥주점업	요정, 한국식 접객주점, 룸살롱, 바(접객서비스 딸린), 서양식 접객 주점, 비어홀(접객서비스 딸린),
			56212 무도 유흥주점업	무도 유흥 주점, 카바레, 극장식 주점(식당) 클럽, 나이트 클럽
			56213 생맥주 전문점	생맥주집(호프집)
			56219 기타 주점업	소주방, 막걸리집, 토속주점
		5622 비알코올 음료점업	56221 커피전문점	커피 전문점, 커피숍
			56229 기타 비알코올 음료점업	주스 전문점, 찻집, 다방
75 사업 지원 서비스업				
752	여행사 및 기타 여행 보조 서비스업	7521 여행사업	75210 여행사업	일반 여행사, 국외 여행사
		7529 기타 여행 보조 및 예약 서비스업	75290 기타 여행 보조 및 예약 서비스업	관광 안내소, 카풀체계 운영, 매표 대리(여객 자동차 매표 대리 포함), 숙식 알선, 여행자 가이드(안내) 서비스, 숙박 예약 대리
759	기타 사업 지원 서비스업	7599 그 외 기타 사업지원 서비스업	75992 전시, 컨벤션 및 행사 대행업	산업 박람회 기획, 주택 전시회 기획, 패션쇼 기획, 디스플레이 서비스업, 과학 행사 기획, 문화 행사 기획, 전시시설 기획 및 연출
91 스포츠 및 오락관련 서비스업				
912	유원지 및 기타 오락관련 서비스업	9121 유원지 및 테마파크 운영업	91210 유원지 및 테마파크 운영업	유원지, 테마파크, 각종 놀이기구 운영

2. 환대산업서비스의 특성

환대산업은 숙련된 인적자원을 중심으로 무형·유형의 서비스를 동시에 제공하게 되므로 일반적인 특성은 다음과 같다.

1) 인적 서비스 의존성

환대산업의 가장 대표적인 특징은 고객과의 상호작용으로 재화가 생산되며, 서비스를 제공하는 종사원의 서비스 품질에 따라 고객의 평가가 달라진다는 점이다. 환대산업에서 고객은 서비스가 제공되는 장소에서 서비스가 제공되는 시간에 함께 존재하며 서비스, 종사원과의 상호작용을 하는 주요 요소이다.

환대산업서비스에 대한 고객 만족은 종사원과 상호접촉 과정, 서비스 설비의 성격, 고객 취향 등에 의해 결정되므로 서비스 수준에 직접 영향을 미치는 인적 자원의 전문성이 강조되어야 한다.

2) 서비스의 단기성

환대산업서비스는 일반 제조업에서 생산된 제품과 달리 짧은 시간 노출되는 특징이 있다. 음식을 먹는 시간, 패스트푸드점에서의 음료 구입 등은 1~2시간이면 되는 것이

그림2-1
환대산업의 인적 서비스 의존성
자료: Designed by peoplecreations/Freepik

므로 고객의 평가를 받는 데 시간이 매우 짧은 편이다.

잘못 만든 요리는 주방에서 다시 만들어 올 수 있지만, 불친절한 환대산업서비스는 반환하거나 교환할 수 없다.

3) 감정적 관계성

일반적인 제품의 구입 과정은 제품의 장점을 파악하고 구입하게 되는 반면, 환대산업서비스의 경우는 사람을 통해 서비스가 제공되므로 감정적 관계성이 중요한 요인이 된다. 사람과의 접촉에 의해 개인적이며 감정적인 느낌이 발생하므로 이 감정적 느낌이 구매 행위에 영향을 미친다고 할 수 있다.

4) 유형적 단서

일반적으로 환대산업을 이용하는 데 있어 고객은 환경, 가격, 의사소통, 고객이라는 네 가지 범주로 평가하게 되며, 이는 유형적 증거물이라고 할 수 있다. 제조업의 상품이 유형적 객체인 것과 달리 하나의 유형적 실마리나 증거물에 의해 평가하게 되는 것이 환대산업서비스의 특성이다.

고가 상품은 높은 품질을, 저가 상품은 낮은 품질을 나타낸다고 생각되므로 서비

그림2-2
유형적 단서

스 가격은 품질에 대한 고객의 지각에 영향을 미친다. 그러므로 서비스 마케터는 제공하는 단서가 일관성 있고 개인적 서비스 품질과 어울리도록 고려해야 한다.

5) 이미지의 강조

환대서비스는 특성상 무형의 객체를 취급하므로 이미지화를 통해 고객의 상품선택에 영향을 주게 된다. 따라서 여행상품의 경우 여행객에게 판매하는 과정에서 감각적 요소를 강조하는 편이다.

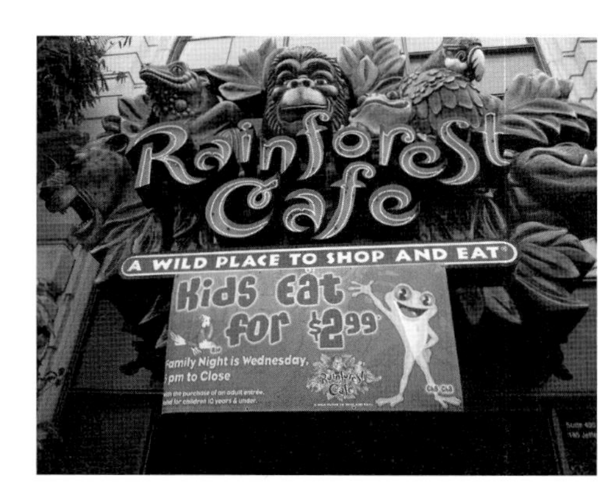

그림2-3
이미지의 강조

6) 유통경로의 다양성

환대상품 판매 과정은 유통 과정이 없는 대신 대규모 회의를 유치하는 컨벤션기획사, 여행사와 여행상품을 패키지로 판매하는 여행 도매업자라고 하는 여행 중간매체가 있다. 이들이 추천하는 관광지나 호텔, 여행상품, 교통, 음식 등은 상품 선택에 있어 고객에게 큰 영향을 미치게 된다.

7) 상호 의존성

여행자들은 왕복 항공, 지상 교통, 호텔 숙박, 지역 관광, 쇼핑, 자동차 렌트 등 여행 기간 동안 많은 다른 조직들이 제공하는 여행 서비스를 경험하게 된다. 즉, 이들 조직들은 상호의존적이며 보완적이므로 하나의 조직이 기준에 못 미치는 경우 전체에 나쁜 영향을 줄 수 있다.

8) 서비스 모방의 용이성

일반적으로 제조업에서 생산되는 제품은 특허권이나 세부적인 전문지식이 없이는 모방이 어려운 반면 환대산업은 대부분의 서비스가 특허로 보호될 수 없는 편이다. 즉, 사람들에 의해 서비스가 제공되며 고객이 직접 보고 체험하기 때문에 모방이 용이하다.

9) 계절성

환대산업은 일반적으로 성수기와 비수기가 뚜렷한 경향이 있으므로 비수기에 많은 홍보를 하는 경우가 있다. 서비스를 촉진할 수 있는 좋은 시기는 고객들이 계획을 세우는 단계일 때이므로 비수기 촉진활동이 환대산업에 있어서 중요한 특성이라고 볼 수 있다.

3. 환대산업서비스 유형

대표적인 환대산업서비스로는 호텔 서비스, 식음료 서비스, 여행 서비스, 항공 서비스, 이벤트 서비스 등의 유형을 들 수 있다. 각각의 내용을 살펴보면 다음과 같다.

1) 호텔 서비스

호텔은 고객의 휴식과 원기회복을 위해 서비스를 제공하는 곳으로 환대산업의 중추가 되는 산업이다. 최근 호텔은 숙박과 식음료를 제공하는 주요 서비스 외에도 스포츠, 레저, 레크리에이션 시설, 회의장, 전시장, 결혼식장, 연회장을 포함한 다양한 부대시설 서비스 등을 제공하고 있다.

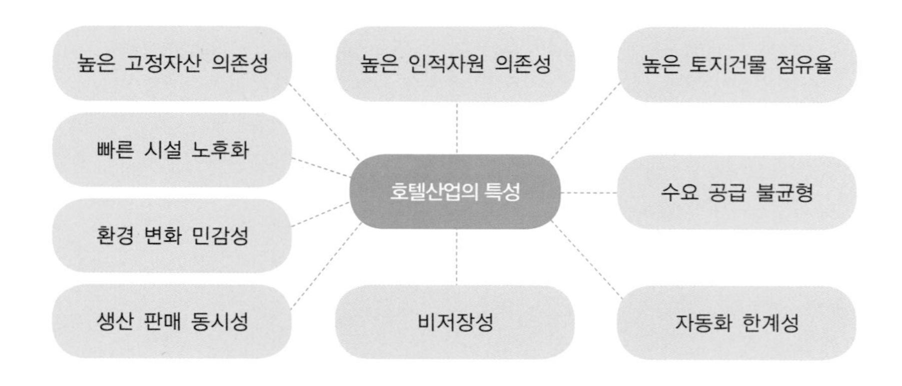

그림2-4
호텔산업의 특성

(1) 객실 부문 서비스

호텔은 숙박이 주요 이용목적이므로, 객실 부문 서비스는 호텔에 있어 매우 중요한 분야이다. 호텔의 객실 부서는 타 부서와의 신속하고 정확한 커뮤니케이션을 통해 효과적인 객실 판매를 위한 충분한 정보와 지식을 수집하고 단골고객을 유치하는 것이 필요하다.

그림2-5
호텔 객실

표2-2 호텔 서비스의 범위

<table>
<tr><th colspan="6">핵심 서비스</th></tr>
<tr><th colspan="3">객실 부문 서비스</th><th colspan="2">식음료 부문 서비스</th><th>기타 부문 서비스</th></tr>
<tr><td>유니폼 서비스</td><td>프론트
오피스 서비스</td><td>하우스
키핑 서비스</td><td>레스토랑
서비스</td><td>연회 서비스</td><td rowspan="2">전화교환 서비스
주차관리 서비스
비서업무 서비스
여행정보 서비스
관계 서비스
기타 부대시설 서비스
기타 서비스</td></tr>
<tr><td>영업 · 전송
차량 정리
차량 수배 안내
수화물 관리</td><td>객실 예약
등록/안내/
정산
객실키 관리</td><td>객실 청소
객실 정비
비품 관리
린넨류 관리
세탁물 관리
기타</td><td>테이블 서비스
카운터 서비스
셀프 서비스
메인바
로비라운지
나이트클럽
식당</td><td>테이블 서비스
스탠딩 서비스</td></tr>
</table>

자료 : 신우성(2010). 환대산업서비스. 대왕사.

표 2-3 유니폼 서비스

도어맨(Door man)	도착하는 고객을 영접하는 사람
발레 파커(Valet parker)	자동차를 대신 주차시켜 주는 사람
벨 맨(Bell man)	고객들의 짐을 운반하고, 각종 물품류를 객실로 전달하며, 고객의 짐을 일시적으로 보관하고 차량까지 적재하며 우편물을 전달하고 메시지를 전달하는 사람
GRO 또는 컨시어지(Concierge)	고객에게 각종 정보를 전달하고 불편사항을 해결해 주는 사람

① 유니폼 서비스

현관 유니폼 서비스(uniformed servive)란 호텔에 도착한 고객과 떠나는 고객에게 신속하고 정확한 각종 서비스를 제공하는 것이다. 일반적으로 유니폼 서비스 종사원에는 도어맨, 주차요원, 짐 담당자, 각종 정보 제공자, 엘리베이터 요원 등이 있다. 고객이 호텔에 머무는 동안 받게 되는 대면 서비스는 대부분 유니폼 서비스 담당자에 의해 이루어지며, 고객의 서비스 품질 판단에 직접적인 영향을 미친다.

② 프론트 오피스 서비스

프론트 오피스 서비스는 객실 예약, 등록, 우편 및 안내, 정산, 객실 키 관리 등을 담당하는 서비스로서, 호텔에서 고객과 가장 많이 접촉하며 이루어지는 서비스이다. 객실 판매뿐 아니라 부대시설 이용에 큰 영향을 미치고 있으므로 고객의 다양한 욕구를 충족시켜 주어야 한다.

③ 하우스 키핑 서비스

호텔 상품을 판매하는 프론트 오피스와 달리 하우스 키핑 서비스는 호텔의 상품을 생산하는 곳이다. 즉, 객실을 정비하고 청결하게 관리하며, 장비와 비품관리 및 린넨류와 소모품 공급, 세탁물 관리 등을 담당한다. 호텔 투숙객은 투숙 기간의 1/3을 객실에서 보내게 되므로 고객 만족을 위해 중요한 부서이다.

(2) 식음료 부문 서비스

호텔 식음료 서비스는 거의 모든 호텔에서 제공되는 기본 서비스로서 음식과 음료의 제조과정과 식음료의 전달 과정 서비스이다. 청결을 기본으로 친절한 서비스와 안락한 분위기를 제공하는 것이 호텔 식음료 부문에서 기본이 되는 것이다. 식음료 부문 서비스에는 한식, 양식, 일식, 중식당에서 이루어지는 레스토랑 서비스와 로비 라운지, 나이트 클럽, 메인 바 등에서 음료를 전달하는 음료 서비스, 연회 행사에서 식음료를 제공하는 연회 서비스 등이 있다.

① 레스토랑 서비스

호텔에서의 식음료 서비스는 고객 주문에 의해 음식과 음료를 제공하는 테이블 서비스와, 간단히 먹기 편하도록 카운터 테이블이 갖추어져 음식을 제공하는 카운터 서비스, 그리고 고객이 직접 참여하는 셀프 서비스와, 객실에서 음식을 제공받는 룸 서비스로 나뉜다.

테이블 서비스는 일정한 장소에서 고객이 음식을 주문하면, 서비스 요원이 전문적이고 숙련된 자세로 음식을 제공하여, 식사를 쾌적한 분위기 속에서 할 수 있도록 하는 일반적인 형태의 서비스로 인적 서비스 비중이 크다. 카운터 서비스는 고객이 조리과정을 직접 볼 수 있으며 빠른 서비스를 제공할 수 있는 장점이 있다. 셀프 서비스는 고객이 기호에 맞는 음식을 직접 운반하는 뷔페와 같은 서비스 형태이다.

② 음료 서비스

음료 서비스는 메인바와 로비 라운지, 나이트클럽, 레스토랑 등에서 고객에게 음료를 제공하는 서비스이다. 알콜성 음료는 주로 메인바와 나이트클럽에서 서비스하고, 비알콜성 음료는 라운지와 식당에서 서비스된다. 와인 등의 저알코올성 음료는 식전, 식중, 식후에 서비스되기도 한다.

그림2-6
W 호텔의 바

③ 연회 서비스

그림2-7
연회 서비스

호텔 연회는 축하, 위로, 환영 등의 목적과 회의, 전시, 세미나, 교육 등의 행사를 위해 이루어진다. 연회 서비스는 행사의 성격이나 내용, 방법 등이 고객의 요청에 따라 이루어지므로 일반 식당 서비스나 음료 서비스와는 성격이 다르다.

일반적으로 연회 서비스는 테이블 서비스와 스탠딩 서비스로 구분되며, 연회의 성격에 따라 조직적인 서비스가 행해진다.

④ 룸 서비스

룸 서비스는 객실에서 음식을 제공받는 서비스로서 편리할 뿐 아니라 호텔에서만 경험할 수 있다는 특징이 있다. 셀프 서비스나 연회 서비스 등에 비해 가장 개별화된 서비스로서 서비스 요원의 전문화된 서비스 교육이 필요하다.

2) 여행 서비스

그림2-8
여행사
backpacker
world travel

여행 서비스는 여행상품을 생산, 판매하고 관광지를 안내하며, 관광지와 관광관련 사업자를 위해 상호 알선하고 관광관련 사업자의 사용권을 매매하고 관광에 필요한 업무를 수행하는 여행사 내의 서비스를 말한다. 여행업은 일반 여행업, 국외 여행업, 국내 여행업 등으로 나뉜다.

표 2-4 여행 서비스의 범위

핵심 서비스				부가 서비스
카운터 서비스	예약 서비스	안내 서비스	수속대행 서비스	
여행상담 교통편 상담 여정작성, 접수 여행관련정보 제공 기타	교통(항공 등) 예약 숙박(호텔 등) 예약 음식점 예약 각종 편의시설 예약 기타	국외여행인솔 국내여행안내 통역, 안내 기타	여권발급 비자발급 보험 환전 기타	여행정보 서비스 방문상담 서비스 공항탑승수속 서비스 기타

(1) 카운터 서비스

카운터 서비스는 여행 서비스의 핵심 서비스로서 관광객이 원하는 관광상품에 대한 문의에 정보를 주고 상담하는 서비스와 숙박, 항공 등의 교통편 상담 및 발권, 여행 일정 작성 및 접수, 여행관련정보 제공 등의 서비스를 포함한다.

(2) 예약 서비스

예약 서비스는 고객의 요청에 의해 희망하는 운송·숙박 등 관광관련업체와 예약하여 여행에 필요한 것을 제공하는 서비스이다. 특히 전화로 이루어지는 예약 활동의 경우 정확한 기록이 중요하므로 반복 확인이 필요하다.

(3) 안내 서비스

안내 서비스는 내국인 관광객을 국외로 인솔하는 서비스와 외국인 관광객을 국내로 안내하는 통역, 안내 서비스로 구분한다. Tour Conductor라 불리는 국외여행 인솔

자료: http://www.hanatour.com

그림 2-9
여행사: 하나투어

서비스 담당자는 국외여행 출발 준비에서부터 시작하여 여행 종료에 이르는 전 과정을 총괄 지휘하게 되므로 서비스의 품질에 중요하다. 통역 안내원은 외국인 관광객을 상대로 통역과 안내를 담당하며, 회사의 이미지와 국가의 이미지 형성에 매우 중요한 역할을 한다.

(4) 수속 대행 서비스

수속 대행 서비스는 주로 해외여행 관광객을 위한 서비스로 여권 및 비자 발급을 대행하는 서비스와 보험, 환전 등이 포함된다. 여행업자가 여행자로부터 소정의 수속 대행요금을 받기로 약정하고 여행자의 위탁에 따라 여권, 사증, 재입국허가 및 각종 증명서 취득에 관한 수속, 출입국 수속 서류 작성 및 기타 관련업무를 대행하는 것이다.

3) 항공 서비스

항공운송 사업은 항공기를 사용하여 여객 또는 화물을 운송하는 사업으로서 운항의 정기성 여부와 수송 객체, 수송 지역 등에 따라 구분된다. 항공운송 서비스는 고속성, 안정성, 정시성, 운임의 경제성, 기내 서비스의 쾌적성, 노선 개설의 용이성, 국제성 등을 특징으로 들 수 있다. 항공 서비스는 고객과의 접촉성이라는 관점에서 항공 예약·발권 서비스, 공항 여객 서비스, 객실 서비스, 기타 부문 서비스로 구분된다.

표2-5 항공 서비스의 범위

예약 · 발권 서비스	공항여객 서비스	객실 서비스	기타부문 서비스
• 직접판매 서비스 • 간접판매 서비스 • 인터라인 서비스	• 체크인카운터 서비스 • 보딩 게이트 서비스 • 도착 서비스	• 출근 및 브리싱 • 항공기 탑승 • 기내 서비스	• 특수 서비스 • 우대 서비스 • 의무 서비스 • 리무진 버스 서비스
부가서비스			
• 타 지역 송부 서비스 • 인터넷 구매 서비스 • 항공사 간 연결탑승 서비스 • 공항 라운지 서비스		• 출국 수하물 국내 · 국제 연결 서비스 • 팩스 전송 서비스 • Pet Cage 무료제공 서비스 • 기타	

(1) 항공 예약, 발권 서비스

항공 예약, 발권 서비스는 항공기를 이용하고자 하는 고객을 위해 사전에 좌석을 확보해 주거나 탑승권을 발매해 주는 서비스를 의미한다. 항공권의 판매경로에 따라 직접판매 서비스와 간접판매 서비스 등으로 구분된다. 직접판매 서비스는 항공사가 지점이나 영업소를 통해 판매하는 서비스이며, 간접판매 서비스는 판매전문업자가 항공 예약, 발권, 판매 업무를 대리하도록 하는 서비스이다.

(2) 공항 여객 서비스

공항 여객 서비스는 체크인 카운터 서비스, 탑승 게이트 서비스, 도착 서비스 등으로 나뉜다. 체크인 카운터 서비스는 승객들을 위한 탑승 수속을 해 주는 서비스이다. 탑승 게이트 서비스는 탑승권을 확인하는 절차를 거쳐 기내 승무원에게 승객을 인도하는 서비스이고, 도착 서비스는 승객이 목적지에서 원활하게 입국하도록 도와주는 서비스를 말한다.

(3) 객실 서비스

항공 서비스 중 객실 서비스는 승객이 탑승하기 이전부터 기내 시설물이나 기내용품 설치·탑재와 관련된 준비과정 업무를 포함하는 개념이나, 좁은 범위로는 승객이 항공기에 탑승하여 운항, 도착할 때까지 이루어지는 제반 서비스를 말한다. 객실 서비스에는 승객에 대한 인사와 좌석 안내, 수하물 정리, 좌석벨트 점검, 비상안전 서비스 등이 포함되며, 좌석 등급별 서비스와 신문, 잡지 제공, 음료 제공, 기내식 제공, 기내 판매, 영화 상영, 안전 점검 서비스 등 다양한 기내 서비스가 해당된다. 일반적으로 장거리, 중거리, 단거리 비행에 따라 서비스 순서가 생략되는 경향이 있다.

(4) 기타 서비스

기타 서비스로는 리무진 버스 서비스, 여객의 여행 편의를 위한 우대 서비스, 항공기 지연 운항에 따른 피해 보상 차원의 서비스 등이 있다.

ASIANA AIRLINES 예약 여행 준비 여행 아시아나클럽

공항에서	기내에서	항공기 정보	유료 부가서비스	매직보딩패스
공항 안내	클래스별안내	A380-800	로얄 비즈니스	
탑승수속 절차	기내식/음료	A350-900	이코노미 스마티움	
라운지 이용	기내서비스순서	B747-400	Asiana First Membership	
	기내특별서비스	B777-200ER	선호좌석 사전예매	
	기내유실물조회	B767-300	수하물	
	기내 엔터테인먼트	A330-300	도움이 필요한 고객	
	기내지 ASIANA 모바일앱	A321-100/200	기내 Wi-Fi	
	국제선 기내면세품	A320-200		
	국내선 기내통신 판매			
	기내건강			
	휴대용전자기기 사용안내			

그림2-10
항공사: 아시아나항공

자료: https://flyasiana.com/C/KR/KO/index

4) 식음료 서비스

외식(식음료) 서비스는 우리나라 관광진흥법의 관광편의시설업에 해당되며, 관광유흥음식점업, 외국인전용유흥음식점업, 관광식당업, 관광토속주판매업 등으로 구분된다.

한국표준산업분류표에 정의된 음식점업은 "구내에서 직접 소비할 수 있도록 접객시설을 갖추고 조리된 음식을 제공하는 식당, 음식점, 간이식당, 카페, 다과점 등을 운영하는 활동과 독립적인 식당차를 운영하는 산업 활동을 말한다. 또한 여기에는 접객시설을 갖추지 않고 고객이 주문한 특정음식물을 조리하여 즉시 소비할 수 있는 상

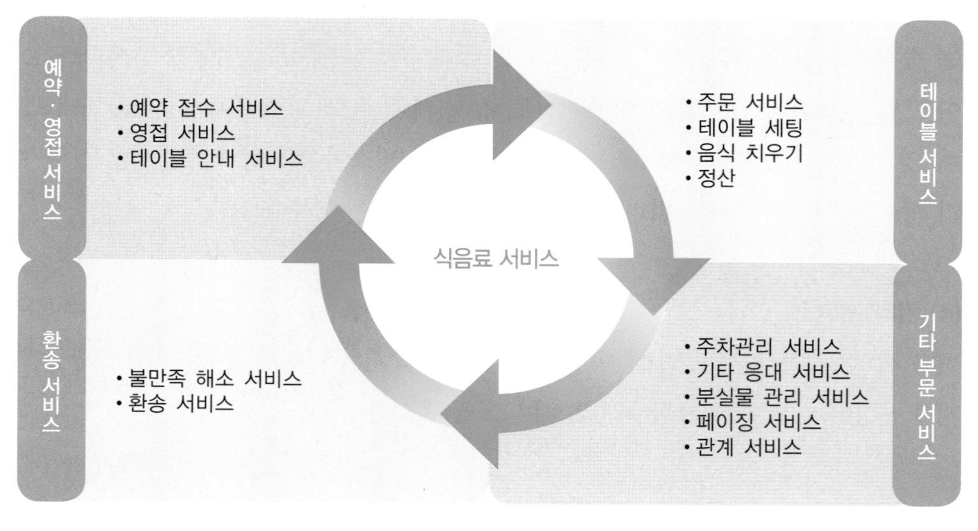

그림2-11
식음료 서비스의 범위

태로 주문자에게 직접 배달하거나 고객이 원하는 장소에 가서 직접 조리하여 음식물을 제공하는 경우가 포함된다."라고 명시되어 있다.

식음료 서비스는 크게 테이블 서비스와 카운터 서비스로 나뉘며, 테이블 서비스는 일반 레스토랑이나 호텔 식당에서 이루어지는 서비스 형태이고, 카운터 서비스는 뷔페나 카운터에서 요리사가 직접 식음료를 제공하는 형태의 서비스를 일컫는다.

(1) 예약 · 영접 서비스

예약·영접 서비스는 식음료 서비스 기업의 이미지에 첫인상을 결정하는 중요한 부문이다. 예약은 고객이 담당자와 약속하는 전화 요청으로 먼저 시작되므로 고객의 요구사항을 접수하고 기록을 남겨 효율적인 서비스가 되도록 하는 부서 간 업무연락이 중요하다.

고객 영접 서비스는 예약된 고객이 방문할 때 접객요원이 마중하는 것에서부터 시작된다. 예약 성명 확인 과정을 거친 후 좌석으로 안내하여 착석하도록 한다.

(2) 테이블 서비스

식음료 서비스에서 테이블 서비스는 고객에게 음식과 음료를 주문받아 주방이나 테이블에서 요리하고 서빙한 뒤 정산이 이루어지는 모든 과정을 포함하며, 서비스가 매우 중요시되는 부문이다. 주문을 받는 경우에는 메뉴를 충분히 숙지한 뒤 고객에게 설명하도록 하며, 고객의 취향에 맞는 메뉴를 유도하는 적극적 태도가 요구된다.

그림2-12
카페의 내부

(3) 환송 서비스

환송 서비스는 테이블 서비스가 이루어진 뒤 최종적으로 고객이 서비스를 평가하는 단계이며, 새로운 정보제공, 불만족 처리, 출입문까지의 배웅 등의 서비스가 포함된다.

(4) 기타 부문 서비스

기타 부문 서비스에는 고객의 차량 주차 및 출차 서비스, 고객 간의 만남을 주선하는 페이징 서비스, 분실물 신고 및 접수, 실내 분위기 연출, 단골 고객 확보를 위한 관계 서비스 등이 포함된다.

5) 이벤트

이벤트란 주어진 기간 동안 정해진 장소에 사람을 모이게 하여 사회·문화적 경험을 제공하는 행사 또는 의식으로서 레크리에이션, 컨벤션, 테마파크, 산업전시, 스포츠행사, 예술축제, 문화행사, 계절축제 등 특별히 계획된 활동을 말한다. 이벤트는 사람들의 참가와 공감 창조를 전제로 한 모든 행사, 개성을 표출하고 직접적인 감동을 느낄 수 있는 체험활동으로서 주민의 참여와 커뮤니티의 활성화를 위한 행사, 주어진 시간 동안 특정 욕구를 충족시키기 위해 계획된 일회성 행사, 무엇인가 목적을 달성하기 위한 수단으로서의 행사 등으로도 정의되고 있다.

표 2-6 이벤트의 분류

이벤트				
축제	컨벤션	산업전시	테마파크	기타
페스티벌 계절 축제 예술 축제	국제회의 업계 · 학회 등 단체 개최 국내회의	박람회 전시회	민속형, 건축형, 동 · 식물형, 산업형, 예술형, 놀이형, 과학 · 기술형	스포츠 이벤트 문화공연 레크리에이션

(1) 축제

축제는 경사스러운 날과 제사드리는 날의 합성어로서 사전적 의미로는 '축하하여 제사 지냄', '경축하여 벌이는 큰 잔치나 행사를 일컫는 말'로 정의되어 있다. 축제는 좁

표 2-7 축제의 분류

축제				
개최기관별	프로그램별	개최목적별	자원유형별	실시형태별
지역 자치단체 주최 축제 민간단체 주최 축제	전통문화 축제 예술 축제 종합 축제	주민화합 축제 문화관광 축제 산업 축제 특수목적 축제	자연, 조형구조물 생활용품 역사적 사건 역사적 인물 음식 전통문화	지역 축제 카니발 축연 퍼레이드 가장행렬

은 의미로는 지역의 역사적 상관성 속에서 생성되어 이어지는 전통 문화유산을 축제화한 것이며, 넓은 의미로는 전통 축제 외에도 문화·예술제, 전국 민속예술 경연대회를 비롯한 각 지역 문화 행사를 포괄한다. 전통적인 의미에 더하여 현대적 의미로의 축제는 공동 주제와 관련된 이벤트의 연속이며, 축제의 문화적 활동의 여러 가지 양상을 포함하는 행사를 의미한다. 따라서 축제는 종합예술로서 관광상품화되어 지역의 개성을 보여 주고 이를 통해 관광객은 개성 있는 관광을 하게 된다.

축제는 개최기관, 프로그램, 개최목적 및 자원 유형, 실시 형태 등에 따라 다양하게 나누어 볼 수 있다. 즉, 프로그램별로 나누면 강릉 단오제, 남원 춘향제 등 전통문화 축제, 세계 연극제, 광주 비엔날레 등 예술 축제, 이천 도자기 축제, 금산 인삼 축제 등 종합 축제 등으로 나누어 볼 수 있고, 실시 형태별로 분류하면 지역 축제, 카니발, 축연, 퍼레이드, 가장 행렬 등으로 나누어 볼 수 있다.

축제 이벤트는 관광산업과 연계하여 볼 때 관광 매력물로서 중요한 역할을 한다고 볼 수 있다. 기존의 관광이 명승지를 관람하는 것에서 현대로 갈수록 레저 스포츠나 축제 이벤트 등 행사에 참여하는 참여형 관광으로 전환되는 시점에서 축제는 관광객의 변화되어 가는 욕구를 충족시킬 수 있는 관광 형태이다.

또한 축제는 관광지를 활성화하는 역할을 한다. 관광지에 활력을 불어넣고 관광지에 대한 관심을 불러일으킴으로써 재방문을 유도하는 효과가 있으므로 생동감 있는 행사를 통해 관광산업에 도움을 준다.

축제는 관광 성수기를 연장하고 비수기를 극복하는 효과를 가져온다. 혹한의 계절에 시행되는 스키대회나 눈꽃 축제 등은 계절성을 극복하여 동계 이벤트를 창출한 좋은 예라 할 수 있다.

축제는 관광지에 대한 홍보 및 이미지 메이커의 역할을 수행한다. 성공한 축제 행사는 후광효과를 발휘함으로써 지속적인 관광객의 방문을 유도하며, 언론의 주목을 끌어서 이미지 정립에 도움을 준다.

(2) 컨벤션

회의는 사람들이 모여서 특정한 주제에 대해 토의하기 위한 회의와 다양한 형태의 모임을 전제로 하는 회의가 있다. 국제회의는 전시와 이벤트, 관광 분야까지 동반하는 것으로서 최근 컨벤션이라는 용어와 혼용되고 있다. 컨벤션(convention)의 어원은 라틴어의 cum(together, 함께)과 venire(to come, 오다)의 합성어에서 유래되었으며, 컨벤션은 meeting(회합, 토의, 의결), information(정보), communication(의사 전달, 결정), social function(사교 행사) 등을 포함한다.

컨벤션은 전 세계적인 정보의 흐름으로 사회적 수요 증가와 첨단장비와 통신시설 등의 발전을 바탕으로 교통산업의 비약적인 발전에 힘입어 관광·호텔산업 발전과 결합된 형태로 발전하였다.

규모에 따라 회의 이벤트를 나누어 보면 대규모로는 컨벤션, 컨퍼런스 등이 대표적이며, 소규모 형태로는 포럼, 심포지엄, 세미나, 워크숍 등이 대표적이다.

환대산업의 측면에서 보면 컨벤션을 호텔에서 유치하는 경우 숙박시설과 회의장뿐 아니라 객실과 식음료의 대규모 판매가 가능하고 호텔의 이미지 향상에 도움이 되는 등 긍정적 측면이 있는 반면, 성수기에 국제회의 유치 시에는 오히려 객실 판매 수익 감소 등을 유발할 수도 있다. 국가적 측면에서 컨벤션의 개최효과는 개최국의 이미지를 부각시키고 고용 증대를 가져오며 관련분야 경쟁력과 정보교환에 기여하는 효과가 있을 뿐 아니라 특히 관광관련 산업에서는 대량의 외국관광객 유치 효과를 가져와 업계의 발전에도 기여하는 효과가 있으므로 긍정적 측면이 강하다고 볼 수 있다.

회의 이벤트는 일반적으로 개회식, 폐회식, 각종 회의, 부대행사와 같은 공식행사와 연회 및 기념식, 사교 행사 및 전시회, 관광 등으로 구성된다.

회의 이벤트 사업과 관련하여 호텔, 여행, 항공, 운송, 식음료, 쇼핑 등의 관광사업뿐 아니라 정보처리, 방송 서비스 등의 정보관련 서비스업, 전시, 디자인, 방송 설비 등의 지식관련 서비스업, 사무용 기기 임대, 컴퓨터 기기 임대 등 물품임대관련 서비스업, 기타 경비·경호, 상품 검사 등의 서비스업과 연계되어 있으므로 그 파급효과가 큰 편이다.

환영 리셉션의 경우 참가자가 인사를 나누고 개최자와 어울리는 행사로 본회 개최 전날이나 당일 저녁에 이루어지며, 참여자의 흥을 돋우는 음악이나 공연 등이 함께 이루어진다. 환송연은 참여자와 회의 주최자 간의 우정을 나누고 재회를 기약하는 행사로 폐회식 종료 후나 폐회식과 동시에 칵테일 파티 등의 형식으로 진행된다.

관광은 흥미 있는 프로그램으로 구성하되 2~3가지 코스로 구분하여 당일 관광 프로그램이나, 회의 전 관광 또는 회의 후 관광 프로그램으로 구성하여 참여자가 선택하도록 하는 것이 일반적이다.

(3) 산업전시

산업전시는 회의 산업의 한 분야로 간주되고 있으며 국제회의 산업육성에 관한 법률 2조, 관광진흥법에서도 박람회를 국제회의업으로 분류하고 있으나, 회의나 전문성에 기반하지 않은 순수 예술분야 전시회의 증가에 따라 산업전시 분야는 회의 부문과 구분되고 있는 추세이다.

따라서 산업전시를 일정 장소에서 일정 기간 동안 상품 및 서비스 등을 진열하여 경제, 문화, 사회적 교류 등을 꾀하는 일련의 활동으로 교역전(Fair), 전시회(Exhibition), 박람회(Exposition) 등으로 나누어 볼 수 있다.

교역전(Fair)은 라틴어의 Feria에서 유래된 용어로 종교적 축제를 의미했으며, 독일어의 messe도 라틴어의 missa에서 유래하여 종교행사가 끝나고 시장이 열림을 표현하는 의미로 사용되어 왔다. 따라서 교역전은 가장 오래된 시장의 형태로 직접판매 형태를 말한다. 국제사회에서 교역전은 대규모 시장으로 팽창하면서 기획에 의해 세부산업 분야에 대해 특정 시기에 특정 장소에서 개최하는 산업전시 형태로 자리잡았다.

전시회(Exhibition)는 작품 또는 제품 전시에 중심을 둔 용어로 교역전에 비해 오랜 기간 개최되며, 전시장소와 시설물이 필요하고, 조직적으로 이루어지는 행사로 물건 판매보다는 미래 판매를 촉진시키기 위한 전시를 목적으로 하는 특징이 있다. 전시회는 목적에 따라 무역(교역전, 산업전시회), 감상(예술작품전시회), 교육(문화유산 전시회) 등으로 나눌 수 있으며, 전시 주기에 따라 에뉴얼, 비엔날레, 트리엔날레 등으로 나눌 수도 있고, 또한 전시 주제에 따라 정치, 경제, 문화, 예술, 교육, 관광, 스포츠, 종교 등 다양한 주제로 나눌 수 있다.

박람회(Exposition)는 일정 주제하에서 세계의 문화와 문명을 나누는 것을 목적으로 세계 주요도시에서 2~3년마다 개최되는 게 일반적이다. 만국박람회의 경우 상거래가 목적이 아니므로 전시품목에 대한 광고 없이 국가 단위 홍보만 인정하고, 대규모로 진행되며, 개최도시 선정도 회원국의 투표로 결정되는 방식이다.

산업전시는 기획과 사업 계획 수립 후 부스 유치 및 전시 참가자 유치가 중요하며, 부대행사 준비와 참관객 프로그램 준비를 비롯한 운영 준비와 하우징 및 설치가 이루어진 후 개최, 폐막, 철거, 정산하는 순으로 이루어지므로 업무흐름도를 이벤트 개최 1년 전부터 준비하여야 한다.

(4) 테마파크

테마파크(theme park)는 단순 놀이공원을 뜻하는 어뮤즈먼트 파크(amusement park)에서 유래하였고, 디즈니랜드가 기존의 어뮤즈먼트 파크와 다른 주제를 가진 대규모 시설을 개장하면서 등장하였다. 따라서 테마파크는 인공적으로 유원지나 공원을 조성하여 특정 주제를 살린 시설물을 갖추어 놓은 곳을 뜻하게 되었다. 우리나라는 관광진흥법에 유기시설 또는 유기기구를 갖추어 이를 관광객에게 이용하는 업을 유원시설업으로 규정하고, 테마파크를 유원시설업으로 규정하고 있다. 우리나라 최초의 테마파크는 에버랜드라고 할 수 있으며, 롯데월드가 뒤를 이어 세계적인 테마파크의 반열에 올랐다.

이와 같이 테마파크란 특정한 주제를 중심으로 연출된 레저문화 공간으로서 이용자에게 즐거움을 주는 유희시설이라고 할 수 있다.

테마파크는 특정 주제를 표현하므로 테마를 가지고 있다는 것이 가장 큰 특징이다. 테마의 소재로는 동화, 영화, 드라마, 민속이나 역사, 과학이나 동·식물, 자연, 건축물

그림2-13
테마파크의 예 :
ginger tour

등 다양하며 그 주제에 맞는 볼거리와 즐길거리, 체험거리를 제공한다. 또한 테마파크는 건축물뿐 아니라 시설물과 종사원 복장, 주변 환경 식음료, 기념품 등이 모두 조화롭게 주제와 어우러지게 일관된 이미지를 창출한다. 테마파크는 일상과 분리된 배타적인 공간을 창출함으로써 즐거움과 상상력을 자극하는 특유의 분위기와 교육적 요소, 환상적 요소 등을 느낄 수 있도록 조성된다. 또한 관람객이 직접 참여하는 기회를 제공함으로써 다양한 이벤트와 계절별 프로그램의 기획 등을 통해 역동적인 분위기

표2-8 테마파크의 분류

구분	내용	대표적 사례
민속형	어떤 시대나 지역 또는 역사적 인물을 주제로 만든 곳	각국 민속촌
동 · 식물형	동 · 식물의 생태환경을 재현하여 만든 곳	미국 TL월드 홍콩 오션 파크/일본 해유관
건축형	거대 건축물이나 타워를 주제로 한 것 유명 건축물을 축소하여 만든 곳	레고 랜드 제주도 소인국
산업형	지역 산업을 주제로 만든 곳	독일 폭스바겐 자동차 테마파크 이천 도자기촌/금산 인삼테마파크
예술형	영화 · 드라마 · 미술 · 음악 등 예술을 소재로 만든 곳	미국 유니버설 스튜디오 대장금 테마파크
놀이형	동화 · 공상과학 · 모험 · 물놀이 등을 소재로 놀이기구 중심으로 만든 곳	디즈니랜드/롯데월드 에버랜드/캐러비안 베이
과학 · 기술형	우주를 비롯한 과학기술을 소재로 만든 곳	일본 스페이스 월드 미국 케네디 스페이스 센터

를 줄 수 있도록 고안되었다.

테마파크는 엔터테인먼트 사업이므로 막대한 투자비가 소요되며, 노동집약적인 인적 서비스 산업의 특성을 가지고 있다. 또한 대량 관광객을 유치할 수 있는 입지가 중요한 성공 요소이다.

(5) 기타

기타 행사로는 스포츠 이벤트, 문화공연, 레크리에이션 등 많은 종류가 있다.

스포츠 이벤트는 관전형(월드컵, 올림픽 등), 참여형(일반인 참가 마라톤 대회 등), 강습형(특정 스포츠 강습을 위한 참여형)으로 나누어 볼 수 있다. 최근 스포츠 이벤트는 단순 스포츠 경기가 아닌 개회식에서부터 시작하여 다양한 지역 행사와 문화관광상품 및 홍보가 결합된 부가가치가 높은 관광산업의 한 분야로 볼 수 있다. 스포츠 이벤트를 통해 정적인 지역 관광산업에 동적 요소가 결합된 형태로 제공되므로 경제적 효과 외에도 국제 교류 활성화와 함께 사회·문화적 효과가 나타나고, 이벤트 개최 전후로 지속적인 환경변화를 유발하는 긍정적 측면이 강하다. 대표적인 대형 스포츠 이벤트로는 올림픽 경기를 꼽을 수 있으며, 올림픽 위원회를 통해 전 세계인의 호응 속에 개최되고 있다. 중·소형 스포츠 이벤트로는 지역 체육대회를 비롯하여 육상대회, 해상 스포츠, 항공 스포츠 등 다양한 종목이 포함된다.

한국문화예술진흥원 문화행사 분류에 의하면 문화공연 이벤트는 문학, 예술, 국악, 양악, 연극, 무용, 민속 축제의 7가지로 분류된다. 문화공연 이벤트에는 공연자와 공연장, 관객, 프로그램 등의 구성요소가 존재하며, 그 외 무대장치, 무대 조명, 음향, 소품 등의 기타 요소가 필요하다. 문화공연 이벤트는 질적인 사업이며, 평가자의 주관에 따라 좌우되는 사업으로 수명이 짧은 편이다. 최근의 문화산업은 지역적 고유성과 전통성이 문화상품의 특징으로 자리잡고 있고, 점차 복합화되고 있으며, 윈도우 효과를 통해 여러 가지 매체로 복제되어 전달되는 경향이 있어 산업 간의 상호연계를 강화하는 효과가 크다.

PART 2

환대산업서비스와 고객

CHAPTER 3

고객의 이해

환대산업의 마케팅에는 Guest와 Host라는 두 집단의 인적요소가 사용되고 있는데 이들은 고객과 기업과의 관계를 의미한다. 환대산업서비스에서는 고객의 눈을 통해서 본 기업의 모습이 어떠한지가 중요하다. 고객이 기대하는 바가 무엇인지, 그에 부응하는 서비스나 상품이 제공되고 있는지를 파악하여 잘 관리해야만 한다.

Reisinger(2009)는 고객지향적 환경에 대해 6가지 중요 요소를 들었는데 그중에서도 가장 핵심 요소가 고객이다. 또한 고객은 나머지 다섯 가지 요소들과 직접적인 상호관계를 유지하고 있으므로, 고객이 없이는 어떤 조직도 존재할 수가 없음을 강조했다.

고객이 가장 핵심이 되고 있는 고객지향적 마케팅에서는 당연히 고객의 필요와 요구를 이해하는 것이 매우 중요하다. 고객은 기업의 가장 좋은 자산이므로 다른 자산

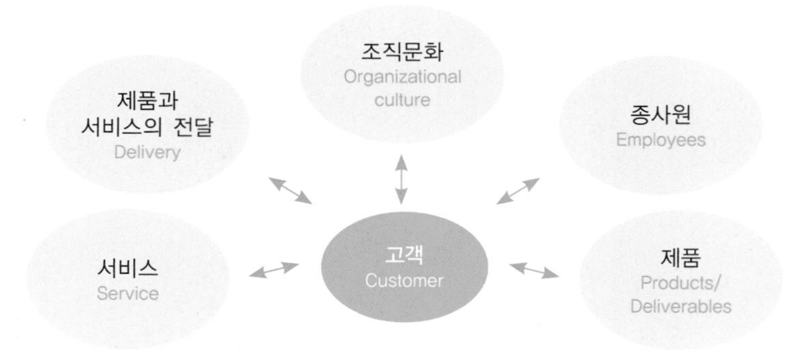

그림3-1 고객지향적 환경의 주요 구성요소

자료: Reisinger, Y.(2009). International Tourism. Elsevier.

표3-1 마케팅 분석에서 제시해야 하는 기존 고객 및 잠재 고객에 대한 7가지 핵심 질문

① WHO?	고객은 누구인가?
② WHAT?	그들은 어떤 욕구를 충족시키고자 하는가?
③ WHERE?	고객들은 어디에 살고 어디서 일하고 어디서 구매를 하는가?
④ WHEN?	그들은 언제 구매를 하는가?
⑤ HOW?	그들은 어떻게 구매하는가?
⑥ HOW MANY?	얼마나 많은 고객들이 있으며 얼마나 많이 유인할 수 있는가?
⑦ HOW DO?	고객들은 우리 조직과 주요 경쟁자에 대해 어떻게 느끼는가?

자료: Morrison, A. M.(2002). Hospitality and Travel Marketing. Thomson.

들과 마찬가지로 매우 잘 관리되어야 한다. 기업은 제품의 생산주기보다는 시장의 주기와 고객의 주기를 우선 살펴야 하며 기업의 목적 자체를 '고객창출'에 두어야만 한다. 즉, 기업이 고객에게 의존하는 시대임을 뜻하는 것이다. 그러나 고객 자체를 이해한다는 것은 참으로 어려운 일이다.

고객은 누구이며 그들은 무엇을 원하고 있을까? 그들의 역할은 무엇이며 그들의 가치는 얼마나 되는가? 그리고 시장 전체의 고객과 일부 특수집단의 고객들은 어떻게 다르며 그들을 만족시키려면 기업은 어떤 전략이 필요할까?

1. 고객의 정의

1) 사전적 정의

고객이란 '돌아볼 고(顧) + 손님 객(客)'을 사용하여 "영업하는 곳에서, 물건을 사거나 서비스를 받거나 하기 위해 찾아오는 손님을 다소 격식을 갖추어 이르는 말, 즉 상객(商客)"으로 사전에서는 표현하고 있다.

영어 Webser's 사전에 의하면 물건을 사는 사람인 'Customer'와 호텔 등에서 환대받는 사람이나 초대받은 사람인 'Guest'로 표현이 된다.

- Customer는 어떤 대상이나 물건을 습관적으로 이용, 구매하는 단골손님이라는 의미가 강하다. 즉, 단순히 새로운 구매자(buyer)라기보다는 일정기간 반복구매가 이루어지는 기존고객의 개념을 가지므로 진정한 customer란 단기간이 아닌 오랜 기간에 걸쳐 만들어진다는 것이다. 그러나 높은 친밀감과 애용가치를 가지고 있는 단골고객이라 하더라도 충성 고객과는 다소 차이가 있다.

Customer – A person who buys, especially a regular patron of a particular store

- Guest란 Host(주인)가 아닌, 초대받은 손님, 환대 받는 귀빈을 말한다. 마케팅 측면에서는 주로 고급 레스토랑이나 호텔 등에서 고급 서비스를 제공받는 고객을 지칭한다.

Guest – A person entertained at the home, club, etc, of another
– Any paying customer of a hotel, restaurant, etc., performing by special invitation

- Consumer는 생산자(Producer)가 아닌 최종 소비자를 뜻하므로 중간 판매상이나 제조업자와 같은 재생산을 위한 구매자는 제외된다.

Consumer – A person who buys and uses goods and services

- buyer는 seller(판매자)에 대응되는 말로 구매자를 뜻하며, 공급자(supplier)의 상반 개념인 수요자(demander)의 의미로도 사용된다.

Buyer – One who buys
– One whose work is to buy merchandise for retail store

표3-2 고객의 사전적 정의

사전	정의
Naver 국어사전	• 상점 등에 물건을 사러 오는 손님. • 단골로 오는 손님, '손님', '단골손님'
현대 국어대사전(한서출판, 1973)	• 물건을 늘 사러 오는 손님, 단골 손님, 화객(花客)
Merriam-Webster Online Dictionary	• 상품 또는 서비스를 사는 사람 (one that purchases a commodity or service) • 보통 명확하고 독특한 특성을 가진 개인, 실제 엄격한 고객 (an individual usually having some specified distinctive trait, a real tough customer)
Wikipedia, the free encyclopedia	• 개인이나 조직으로부터 무엇을 사거나 빌리는 사람 (someone who purchases or rents something from an individual or organisation)

2) 현대적 정의

오늘날의 고객은 개성이 독특하고 다양하여 그들의 욕구를 모두 만족시키기는 쉽지 않다. 고객은 더 이상 과거에 얽매이지 않고 늘 미래지향적이므로 영원한 단골이란 없으며 고객의 개념 자체도 시대에 따라 변하고 있다. 현대적 의미의 고객이란 최종 소비자뿐만 아니라 상품이나 서비스의 생산과 전달 그리고 소비에 이르는 전 과정에 관여하는 사람으로서 생산할 상품(서비스)을 결정하고, 상품이나 서비스의 가치제고에 기여하고 그것을 소비하는 사람 모두를 포함한다.

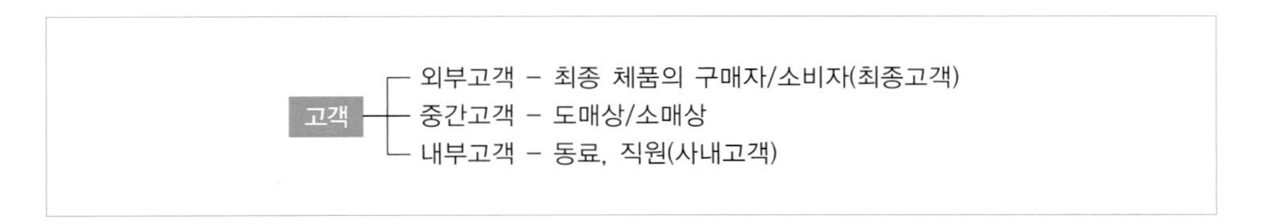

2. 고객의 개념

현대 사회에서의 고객이란 무조건적으로나 헌신적으로 서비스를 제공하는 대상이 아니라 진정한 서비스로써 그 욕구를 충족시켜 주는 대상이다. 기업은 고객들의 욕구 충족을 구매로 유도해야 하므로 시대에 따라 변하는 고객의 개념을 명확히 파악해야만 한다. 고객의 소비 성향은 서비스 가치를 선호하는 쪽으로 빠르게 변해 가고 있으며 물적 충족뿐아니라 심적 충족으로의 비중이 더욱 커져 가고 있다.

If we argue with customers, we lose everything. …… They never come back.

기업과 고객 관계의 시대적 변천

- 생산 우선시대(Production Era) : 이 시기는 미국을 기준으로 할 때 1925년 이전의 시대로써 수요보다 공급이 부족하여 제품을 만들어 내기만 하면 판매가 이루어지던 시절이었다. 따라서 그 당시 기업이 성공하는 비결은 표준화된 제품을 대량 생산하는 것이었다. 당연히 이 시대에는 고객에 대한 개념 자체가 거론되지 않았다.
- 판매 우선시대(Sales Era) : 1925년부터 1950년 초반의 시기로 이 시기에는 생산기술의 향상과 생산량의 증대로 인해 수요와 공급 사이에 어느 정도 균형이 이루어져 같은 종류의 상품을 생산하는 생산자 간의 경쟁이 시작되고 있었다. 따라서 고객에게 질 좋은 상품을 제공해야 한다는 것을 인식하게 되었다.
- 마케팅 시대(Marketing Era) : 공급이 수요를 따라가지 못하던 1960년대 생산지향적이던 시대의 고객이란 기업의 관심 밖이었다. 그러나 1980년대 수요 공급의 균형이 이루어지기 시작하자 고객은 수요자로서의 개념으로 떠오르기 시작하였고 점차 공급이 넘쳐나기 시작하던 1990년 이후에는 점차 공급이 넘쳐나자 드디어 '고객은 왕'이 되었다.

표3-3 고객의 개념

세자르 릿츠	"고객은 항상 옳다."
존에이커(IBM 사장)	"고객은 황제다"
일본 소니(Sony)	"고객은 신(神)이다."
파터드럭커 & 스타틀러	"고객은 왕이다."
데이비드 오길비(미국 광고업자)	"고객은 아내다."
토머스피터스(미국의 경영학자)	"고객은 외국인이다."
미국 메이시즈(Macy's) 백화점	"상품은 더 이상 왕이 아니고 고객이 여왕 또는 왕이다."

자료 : http://www.hotelnews resource.com.(2010. 3. 5.)

그 이외에도 고객은 '절대적 존재', '기업의 주인', '안내자' 등으로 표현되었고 고객은 까다롭다거나 변덕이 심하다거나 아주 민감하다고도 했다. 고객들이 1인 100색을 지니게 될 미래의 서비스에서는 고객만족을 위한 최적합 서비스가 최고의 과제가 될 것이다.

[AM7] 애인처럼? 비서처럼? …… '리얼 마케팅' 뜬다

GS샵 '인터뷰단' 등 고객 눈높이 맞춘 '진심' 마케팅 활발 ……

VIP고객 집을 방문하여 고객의 솔직한 의견을 듣는 이벤트 실시

아파트 모델하우스에서 전담 도우미가 고객 옆에 딱 붙어서 1대 1로 설명을 하고, 여의도의 한 이탈리언 레스토랑은 고객 개개인의 입맛을 파악해 메뉴를 추천하며 단골을 관리한다. 또 쇼핑몰에서 보내는 문자도 단지 신상품이나 세일 정보가 아니라 아이들의 먹거리에 신경 쓰는 주부에게 친환경 농산물 출시 등 맞춤형 정보를 제공한다.

본인도 잊고 있던 생일이나 기념일을 기업이 e-mail이나 문자메시지를 통해 챙겨 주는 경우는 이젠 일상적이다.

이처럼 요즘 기업은 애인만큼 살갑고, 비서보다 살뜰하게 고객을 챙겨 준다. '기업 비서'라는 신조어가 생길 정도로 고객 맞춤 서비스를 위한 기업들의 노력도 뜨겁다.

기업들이 이렇듯 고객 중심 마케팅에 힘을 쏟는 이유는 이제까지 겉만 현란했던 마케팅만으로는 안목 높은 요즘 고객들에게 기업의 진심을 보여 주기 힘들다는 판단에서이다.

고객 개개인의 취향에 맞춘 1대 1 서비스, 적극적으로 소통하기 위해 고객에게 한발 먼저 찾아가 귀 기울이는 진심 어린 서비스, 일명 '리얼 마케팅(Real Marketing)'이 뜨고 있다.

지난 22일 GS샵 모델 탤런트 이선균씨는 이 기업의 '리얼 VIP 홈 인터뷰단' 일일 팀장이 되어 서울의 한 가정집을 깜짝 방문, 고객의 솔직한 의견을 듣는 이벤트를 가졌다. 이선균씨 외 인터뷰단의 전문조사원들은 지난 달 발족 이후 VIP고객의 집을 방문해 고객의 생생한 목소리를 듣고 경영진에 전달하는 역할을 해 오고 있다. 고객 개개인이 기업에 바라왔던 희망사항을 기업이 문 앞까지 직접 찾아와 얼굴을 맞대고 진지하게 듣고, 실제 서비스에 반영하는 모습은 진정성을 중요시하는 '리얼 마케팅'의 전형이라고 할 수 있다.

리얼 마케팅의 핵심은 '진심'에 있다. 하지만 무조건 고객이 최고이고 진심을 다하겠다는 말만으로는 똑똑한 요즘 고객에게 먹히지 않는다. 화려한 포장으로 눈길만 사로잡는 것이 아니라 진심으로 생각하기에 겉모습보다 제품의 품질에 투자한다. 무조건 가격 경쟁에만 열을 올리기보다 몇 백 원 비싸지만 고객의 건강을 위해 좋은 재료를 공수한다는 식의 설득력 있는 진심 컨텐츠가 필수다. 고객을 진심으로 생각하면서 기업의 이윤과 브랜드 관리까지 동시에 추구하는 이 시대의 마케팅은 소비자에게도 반가운 일이다.

GS샵 마케팅 부문 이은정 상무는 "고객과 일대일 대화를 통해 고객의 진심을 듣고 고객의 가장 좋은 선택을 도울 수 있기를 기대한다."라고 밝혔다.

자료 : 문화일보(2010. 11. 1. 안선희 기자)

1) 욕구와 필요

고객의 개념이 시대가 바뀜에 따라 다양하게 변한다는 것은 그만큼 고객의 욕구와 필요가 다양하게 변해가고 고객의 기대도 커짐을 의미한다.

고객은 누구나 자신의 욕구(needs)와 필요(wants)에 맞는 상품을 구매하게 된다. 기업은 그러한 '고객의 잠재욕구'를 파악하기 위해 고객의 소비행태에 대한 연구를 계속하고 있다.

(1) 욕구(needs)

욕구란 인간이 어떤 부족함을 느낄 때 이를 보완, 만족하기 위해서 충족시켜야 하는 기본적인 조건을 말한다. 이는 개인마다 정도의 차이는 있지만 공통적으로 누구나 느끼는 것이며 배고픔이나 목마름, 애정결핍, 불안, 추위에서 벗어나거나 충족시키고자 하는 상태, 즉 어떤 결핍을 느끼는 상태를 말한다.

needs: A need is a state of felt something necessary

예를 들어, 배가 고픈 경우, 고객이 현재의 상태와 배부른 상태 간의 차이를 인식했을 때 그 배고픔은 비로소 인지되는 것이다. 고객이 인식한 배고픔의 차이가 충족되지 않으면 이를 충족시켜 줄 대상이나 방법을 찾게 되고, 그 부족함이 일단 충족되면 또 다른 새로운 욕구가 생겨나게 된다. 즉, 욕구는 늘 느끼는 것이 아니라 '이상적이고 바람직한 상태'와 '현재 상태'의 차이를 인지할 때 나타난다는 것이다. 그러므로 기업은 고객의 욕구를 만들어 내고 그 욕구를 고객 스스로가 인지하도록 도와주어 동기부여를 함으로써 자사 상품의 지속적 구매로 유인해야만 한다.

매슬로우는 인간의 여러 가지 욕구를 단계별로 설명했다. 우선, 인간이 느끼는 가장 원초적인 욕구는 생존욕구이며, 이는 다른 모든 욕구에 앞서 살아남기 위한 욕구이다. 즉, 생물학적으로 신체의 건강을 유지하기 위해 음식물과 수분을 섭취하거나 휴식을 위해 수면을 취하는 등의 생리적 욕구 단계를 말한다. 이 원초적 생리적 욕구가 충족되면 다음 단계로 심신의 안전을 추구하며 근심과 공포로부터 자유스러워지고

자 하는 새로운 욕구를 갖게 된다. 즉, 음식물의 안전성을 고려하고 물도 정화된 물을 찾으며 자연의 위협으로부터 몸과 마음을 지키고 자신과 가족을 보호해 줄 집과 의복 등을 갖추고자 하는 안전욕구를 말한다. 이 두 번째 욕구가 충족되면 타인과의 관계나 사회생활 속에서 나타나는 인간관계에 대한 사회적 욕구, 즉 혼자 있기보다는 어느 단체나 집단의 일원이고 싶어 하고, 이성을 사랑하여 함께 가정을 이루거나 국가 또는 회사의 일원이 되고자 하는 욕구가 생기는 것이다. 일단 함께 할 수 있는 사회나 단체, 조직의 일원이 되면 이를 통해 자신의 능력과 노력에 대한 평가를 받아 스스로에 대한 자긍심을 갖게 되고 다른 사람으로부터 존경을 받고 싶은 욕구가 생기는데 이를 존경의 욕구라 한다. 존경의 욕구 단계가 충족되고 나면 사람은 타인으로부터의 평가보다 자기 자신의 존재에 대한 가치부여와 자신이 이루고 싶은 이상을 실현하고자 하는 높은 수준의 욕구를 갖게 되고 이것을 성취하기 위해 노력하게 되는 자아실현 욕구이 단계에 도달한다.

이 욕구들은 단계마다 순서가 있어 첫 번째 욕구가 충족되어야 다음 단계의 욕구로 이전하게 되며, 한 번 충족된 욕구는 더 이상 욕구로서의 가치를 상실하게 된다. 그러나 한 번 충족되어 보다 높은 단계에 도달되었다 하더라도, 하위 욕구에 부족함이 발생하면 다시 이 하위 단계의 욕구로 되돌아와 다시 시작하게 된다고 설명하고 있다.

자아실현욕구 self-Actualization	자아 충족, 자아실현
존경의 욕구 Esteem Needs	자존, 지위, 자긍심
소속 · 사회적 욕구 Social Needs	소속, 애정
안전의 욕구 Safety Needs	안전, 보호
생리적 욕구 Physiological Needs	기근, 목마름, 휴식, 자유

- 인간의 욕구는 낮은 계층으로부터 가장 높은 욕구에 이르는 계층을 형성
- 어떤 욕구가 충족되면 이 욕구는 더 이상의 동기를 유발하지 못함
- 하위욕구가 충족되면 상위욕구로 발전함

그림3-2
동기이론(욕구계층이론): 매슬로우의 5단계

미국 오하이오 대학 연구 – 인간 행동을 결정하는 15가지의 기본적인 욕구

미국 오하이오 대학의 연구에 의하면 인간의 행동을 결정하는 기본적인 욕구는 다음의 15가지의 욕구 유형에 포함된다.

① 배우려는 욕구
② 먹으려는 욕구
③ 행동 규범에 맞게 행동하려는 도덕적 욕구
④ 사회로부터 거부당할지 모른다는 두려움을 회피하려는 욕구
⑤ 성적인 욕구
⑥ 육체적인 운동이나 활동을 하려는 욕구
⑦ 하루하루를 질서 정연하게 꾸려 나가려는 욕구
⑧ 스스로 결정하려는 독립 욕구
⑨ 감정이 상했을 때 복수하려는 욕구
⑩ 다른 사람과 접촉하려는 욕구
⑪ 가족과 시간을 함께 보내려는 욕구
⑫ 다른 사람의 이목을 받고 싶어하는, 명성을 위한 욕구
⑬ 고통이나 근심에서 벗어나려는 욕구
⑭ 공공 서비스를 받고 사회적 일원이 되려는 시민으로서의 욕구
⑮ 다른 사람에게 영향력을 미치고 싶어하는 권력 욕구

자료: 정규엽(2004). 호텔외식관광마케팅. 연경문화사.

표3-4 환대 및 여행 문헌에 기술된 매슬로우의 욕구와 동기

욕구	동기	여행 문헌
생리적 욕구	기분전환, 휴식	자유로움, 휴식, 긴장완화, 신체적 · 정신적 긴장완화
안전의 욕구	안전	건강, 레크리에이션, 미래를 위한 활동력과 건강유지
소속의 욕구	사랑	가족연대감, 유대관계 강화, 동료애, 사회적 상호관계 촉진, 개인적 유대관리, 대인관계, 조상 · 민족, 가족구성원들에 대한 자신의 애정 표시, 사회적 접촉의 유지
존경의 욕구	성취, 신분	자기의 성취에 대한 확신, 타인에게 자신의 중요성 과시, 명성, 사회적 인식, 자아강화, 전문성/업무, 자기 성장, 신분과 지위
자아실현의 욕구	자기 본성에의 충실	자아탐색 및 평가, 자아발견, 내적욕구의 만족

자료: Morrison, A. M.(2002). Hospitality and Travel Marketing. Thomson.

(2) 필요(wants)

인간이 욕구를 느끼면 그 부족함을 채우기 위해 여러 형태의 수단들을 동원하게 되는데 이 욕구 해결을 위해 선택하는 재화나 해결 방법을 필요라 한다.

wants – How people communicate their needs

즉, 필요란 '어떤 욕구를 해소할 수 있는 구체적인 제품이나 서비스에 대한 바람'이며 고객의 특성에 따라 다르게 표출된다. 갈증을 느끼는 상태인 경우 물, 주스 등을 마시거나 따뜻한 음료를 선택하는 등 고객이나 상황에 따라 다양한 방안이 선택된다. 이처럼 어떤 욕구를 해소하기 위해서는 여러 형태의 필요가 창출되는데 이는 또 다른 욕구를 창출해 내게 되므로 기업은 고객의 욕구와 필요를 정확히 파악하여 그에 부합되는 제품과 서비스를 제공함으로써 고객의 문제 해결을 도와주고 만족감을 도출해 내도록 하는 것이 중요하다.

빕스, 제대로 된 한끼 식사 '빕스 인 더 박스'

빕스가 가정 간편식 수요 증가에 맞춰 HMR 신메뉴 '빕스 인 더 박스(VIPS IN THE BOX)'를 출시했다.
빕스는 시간과 공간에 구애받지 않고 간편하게 음식을 즐기기를 원하는 최근 고객 니즈에 발맞춰 'HMR 라인'을 강화하고, 다양한 제품 개발은 물론 온라인 판매 등 고객 접점을 늘리는데 주력한다는 방침이다.

자료 : http://www.thinkfood.co.kr(2018.6.21.)
https://www.cjfoodville.co.kr/campaign/PR_View.asp

(3) 문제(problem)

문제는 궁극적인 만족감과 욕구 및 필요와의 차이가 있을 때 생겨나는 것으로, 그 차이가 적을수록 그 제품과 서비스는 고객의 문제를 잘 해결해 주고 있음을 의미한다.

problem – Gap between needs & wants and satisfaction

Levitt(1975)는 '마케팅의 근시안(marketing Myopia)'이란 논문에서 "소비자의 환경은 끊임없이 변하기 때문에 영원한 신제품도 최고의 제품도 없다."라고 하면서 제품보다는 고객에게 초점을 맞추어야 함을 강조하고 소비자의 문제해결에 힘써야 기업의 삶을 연장할 수 있다고 주장했다.

(4) 가치(value)

가치란 고객이 지불하는 비용의 대가로 받는 혜택으로, 고객은 자신이 제공받는 제품과 서비스에 대해 끊임없이 평가하고 자신의 욕구만족과 문제해결을 위한 제품과 서비스를 얻고자 금전적, 시간적, 정신적 희생을 치를 것인가를 결정하게 된다. 고객은 기업이 제공하는 제품과 서비스를 자신의 희생(금전)과 교환함으로써 문제를 해결하고 만족을 얻어야 하기 때문이다.

value – Customer's estimate of the products overall capacity to satisfy needs

기업이 고객과 대화해야 하는 7가지 이유

① 고객 needs 변화 감지
② 고객 불만사항 처리 신속성 증가
③ 고객에게 전달할 이미지 왜곡도 감소
④ 제품 홍보수단 활용
⑤ 지속적인 고객관리 가능
⑥ 로열티 높은 고객 육성
⑦ 시장 반응 확인비용 감소

자료: http://trendinsight.biz, 2011. 4. 15.

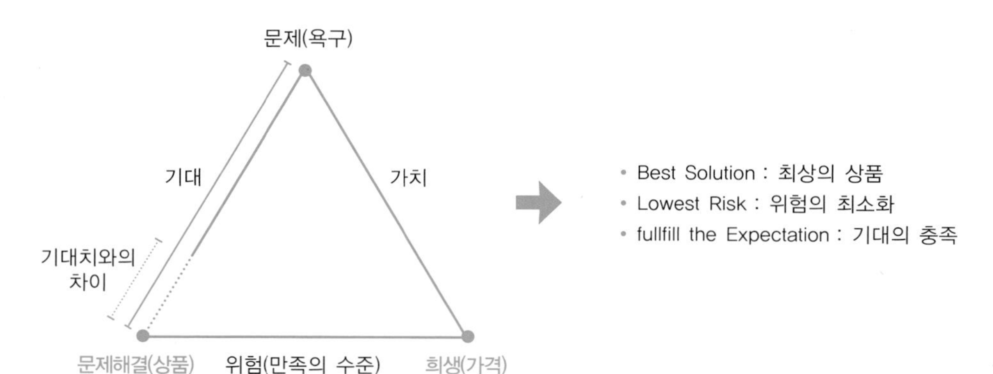

그림3-3
Parasuraman의 trade-off 모델

Parasuraman(1985)은 욕구의 문제해결 관계를 trade-off 모델로 나타내어 고객의 욕구가 생기면 최상의 상품을 구매함으로써 문제해결이 된다고 하였다. 고객은 문제해결을 위해 상당한 희생을 치르게 되고 고객이 기대한 만큼의 만족이 이루어져야만 고객기대 충족은 물론 대가를 치른 위험의 최소화를 이룰 수 있다는 것이다.

2) 지각(인식)과 동기

(1) 지각(인식)

현대인들은 방송매체나 인터넷을 통해, 또는 자신의 생활환경 및 주변에서 일어나는 다양한 사건, 사고 등, 일상생활로부터 무수히 많은 정보와 자극을 제공받는다. 그러나 이 모든 것을 다 지각하는 것이 아니라 자신이 필요로 하거나 자신에게 영향을 미치거나 자신이 직접 느끼는 것 등, 극히 일부만을 지각하며 살아간다. 이렇게 지각된 정보나 자극들만이 그들의 판단이나 신념, 태도 등의 자료로서 가치를 가지게 된다. 아무리 많은 예산을 들인 광고도 고객이 지각하지 못한다면 그 효과를 기대하기 어렵다는 것이다. 이와 같은 지각은 다음의 몇 가지 특성을 가지고 있다.

첫째, 지각의 주관성이다. 같은 정보나 자극을 받더라도 그 사람의 주관이나 사정에 따라 다르게 받아들인다. 같은 길을 드라이브 하더라도 가을 단풍이 아름답다고 느끼는 사람도 있지만 가을 단풍을 보면 쓸쓸해진다는 사람도 있다. 봄의 아름다운 꽃과 여름의 녹음을 보며 계절의 무성함을 느끼는가 하면 이제 그 아름다운 생을 마쳐 가고 있다고 생각하기도 한다.

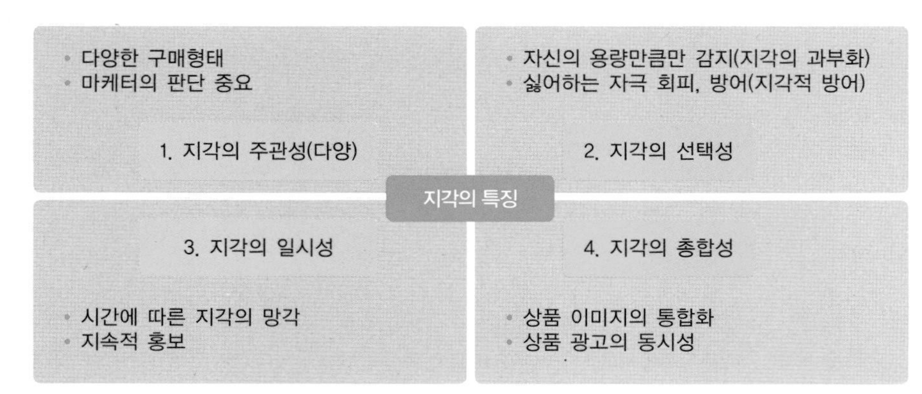

그림3-4
지각의 특징

자료: Morrison, A. M.(2002). Hospitality and Travel Marketing. Thomson.

둘째, 지각의 선택성이다. 무수히 많은 정보와 자극 중에서도 누구나 선호하는 것만 찾고자 하고 싫은 정보는 기피하는 경향이 있다. 신문을 읽더라도 정치면, 기사를 선호하는 사람도 있고 어떤 사람은 연예인에 관한 기사만 선택하기도 한다.

셋째, 지각의 일시성이다. 한 번 지각한 정보나 자극은 영원히 남아 있지 않고 시간이 지남에 따라 망각되고 극히 일부분만 기억된다. 아무리 힘들고 괴로웠던 일도 시간이 지남에 따라 잊혀지는 법이다. 따라서 정보나 광고를 성공적으로 고객의 기억 속에 남기고 싶다면 같은 것을 계속 반복적으로 전달해야만 그 효과를 얻게 된다.

넷째, 지각의 총합성이다. 우리가 받는 각종 정보나 자극들이 순차적으로 하나씩 오는 것이 아니라 동시에 한꺼번에 전해지는 경우가 많기 때문에 고객들은 총체적으로만 느끼고 판단하게 된다. 상품이나 서비스에 대하여 어느 면은 좋고 어느 면은 불쾌하다는 느낌들이 한꺼번에 종합되어 총합적으로 지각이 이루어진다는 것이다.

(2) 동기

어떤 결핍상태에 있는 사람은 이를 해소하기 위해 다양한 방안을 선택할 수 있다. 배가 고프면 이를 해소하기 위해 갖가지 먹거리를 찾게 되는데 개인에 따라 다양한 방법으로 해결한다. 즉, 직접 요리해서 먹기도 하고 식당이나 가게에서 사먹기도 한다. 즉, 욕구를 느껴도 즉시 해결방법을 선택하는 것은 아니고 또 어떠한 방법을 선택할지도 모른다.

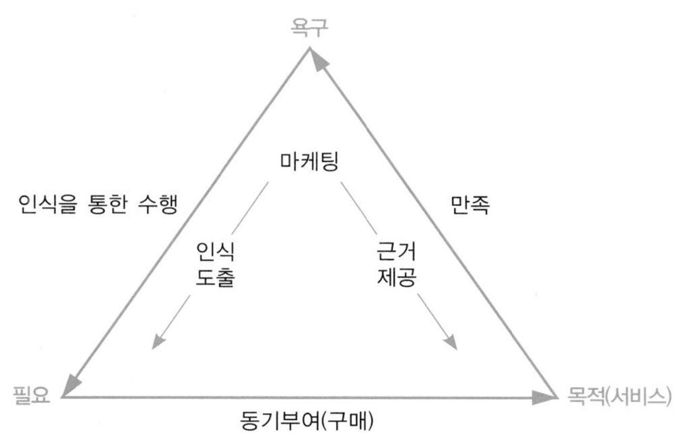

자료: Morrison, A. M.(2002). Hospitality and Travel Marketing. Tomson.

그림3-5
욕구, 필요, 동기부여, 목적과의 관계

이러한 재화나 취득방법을 선택하는 데에는 이를 구체화할 적극적인 행동이 필요한데, 이와 같은 적극적인 행동을 유발하게 하는 계기를 동기(motivation)라 한다. 욕구는 동기의 직접적 원인을 제공하지만 동기가 없이는 구매행위까지 도달할 수가 없다. 즉, 배가 고프다는 욕구를 해소하고자 하는 내부의 갈등이 있을 때 식당 간판이 눈에 띄어 그 식당에서 음식을 먹었다면 간판을 본 것이 그 행동을 유발하는 계기, 즉 동기가 되는 것이므로 마케터는 고객에게 대상의 이용 및 혜택과 관련된 동기를 부여해 주어야 한다. 이러한 동기의 특성을 들어 보면 다음과 같다.

첫째, 동기는 욕구에 기초한다. 어떤 구매행위가 이루어졌다면 그 물건이나 그에 준하는 가치를 갖고 있는 물건에 대한 고객의 욕구가 있어야만 한다.

둘째, 욕구충족을 위한 선택행동의 방향이 제시되는 계기가 있어야 한다. 욕구를 충족시키기 위한 다양한 재화나 방법 중 어느 것을 선택할 것이냐는 그것이 얼마나 확실하고 효과적으로 욕구를 해소시킬 수 있느냐에 달려 있다. 이 동기로 인해 해결책의 방향이 결정되는 것이다.

셋째, 동기의 궁극적인 목적은 긴장해소이다. 동기가 욕구를 해소하기 위한 방향 제시의 역할을 한다면 이 방향의 끝은 욕구를 해소하는 것이어야 한다.

넷째, 동기를 얻게 되는 것은 본인의 생활환경과 밀접한 관계를 갖고 있다. 본인이 생활하고 활동하는 가운데 얻게 되는 정보와 자극의 범위 안에서 동기는 결정되므로 함께 생활하는 가족이나 동료, 친구 등으로부터 크게 영향을 받는다.

고객의 기대와 태도

고객들은 서비스를 하나의 상품으로 간주하며 그에 대한 기대감이 그들의 쇼핑태도를 결정한다. 이들 쇼핑객들을 4가지로 분류해 보면 다음과 같다.

- **경제적 성향 고객(The economizing customer)**: 그들이 소비하는 것에 대한 가치가 최고가 되길 원하는 고객이다. 이러한 고객들을 유지하는 것이 다른 경쟁사에게 밀리지 않는 길이다.
- **윤리적 성향 고객(The ethical customer)**: 기업들에게 도덕적 의무를 바라는 고객이다. 맥도날드의 하우싱 프로그램 등과 같이 사회봉사에 명성을 쌓는 서비스 기업들에 대해서는 고객들의 충성도가 높아지는 경우를 예로 들 수 있다.
- **개별화 성향 고객(The personalizing customer)**: 자신을 알아보거나 이름을 알아주거나 친숙한 대인관계에서 만족감을 얻으려는 고객이다. 레스토랑이나 호텔에서 고객들의 이름을 기억하고 불러주며 맞이하는 경우에 고객들의 만족도가 높아진다는 것을 예로 들어볼 수 있다.
- **편의 성향 고객(The convenience customer)**: 서비스를 위한 쇼핑보다는 편리함을 추구하는 고객. 가격이 조금 비싸더라도 구매품을 집까지 배달해 주는 서비스를 선호하는 성향을 말한다.

자료: Fltzsimmons, A. & Fitzsimmons, J.(2006). Service Management(5th edition). Mcgraw-Hill co.

3. 고객의 유형

시대의 흐름에 따라 고객은 여러 가지로 해석될 수 있지만, 전통적으로 고객의 의미는 특정 조직의 상품이나 서비스를 최종적으로 구입하여 사용하거나 이용하는 자로 해석되어 왔다. 그러나 현대적인 의미의 고객은 조직의 가치 제고에 기여하는 모든 사람, 즉 조직이 생산할 상품을 결정하는 모든 사람이라고 해석되고 있다. 따라서 고객은 최종이용자일 뿐만 아니라 종사원, 관련조직 등 가치의 생산과 전달에 관여하는 주체이기도 함을 이해하여야 한다.

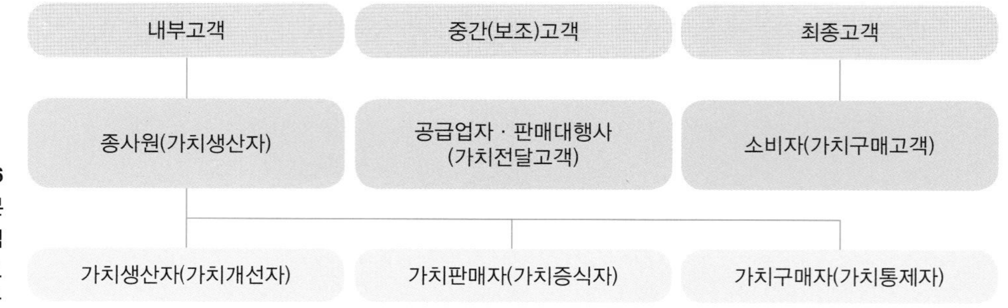

그림3-6 가치체계의 관점에서 본 고객의 개념
자료: 김기홍(2005). 서비스경영론. 대왕사.

표3-5 고객의 분류

평면적, 전통적인 고객		재화나 서비스를 구매하는 사람
프로세스적 관점에서 본 고객	외부고객	최종제품의 구매자/소비자
	중간고객	도매상/소매상
	내부고객	동료, 직원 등 본인이 하는 일의 결과를 사용하는 사람
가치체계를 기준으로 한 고객	사내고객	가치생산고객(상사와 부하, 부서와 부서, 공정과 공정, 동료와 동료)
	중간고객	가치전달고객(기업과 협력업체, 기업과 대리점, 기업과 유통업체)
	최종고객	가치구매고객(기업과 최종고객, END USER, 구매자와 사용자)

자료: Lucas, R. W.(1996). Customer Service. Irwin Mirrow Ress.

즉, 고객을 가치의 시점에서 분류하면 조직에서 생산된 최종가치를 이용하는 최종고객(가치구매고객)과 가치를 전달하고 조직활동을 돕는 중간고객(가치전달고객), 그리고 가치를 생산하는 내부고객(가치생산고객)을 들게 된다.

1) 외부고객

조직의 외부에 존재하는 외부고객은 서비스가 존재할 수 있도록 하는 중요 요소이다. 이들은 내부고객에 의해 생산된 서비스의 가치를 최종적으로 이용하거나 구매하는 대상이기도 하다.

영리·비영리 기업을 총망라해서 그들의 존재 이유는 고객으로부터 나오며 특히, 영리기업은 그들의 생존 자금이 고객들의 구매로부터 나오기 때문에 고객을 최우선으로 하고 있다.

사례 – 디즈니랜드의 직원들

'고객은 항상 옳다(The customer is always right)'는 생각에 그 뿌리를 두고 있다. 이는 외부고객에 대한 직원들의 태도이다.

- 고객들이 사진촬영을 하는 것을 보면 고객의 요청이 없어도 스스로 촬영을 해 주어 사진에 전 가족이 나오게 해 준다.
- 디즈니랜드의 직원 모두가 공원 안에서 쓰레기를 보면 즉시 집어서 쓰레기통에 넣는다. 모두 자사에 대한 자부심과 애정을 가지고 쓰레기를 줍기 때문에 깨끗한 디즈니랜드가 될 수 있는 것이다.
- 디즈니랜드 공원 안 매점에는 상품의 가격표가 붙어 있지 않은 경우도 있다. 그 이유는 고객이 말을 걸어오게 하여 친절하게 설명하기 위한 것이라고 한다.

힐튼 호텔의 설립자 힐튼(Conard Hilton)이 그의 저서 『Be My Guest』에서 고객의 요구를 맞추려면 세밀한 것에 관심을 기울여야 하며, 고객만족을 위해서는 단지 친절과 미소뿐만 아니라 고객 한 사람 한 사람에게 특별히 관심을 전달할 정도의 적극적 태도가 중요하다고 강조했다.

기업에 이익이 되는 고객의 분류

- **잠재고객**: 회사에 대해 인지하고 있지 않거나 있어도 관심이 없는 고객을 의미한다. 잠재고객을 가망고객으로 만들기 위해서는 기업이나 상품의 존재를 널리 알릴 필요가 있다.
- **가망고객**: 기업에 대해 인지하고 있으면서 어느 정도의 관심을 보이는, 신규고객이 될 가능성이 있는 고객층이다. 신규고객 확장 목표 시 가망고객은 항상 마케팅의 우선순위이다.
- **신규고객**: 처음으로 회사와 거래를 시작한 단계의 고객이다.
- **기존고객**: 회사와 지속적인 거래를 하여 어느 정도의 고객 데이터가 쌓여 효율적인 마케팅이 가능해지며 반복구매가 가능해지는 단계이다.
- **충성고객**: 기업들이 가장 바라는 고객이다. 기업에 대해 충성도가 높아 별도의 커뮤니케이션이 없어도 자신이 뭔가를 사려고 마음먹었을 때는 언제나 그 기업을 먼저 떠올리는 고객층이다.

자료: http://blog.naver.com/colate88/110082855164

고객의 특성

- 고객은 언제든지 마음이 변할 수 있다.
- 고객은 집단이 아니라 개인이다.
- 고객의 요구사항이 많고 까다롭다.
- 관리된 고객만이 구매를 한다.
- 만족한 고객은 가장 좋은 홍보원이다.
- 고객의 불평을 해결해 주면 단골이 된다.
- 고객은 기업의 서비스를 지각하는 자이다.
- 고객만이 서비스 질을 판단할 수 있다.
- 고객은 조직 내에 존재하는 일상의 문제들에는 관심이 없고 다만 그들 자신의 문제를 해결해 주길 원할 뿐이다.
- 고객 충성은 존재하지 않으며 그냥 우연한 것이고 깨지기 쉽다. 고객에 대한 사소한 부주의는 지금까지 쌓아온 긍정적인 경험을 부정적인 것으로 변화시키고 고객의 발걸음을 돌리게 하는 결과를 초래한다.

자료: Patton, M. E.(2002). 서비스 경영론(Dancing service). 현학사.

2) 내부고객

기업의 조직 내부에는 상품이나 서비스를 외부고객에게 직접 제공, 전달하는 서비스 요원이 있다. 그들의 최적 서비스는 외부고객을 불러들이고 재구매를 유도하게 되고 나아가서 외부고객의 만족을 유도하게 됨이 인식되기 시작했다.

내부고객이란 기업 내 조직에 포함되어 있는 각각의 구성원 모두를 포함하며 서비스를 전달하는 자이다. 만족한 내부고객은 고객들의 기대 충족과 재방문, 재구매를 가능하게 할 뿐 아니라 외부의 제삼자들에게도 자사의 상품과 서비스에 대한 칭찬과 광고를 자발적으로 하게 되므로 궁극적으로 기업의 성공을 가져오게 된다. 특히 현대 서비스 기업에서 조직 내부 구성원들의 만족 없이는 외부고객들에게 훌륭한 서비스를 전달할 수 없고 외부고객의 만족도 추구할 수가 없다. 그러므로 마케팅에서는 이미 오래 전부터 외부고객과의 약속을 잘 지킬 수 있도록 하기 위해, 내부 종사원들을 잘 교육시키고 동기부여도 하고 적절한 보상을 하는 활동, 즉 내부마케팅의 중요성을 강조하고 있다.

불만을 가진 내부고객의 영향력은 매우 크다. 그들은 외부고객에 비하여 보다 설득력을 가진 부정적 구전효과를 발휘하고, 업무의 효율성을 떨어뜨리며, 기업 내부의 분위기를 악화시켜 정상적인 다른 직원에게까지 영향을 미치고, 직원의 이직률을 높이게 하여 많은 비용이 발생된다.

서비스 기업의 관리자는 일선의 서비스 요원들을 잘 보살펴 줌으로써 그들이 접하는 외부고객들에게 최선의 서비스를 제공하도록 하고 그 결과 기업은 높은 수익률을 내도록 기업의 성공을 꾀해야 한다.

미래의 고품질 서비스 문화는 서비스 요원의 서비스 문화 수준에 의해 더 영향을 받게 될 것이므로 서비스 요원의 서비스 문화 수준을 높이는 데 먼저 주력해야 한다. 미래의 고객 서비스에서는 각양각색의 고객별 대응 서비스가 중요하므로 고객 수준에 걸맞은 서비스 요원의 육성이 전제조건으로 등장하게 될 것이다. 고객의 서비스 문화 수준 이상으로 서비스 요원의 서비스 문화 수준이 유지될 때만 고품질 서비스를 기대할 수 있기 때문이다.

결국 미래사회에서의 고객만족 서비스는 내부고객의 역할이 중시되는 내부 마케팅 콘셉트가 전면에 대두될 것이다.

직장에서 행복한 직원들은 센스 있는 에너지가 솟아오름을 많이 느낀다.

자신이 행복하다고 느끼는 직원 중 78%가 직장에서 기운이 솟는다고 한 반면, 그렇지 못한 직원은 13%만이 기운이 난다고 했다.

행복을 느끼는 직원들은 그렇지 못한 직원들보다 많이 노력하고 더 오랜 시간 일하고, 생산적이며, 직장에 오래 남아 있고, 일도 25%나 더 한다는 결과이다.

자료 : connect with smartbrief "How to build an army of happy, busy worker bees."(2011. 5. 26.)

직원을 웃게 하는 회사…고객 또한 만족시킨다

미국 동북부 지역의 프리미엄 슈퍼마켓인 웨그먼스는 미국 경제지 포천에서 선정하는 '일하기 좋은 100대 기업'에서 매년 상위권에 선정되는 기업이다. 이 회사의 모토는 '직원이 우선, 고객은 그다음(Employee First, Customer Second)'이다. 웨그먼스 경영진은 만족한 직원이 만족한 고객을 만들 수 있다는 단순한 논리를 기반으로 경영철학을 실천해왔다. 이 사례는 많은 기업이 벤치마킹하고 있다. 손님과 접점이 많은 미국 스타벅스 또한 직원 우선 전략을 강화하고 있다. 2016년에는 임금 상승뿐만 아니라 스톡옵션 제도와 학비 지원 혜택을 포함한 각종 복지 혜택을 강화했다. 기존 직원들의 이직 방지와 우수 직원 채용을 통한 서비스 경쟁력을 강화하겠다는 계획을 발표했다. 이들 기업은 왜 직원만족도를 높이려 하는 것일까. 전략컨설팅 회사인 베인앤드컴퍼니와 워싱턴주립대 공동 연구 결과에 따르면 내부 만족도가 높은 기업의 경우 자연스럽게 고객 만족도 또한 상승시키는 것을 발견했다.

자료 : 매일경제 http://news.mk.co.kr/newsRead.php?no=802217&year=2016 (2016.11.18.)

우리의 가장 큰 자산이요, 성공의 열쇠는 우리 직원들이다.

'Our greatest asset and the key to our success, is our people.'

우리 모두는 우리가 하는 일에 대해 권위와 자긍심과 만족을 느낀다고 믿는다. 고객 만족은 많은 사람들의 협력에 의해 이루어지기 때문에 다른 사람들의 기여와 중요함을 존중하면서 함께 일할 때에 가장 효과적인 것이다.

자료 : Courtesy of Four Seasons Hotels and Resorts(2011. 5. 4.)

고객이 원하는 종사원의 자세(What Customers Want)

- **개별적 인식(Personal recognition)**: 아무리 바빠도 고객의 얼굴을 기억하고 이름을 명확히 불러 준다. 또한 고객의 성향이나 특별한 요청에 귀 기울인다.
- **예절(Courtesy)**: 고객이 옳지 않더라고 무례한 행동을 해서는 안 된다. 감당하기 어려우면 다른 종사원을 불러 도움을 청한다.
- **적시 서비스(Timely service)**: 신속하고 효율적인 서비스를 한다.
- **전문성(Professionalism)**: 고객의 질문에 충분한 답변이 가능해야 한다. 특히 자사의 상품이나 서비스에 대한 충분한 지식과 전문성을 요한다.
- **열정적 서비스(Enthusiastic)**: 고객은 자신의 욕구충족을 위해 그 장소에 오는 것이므로 미소와 함께 충분한 서비스를 해야 한다.
- **공감성(Empathy)**: 고객의 입장에서 고객을 이해하고 특히 언어장벽이나 장애가 있는 경우는 더욱 그들의 입장에 맞는 서비스를 해야 한다.
- **인내심(Patience)**: 어떤 상황이더라도 고객에게 힘들거나 피곤함, 짜증 등을 나타내서는 안 되며 스스로 마음을 다스려야 한다.

자료: Lucas, R. W.(1996). Customer Service. Irwin Mirror Press.

내부고객의 자세

- 고객의 입장에서 당신은 서비스 문화를 어떻게 인식할 것인가?
- 당신이 그렇게 인식하게 된 요인은 무엇인가?
- 당신이 조직의 책임자라면 서비스 향상을 위해 무엇을 하겠는가?
- 고객 서비스 제공 시에는 그러한 개선책을 늘 염두에 두고 실행하라.

만족한 내부고객의 자세

"I am"

- 친절하면서도 전문성을 띄어야 한다.
- 필요 시 도움이 될 수 있고 정보도 제공하도록 해야 한다.
- 인내심을 가지고 고객이 그들의 요구를 나타내도록 해야 한다.
- 가격이나 모든 세부 사항에 대해 정확히 알아야 한다.
- 고객이 시간을 낭비하지 않도록 효율적으로 일처리를 해야 한다.
- 고객에 맞추어 신속하게 반응해야 한다.

표 3-6 고객 서비스에 대한 자기 평가

항목	자기평가				
	드물게	가끔	자주	거의 항상	항상
1. 남을 대할 때 미소짓는다.					
2. 서로가 유리한 상황의 관계 설정이 되도록 한다.					
3. 다른 사람들의 필요와 기대에 부응하고자 노력한다.					
4. 요청받은 사항에 대해 신속히 대응한다.					
5. 화가 난 사람들에게 공감을 하고 그들을 진정시키고자 능동적으로 노력한다.					
6. 능동적으로 질문, 제시, 불평을 유도해 내고 경청하고 사후 점검한다.					
7. 고객이 요청을 충족시켜 주지 못할 경우 대안을 제시한다.					
8. 미래의 거래에 대한 혜택을 제시하여 지속적으로 유대가 맺어지도록 한다.					
9. 전화가 오면 전문성 있는 매너로 신속히 받는다.					
10. 사람을 잘 다루는 법을 알아내도록 적극적으로 노력한다.					

자료: Lucas, R. W.(1996). Customer Service. Irwin Mirrow press.

불만족한 서비스 요원이 기업에 미치는 영향은 어느 정도일까?

- 기업의 종사원이 전하는 기업에 대한 불만 내용은 주위 사람들에게 더욱 설득력이 있기 때문에 전파가 빠를 수 있다.
- 불만족한 종사원은 업무에 최선을 다하지 않으므로 창의력이나 자율성도 떨어지고 업무수행도 부진해진다.
- 불평불만이 많아진 종사원으로 인해 조직 분위기가 약화될 수 있고 조직 구성원들의 협력과 조화의 균형이 깨지므로 정상적인 다른 종사원들까지도 업무에 차질을 받게 된다.
- 종사원이 기업에 대한 자신의 불만을 대개 고객에게 전가시키는 경향이 있으므로 불만고객(외부고객)을 양산한다.
- 불만을 가진 종사원들의 이직률이 높은 만큼 여러 가지 추가 비용이 발생한다. 즉, 업무 공백으로 발생하는 비용, 신규직원 채용 시의 발생 비용, 신규직원의 업무숙달을 위한 교육 비용 등이다.

3) 내 · 외부 고객 통합서비스

고객의 가치를 생산하는 관점에서의 내부고객과 그러한 가치를 구매하고 이용하는 시각에서의 외부고객은 모두 기업 차원에서 중요한 존재이다.

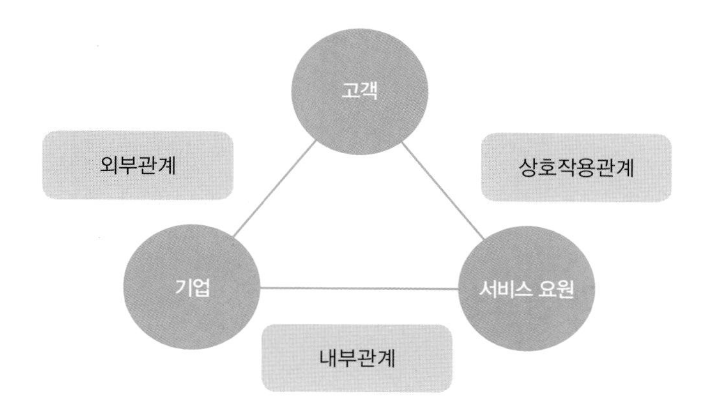

그림3-7
서비스 요원과 고객

서비스 요원들은 항상 고객의 요구에 유연하고도 민첩하게 대처하는 능력을 가지고 있어야 하며 고객에 대한 공감대를 늘 형성할 수 있어야 한다.

기업 내부구성원의 훌륭한 서비스는 외부고객의 지속적 상품 이용과 구매에 영향을 미치고 이는 기업 수익의 원천이 되므로 결국 기업의 관점에서는 내·외부 고객 모두가 고객이다.

기업의 경영진들은 훌륭한 리더로서 내부고객의 불만을 줄이기 위한 최선의 서비스를 제공해야 한다. 만족한 종사원들만이 외부고객에게 감동을 가져다 줄 수 있고 기업의 성공은 종사원을 진정한 나의 고객으로 대함으로써만 이루어지기 때문이다. 즉, 서비스의 가치를 생산하는 기업내부 구성원인 내부고객과 서비스의 가치를 이용하는 외부고객 간의 관계가 원만하고 유기적으로 유지되어야만 고객이 원하는 가치를 창출할 수 있다는 것이다.

내부고객과 외부고객은 상호 간의 가치의 흐름이 원활해야 유기적인 관계가 유지될

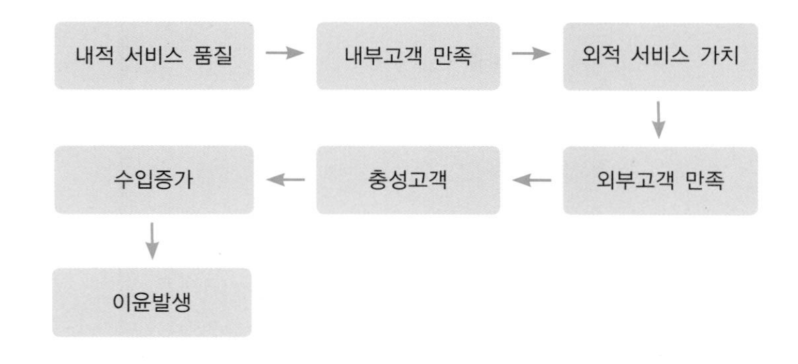

그림3-8
내 · 외부 고객의
통합서비스

수 있다. 가치를 생산하거나 전달하거나 가치를 사용하는 고객은 모두가 한 울타리 안에서 서로 고객이 되는 것이고 조직이 내·외부고객을 통해 좋은 서비스를 함으로써 궁극적으로는 기업의 이윤을 창출하게 된다.

4. 고객의 특성과 중요성

고객은 기업이 제공하는 제품이나 서비스를 지각하고 평가하는 자로서 제품이나 서비스에 대한 품질을 판단한다. 고객은 자기가 보고 싶은 것만 보고, 듣고 싶은 것만 가려서 듣기 때문에 기업이 원하는 방향으로 고객의 마음을 유인하려는 것보다 충족되지 않은 고객의 욕구를 기업이 찾아내서 그것을 충족시켜 주어야만 한다.

1) 고객의 특성

고객이 무엇을 원하는가를 정확히 파악하여 그에 맞는 제품을 만드는 것이 기업이 해야 할 가장 중요한 일이다. 그렇게 하기 위해서는 고객의 특성을 이해하고 파악해야함은 물론 지속적으로 꾸준한 관리가 이루어져야만 한다. 미국의 유명한 노드스트롬 백화점의 판매 사원들은 개인별 고객 수첩에 고객마다의 정보를 기록하고 업데이트해 나감으로써 고객 성향과 기대에 맞는 서비스를 맞춰 나간다.

2) 고객의 중요성

마케팅이란 개념조차 없었던 과거에는 생산자 위주의 판매로 고객 선택의 폭은 지극히 한정적이었다. 그러나 상황이 역전되어 기업이 적극적으로 고객을 찾아 나서서 지속적으로 새로운 수요를 만들어 내야만 하게 되었으며 고객 선택의 폭이 넓어져서 고객의 중요성을 인식하지 못한 기업은 그 가치조차 없어지게 되었다.

아무리 우수하고 좋은 서비스라도 구매할 고객이 외면한다면 그 서비스는 가치를 잃게 된다. 즉, 기업과 서비스가 존속할 수 있는 근거는 고객이며 서비스 존재의 일차적 가치와 목적은 '고객만족을 위한 서비스 창조'인 것이다.

고객은 자신의 필요와 요구에 맞아야만 상품을 구입하는데 한번 구매했다고 해서 영원한 고객이 되는 것은 아니다. 자신의 필요와 요구에 맞는 제품과 서비스를 선택하되 가장 가치를 느낄 때 구매를 하게 되므로 기업은 고객의 욕구를 파악하여 충족시켜 주어야만 한다. 고객을 이해하지 못해서 실패한 경우로는 다음과 같이 많은 사례가 있다.

(1) 사례1: McCormick의 실패

미국에서 100년 동안 100여 가지의 양념을 생산하여 왔던 McCormick은 1980년 중반까지도 'Make the best. Someone will buy it(최상품을 만들면 누군가가 그것을 살 것이다).'라는 좌우명으로 생산 지향적인 경영을 주장해 왔다.

창시자의 이러한 좌우명에 맞춰 제품종류를 다양화하고 슈퍼마켓에서 소비자의 눈에 잘 띄도록 넓은 판매대에 진열하였고 상품은 자연적으로 판매된다고 생각하였다.

직장업무에 지친 맞벌이 주부들은 최상품의 양념보다는 바쁜 생활 속에서 사용하기에 간편한 양념을 요구하고 있었으므로 최상품 양념만을 생산 판매한 기업은 1980년과 1984년 사이에 매출이 20% 가량 하락하였고 시장 점유율도 무려 40%까지 하락하였다.

(2) 사례2: 신라면 블랙의 실패

그동안 서민 음식이었던 라면이 2011년 4월 웰빙문화에 편승하여 프리미엄 라면인 신라면 블랙을 출시하였으나 지방이 설렁탕의 3.3배에 이르고 나트륨은 1.2배에 달해 '설렁탕 한 그릇의 영양이 그대로 담겨있다'는 표시가 과장되었다는 공정위 발표로 건강의 이미지는 퇴색되고 소비자에게 부정적 이미지로 남게 되었다.

(3) 사례3: J. C. Penney의 실패

미국에서 3번째로 큰 백화점인 J. C. Penney는 저가 상품 위주의 백화점이었다. 그러나 마진율과 품질이 좋고, 비싸면서도 고급스러운 상품을 주로 취급하기로 하고 수천만 달러를 써서 1년간 대대적인 광고를 했다. 'Fashions for people. No, not Saks, J.C.Penny' 그러나 3년이 지난 후에도 고급상품은 잘 팔리지 않았을 뿐 아니라 기존의 중·저가품 고객마저도 잃어버리게 되었다. 이는 고객들이 J. C. Penny의 이미지를 이미 저가상품에 맞춰 연상하고 있었기 때문이다.

(4) 사례4: Coke Classic, New Coke의 실패

펩시콜라에게 시장 점유율을 빼앗긴 코카콜라가 이를 만회하기 위하여 새로운 맛의 콜라를 만들어 냈지만 고객들은 기존 콜라의 맛을 찾았으며 시애틀의 한 소비자 단체에서는 옛날 콜라맛을 되돌려 달라는 소비자 운동까지 벌였다. 이에 코카콜라 회사는 기존 콜라를 Coke Classic, 새 맛의 콜라를 New Coke라 하여 동시에 판매한 결과 Coke Classic이 New Coke보다 더 잘 팔렸다. 맛이 우월하다는 펩시보다도 오히려 코카콜라가 더 많은 매상을 올렸다. 이처럼 마케팅에서는 알 길이 없는 고객의 마음을 "Brand name and image affect taste(상품명과 이미지가 고객의 맛에 영향을 미친다)."라고 표현하였다.

(5) 사례5: 카페베네의 실패

유럽카페를 모티브로 한국적인 요소를 추가한 토종 브랜드를 만든다는 모티브로 창업하여 소비자들이 커피 외 다양한 디저트를 선택 할 수 있다는 점, 연예기획사와의 제휴를 통해 스타마케팅으로 인지도를 높여가며 최단 기간 중 최다 매장 수, 연 매출 1,000억 원 돌파, 업계 최초 500호점 돌파 등 성공을 거두게 되었다. 그러나 2012년부터 이후 적자폭이 심화하게 되었다. 카페베네의 몰락의 이유는, 커피 문화를 만들어 가지 못함에 따라 커피전문점으로서의 이미지 확보를 못하고, 단지 프랜차이즈 비즈니스로 접근하면서 단기간 내 매출 및 이익의 극대화라는 전략을 택함으로, 커피를 만드는 프로세스를 제대로 지키지 않고 만든 커피의 질은 떨어지게 되고 소비자들의 불만족이 커지게 되었다.

힐튼 호텔(Hilton Hotel)의 미션-성공을 향한 우리의 미션

- **PEOPLE**: 우리의 가장 중요한 자산이다.
- **PRODUCT**: 우리의 프로그램 서비스 시설은 고객의 필요와 욕구를 충족시키는 최고의 품질을 제공한다.
- **PROFIT**: 우리의 궁극적 성공의 척도는 고객에게 얼마나 잘, 효율적으로 서비스하느냐이다.

리츠칼튼(Ritz Carlton)의 황금표준(gold standard)

리츠칼튼 호텔은 전 세계 28,000명의 모든 직원들이 황금표준을 숙지함으로써 고객 서비스 수준을 획기적 수준으로 높인다는 원칙을 정했다. 직원들은 '사훈, 신조, 3단계 서비스, 20가지 기본지침'으로 구성되어 있는 이 황금표준이 인쇄된 작은 카드를 지니고 다니면서 이를 실천하고자 항상 다짐하고 노력한다.

사훈

저희는 신사 숙녀 여러분을 모시는 신사 숙녀들입니다.
(We are ladies and gentlemen serving ladies and gentlemen.)

서비스의 3단계

① 따뜻하고 진실된 마음으로 고객을 맞이하며, 되도록 고객의 성함을 사용한다.
② 고객이 원하는 바를 미리 예측하고 부응한다.
③ 따뜻한 작별 인사로 고객에게 감사를 드리며, 되도록 고객의 성함을 사용한다.

신조

① 리츠칼튼 호텔은 고객의 편안함과 고객에 대한 정성어린 배려를 위하여 최선을 다하는 것을 가장 중요한 임무로 삼는 곳이다.
② 우리는 고객이 친절하고 품위 있는 분위기를 느낄 수 있도록 최선의 개별 서비스와 시설을 제공할 것을 다짐한다.
③ 우리의 고객이 새로운 느낌과 만족감을 경험할 수 있도록 하며, 고객이 표현하지 않은 기대와 요구까지도 충족시킨다.

5. 고객의 역할과 미래고객

1) 고객의 역할

고객은 단순히 기업의 제품과 서비스를 구매하는 소비자 역할만 하는 것이 아니라 구매를 통해 서비스 기업의 성장을 촉진시키고 기업으로 하여금 어떤 서비스를 생산할 것인가를 알려주는 안내자 역할도 한다. 이처럼 고객의 역할은 매우 다양하게 변화하고 있다.

(1) 부분적 종사원

서비스의 생산과정이나 전달과정에서 고객 스스로가 종사원의 역할을 대신하는 경우가 많다. 고객이 조직의 생산역량을 키워 주는 인적자원의 역할을 함으로써 고객 스스로의 만족도도 높아지므로 기업에서는 고객을 생산라인에 개입시켜서 '부분적 종사원(partial employee)'으로서의 존재가 되도록 한다.

사우스 웨스트 항공사는 승객들에게 직접 짐을 운반하게 하고 지정 좌석도 없이 스스로 자기 자리를 찾도록 한다. 이는 고객에 대해 무성의한 서비스가 아니라 승무원의 수를 줄여 여행운임을 보다 저렴하게 함으로써 고객들의 만족을 끌어내기 위한 것이다.

고객의 직접적 참여에 대해 기업의 숙련된 직원이 최상의 서비스를 하는 것과 같은 품질을 기대할 수는 없다. 이러한 불확실성의 문제를 고려하고 고객의 역할에 큰 부담을 주지 않도록 함이 중요하다.

그러나 서비스 전달 과정에 대한 고객의 직접적 참여가 생산성 향상에 긍정적인 영향을 미치는 것만은 아니다. 고객의 서투른 서비스 전달 과정으로 서비스의 품질이 저하될 우려가 많다는 주장도 있다.

(2) 가치창조(품질, 가치, 만족)에 공헌한 자

스웨덴 가구회사의 이케아(IKEA)는 고객들이 직접 조립하여 가구를 사용하게끔 하는 대신 30% 이상 저렴하게 판매한다. 이는 고객을 생산시스템 안으로 유도하여 기업을 이해하게 하고 고객 스스로의 만족도를 높이는 셈이 된다. 또한 고객이 단지 가치 소비 역할만 하는 것이 아니라 가치 창조의 역할도 한다는 것을 의미한다. 고객은 서비스 과정에 참여하는 것이 내재적으로 매력적이라고 느껴 이러한 과정을 통해 만족도가 향상된다. 만약 서비스 과정에서 뭔가 잘못되더라도 고객 자신이 참여한 과정이기 때문에 문제의 일정 부분을 자신의 탓으로 돌리기도 하므로 불만 감소의 효과도 있다.

(3) 경쟁자

고객들이 부분적 또는 전체적인 서비스를 직접 담당함으로써 잠재적으로 서비스 기업과 경쟁자가 될 수도 있다. 예를 들어, 여행사에 의뢰하여 여행상품을 기획하는 대신 자신 혹은 그룹 자체적으로 기획을 할 경우 고객은 여행사의 경쟁자가 되며, 여행 시 찍은 사진을 집에서 직접 인화, 편집한다면 관광 사진업의 경쟁대상도 될 수 있다. 즉, 고객 자신이 서비스에 대한 경쟁자로서 해당 서비스를 생산해 낼 수 있다는 것이다.

(4) 혁신자

고객은 새로운 상품과 서비스 개발의 전면에도 나서고 있다. 이들은 시장의 문제점을 누구보다도 먼저 발견하며 해결안을 제시함으로써 시장의 다른 고객들에게 큰 혜택을 주기도 한다.

2) 미래의 고객

소득 및 사회 문화 수준이 점차 높아지면서 경제의 축도 생산중심에서 소비중심으로 변했다. 고객의 소비는 단순히 생산에 대칭되는 소비개념이 아니라 소비를 통해서 자신의 존재를 확인하고 사회적 위치와 역할에 대한 부가적 의미를 갖게 된다. 고객의 소비성향은 서비스 가치를 선호하는 쪽으로 빠르게 변해 가고 고객의 소비행태가 물적 충족에서 심적 충족으로 변해 가고 있으며 사회구조가 다양화, 세분화되면서 다양한 고객계층이 형성되고 있다.

고객 자신이 원하는 서비스 상품을 구매하려면 생산 단계에서부터 직접 참여해야

미래의 고객에 대한 연구

- 미래의 고객은 어떠할 것인가?
- 그들은 오늘날의 고객과 어떻게 다를까?
- 그들은 어떤 환대상품을 원하게 될까?
- 그들은 어떤 서비스를 원하게 될까?
- 그들은 광고, 상품화, 직접 판매에 어떻게 반응할 것인가?

'전 세계의 고객들은 더욱 유사해질 것이며 중요 국가나 문화적 차이가 공존할 것이다.'

만 하게 되었다. 고객이 생산의 주체가 되고 생산활동의 많은 부문에 영향력을 행사하게 되면서 고객은 생산에 대응되는 소비자의 개념에서 소비 생산자의 개념으로 변하고 있는 것이다.

(1) 개성화, 독점화, 고급화

환경이 까다로워질수록 고객은 개성이 존중되기를 희망하고, 모든 것을 자기 위주로 독점하고 싶어 한다. 즉, 누구나 개성화, 독점화를 추구하게 되므로 서비스 요원은 마음으로 모든 것을 포용하고 넓은 아량으로 고객을 끌어안아 주어야 한다. 또 물질만능주의에 식상한 고객들은 보다 인간다운 삶 속에서 지금보다 더 환영받고자 할 것이므로 바른 매너를 중시하고 인적 서비스의 고급화를 요구하게 될 것이고 '나'를 최고로 받들어 주기를 바랄 것으로 예측된다.

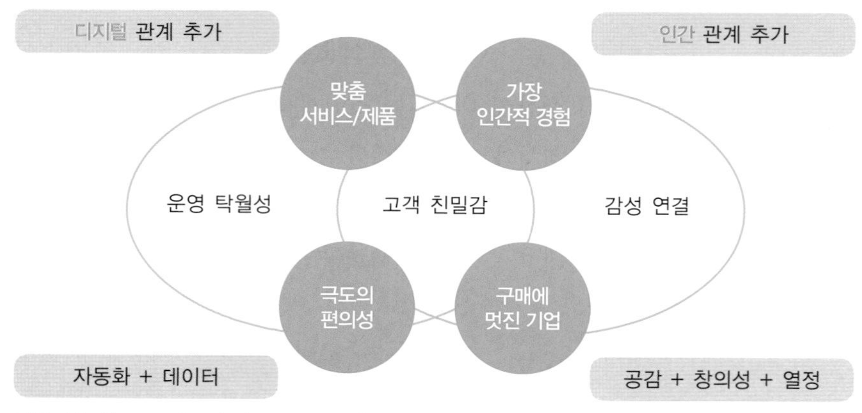

그림3-9 미래의 고객 관계

자료 : http://www.seri.org/kz/kzBndbV.html?ucgb=KZBNDB&no=166240&cateno=

(2) 디지털 고객

4차 산업혁명 시대를 맞이하여 사물인터넷과 인공지능, 3D프린팅 등의 발달로 식품·외식업계 변화가 급격하게 빨라지고 있다. 또한 휴대폰, 앱, 다양한 웹 애플리케이션, 소셜 미디어 등 디지털 환경에서의 고객과 꾸준히 소통을 통한 고객 만족을 이끌어 내고 쌍방향 커뮤니케이션을 진행하고 있다. 소비자들의 소비 패턴은 대량시대의 대중적인 소비에서 가치 소비로 변화하고 모든 것의 중심에 '나'가 우선이 되고 있다. 따라서 다양한 경험과 개인 취향을 중요시하는 시대로 '가성비'보다는 '가심비'에 더 가치를 둘 것으로 여겨진다.

4차 산업혁명

4차 산업혁명의 키워드는 '신기술', '융합', '혁명'으로 요약될 수 있으며 빅데이터, 인공지능 등 과학기술의 진보로 인해 가상공간과 실제공간을 결합시키는 새로운 플랫폼이 출현하게 됨으로 생산과 소비의 영역 간 융합, 특히 제품과 서비스의 융합이 더욱 활발해지고, 인간과 기계의 협업으로 생산·소비가 스마트하게 이루어지며, 생산·소비 네트워크가 세계적 차원으로 확대될 것이다.

따라서 앞으로는 신속하고 유연한 생산을 통해 소비자 개개인의 다양한 요구를 만족시킬 수 있는 개인 맞춤형 제품과 서비스를 만들어내는 방향으로 진화할 전망이다.

산업혁명의 역사전 전개

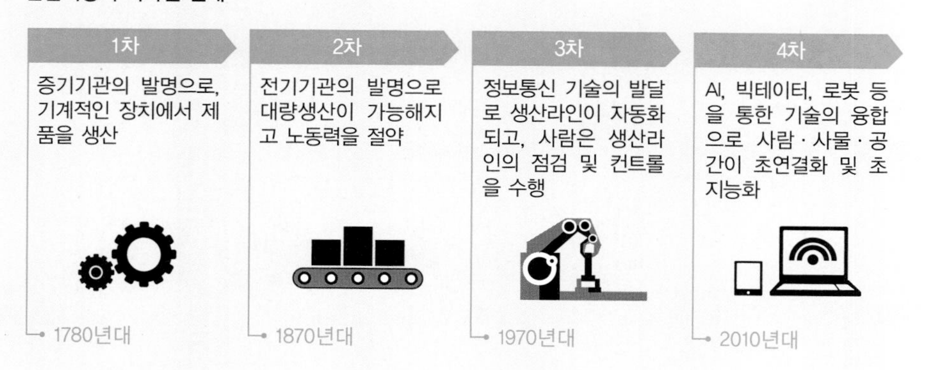

자료: 미래창조과학부, 한국과학기술기획평가원. 이슈분석: 3차 산업혁명과 일자리의 미래(2016.3.28). p.1

트렌드 코리아 2018

	키워드	요약	관련 내용
W	What's your Small but Certain Happiness?	소확행, 작지만 확실한 행복	•'소확행'은 반복되는 일상 속에서 자신만의 소박한 행복을 찾는 것 *소확행: 작지만 확실한 행복, 별 볼일 없을지 몰라도 누구나 경험할 수 있는 일상 속에서 느껴지는 작은 행복감을 뜻함
A	Added Satisfaction to Value for Money: Placebo Consumption	가성비에 가심비를 더하다 : 플라시보 소비	•'가격 대비 성능'을 뜻하는 '가성비' 열풍에 이어, 어떤 소비를 할 때 '구매에 대한 심리적 만족'을 의미하는 '가심비'가 새로운 트렌드로 부상 •"더 큰 심리적 만족을 준다면 가격에 대한 저항이 현저히 낮아지는 현상"을 뜻하는 가심비는 가성비에 주관적, 심리적 특성이 더해진 개념
G	Generation 'Work–Life –Balance'	'워라밸' 세대	•"직장이 나의 전부가 될 수 없다"라고 외치며 적당히 벌면서 잘 살기를 희망하는 젊은 직장인 세대를 칭하는 '워라밸' 세대는 1988년생 이후부터 이제 갓 사회로 진입한 1994년생까지의 세대를 규정 •워라밸 세대가 사회의 가장 강력한 인플루언서로 자리매김하면서 '자신, 여가, 성장'이라는 키워드가 주목받고 있음
T	Technology of 'Untact'	사람이 필요없는 언택트 기술	•단순한 무인이나 비대면 기술을 넘어 사람과의 만남을 대신하는 비대면 방식과 4차 산업혁명 기술이 만난 '언택트'가 트렌드로 부상 •단순히 사람을 지운다는 개념이 아니라 사람과 사람이 만나는 방식을 바꿈
H	Hide Away in Your Querencia	나만의 케렌시아	•투우장의 소가 마지막 일전을 앞두고 홀로 잠시 숨을 고르는 자기만의 공간을 의미하는 케렌시아 •케렌시아가 기존의 휴식 장소와 다른 점은 단순히 쉬는 곳이 아니라 마음을 추스르고 다시 전장으로 나갈 준비를 하는 곳이라는 점에서 보다 능동적이고 창조적인 공간 •케렌시아의 종류: 도심 속 케렌시아(창조적인 활동을 하는 DIY 카페), 사이버 공간 속 케렌시아(익명게시판인 '대나무숲')
E	Everything –as–a–Service	만물의 서비스화	•사람들이 돈을 쓰는 이유가 유형의 재화에서 무형의 서비스로 이동 •서비스는 더 이상 '부가적인 것'이 아니라 제품을 둘러싼 모든 것, 제품차별화의 주요한 요소로 인식되고 있음
D	Days of 'Cutocracy'	매력, 자본이 되다	•치열한 공급과잉 시장에서 살아남기 위해서는 수많은 단점에도 불구하고 'OO을 찾을 수밖에 없는 매력'이 필요 •'단점이 없는 완벽한 상태'가 아니라 '자신이 가장 잘 할 수 있는 하나의 매력'이 가장 중요
O	One's True Color, Meaning Out	신념의 소비, '미닝 아웃'	•SNS를 통해 혼자서도 얼마든지 여론을 모을 수 있고 변화를 꾀할 수 있다는 것이 사회적으로 통용되면서 함부로 드러내지 않았던 자기만의 취향과 정치적, 사회적 신념을 커밍아웃하는 것을 나타내는 '미닝아웃'이 주목받게 됨
G	Gig–Relationship, Alt–Family	대인관계 아닌 대안관계	•랜선 이모, 티슈 인맥, 반려식물… 모두 새로운 인간관계를 나타내는 단어 •기존의 관계에 피곤함을 느낀 사람들이 '관계'를 개편하면서 가족과 관계의 해체와 재편을 빈번하게 볼 수 있음 *일상 속 '긱 인맥관계': 오픈채팅(고립은 원하지 않지만 깊은 인간관계를 원치 않는 사람들), 셰어 하우스(고립은 피하고 싶지만 독립된 공간은 필요한 사람들), 뷰니멀족(동물을 키우지 못해 화면으로 대리만족하는 사람들)
S	Shouting Out Self–esteem	세상의 주변에서 나를 외치다	•관계에 대한 재편이 이루어지면서 동시에 상대적으로 스스로에 대한 '자존감'을 견고하게 구축하고자 하는 욕구가 강해짐 •1코노미 시대에 '나로 서기'를 원하는 사람들에게 '나'라는 존재는 그 어떤 시대보다 필수적이고 시급한 주제로 떠오름 *높아진 '자존감'에 대한 관심: 자존감에 관한 자기계발서들이 베스트셀러

자료: http://www.ndsl.kr/ndsl/issueNdsl/detail.do?techSq=350

6. 고객의 가치

고객의 가치에 대한 개념은 다양하다. 고객을 위한 가치, 고객이 인지하는 가치, 고객에 의한 가치, 고객 자체의 가치 등의 개념으로 설명되고 있다. 고객을 기업의 자산으로 보는 고객의 가치 개념은 고객 자체의 가치를 정확히 파악해야 하는 필요성과 연결된다. 고객의 가치는 위의 모든 개념을 다 포함하는 것으로 기업이 고객을 위해 제공할 수 있는 제품과 서비스를 말한다. 잠재가치가 더 있는 고객, 더 수익성 높은 고객을 유치하여 상품 판매를 상승시켜야 하는 기업으로서는 고객 분석을 통해 고객의 생애 가치를 알아볼 수 있다. 고객은 한 번의 상품 구매로 끝나는 대상이 아니므로 기업은 고객에 대해 장기적인 관심을 가지면서 개인 고객이 평생 구매로 이어지도록 유도해야 한다.

진정한 고객 가치 창조는 기업의 관점보다는 고객의 관점에서 이루어지는 고객의 고민과 문제를 이해하고 이를 해결하기 위한 노력을 말한다.

자료: Kotler, P.(2003). Marketing Management(11)(p.60). Prentice hall.

그림3-10
고객에게 전달하려는 가치의 결정 요인

1) 고객이 인지하는 가치

기업이 고객을 위해 제공하는 가치, 즉 제품이나 서비스가 고객에게 제공할 수 있는 가치로서 고객의 입장에서 바라보는 가치를 말하며 고객이 어떻게 인지하느냐에 따라 상품이나 서비스가 결정된다. 고객이 지불한 금전적 희생에 대한 가치가 합당하여 고객의 욕구충족이 이루어지는지, 또 경쟁사보다 더 높은 가치를 주는 상품과 서비스

표3-7 가치 창조를 위한 기업 관점과 고객 관점 접근법의 차이

구분	기업 관점	고객 관점
관계 형성 목적	주로 제품이나 서비스 판매	고객과의 지속적, 장기적 교류를 통한 고객의 이해
가치 파악	기업이 보유하고 있는 고객의 선호 여부에 초점	고객의 특성과 처한 상황을 중심으로 고객의 고민과 문제 이해에 초점
고객과 시장 정보의 활용	의사 결정을 정당화하기 위한 수단으로 사용	의사결정의 핵심적 근거로 활용

자료: 홍정석(2009). 고객 가치 창조, 시각부터 교정하자. LG Business Insight

를 제공하고 있는지에 기업은 역점을 두어야 함을 의미한다.

고객은 그들의 욕구나 필요에 합당한 서비스를 원하므로 기업의 입장에서 최고가 아닌 고객의 입장에서 높은 가치를 느낄 수 있는 상품과 서비스를 제공받아야 하기 때문에 기업은 끊임없는 고객의 피드백을 필요로 하게 되고 그들의 진정한 소리를 듣고자 한다.

2) 고객의 생애가치

고객이 평생 어떤 기업에 얼마나 기여하는지를 금전적인 수치로 나타낸 것을 고객의 생애가치(customer lifetime value)라 하며, 한 고객이 특정 기업의 고객으로 존재하는 전체 기간 동안 창출하는 총이익의 '순 현재가치(net present value)'를 의미한다. 모든 고객의 생애가치를 합하면 고객 기반의 총가치인 고객 자산이 된다.

고객 개개인의 생애가치를 높여서 기업의 고객자산 가치를 극대화하는 것이 바로 고객가치 경영의 핵심이라고 할 수 있다. 한 고객의 생애가치는 기업과 고객의 관계가 장기화될수록, 다시 말하면 충성도(loyalty)가 높아질수록 커진다고 볼 수 있다. 고객의 충성도가 높아질수록 기업이 그 고객을 유지하는데 드는 비용은 줄어들고 자신의 경험을 토대로 상품이나 기업을 홍보해서 새로운 고객을 창출하는 간접적인 수익원 역할도 하게 된다.

고객의 생애가치가 중요한 이유는 장기고객일수록 유치하는 데에 비용이 적게 들고 수익성이 높기 때문이다. 신규고객을 유치하기 위해 소요되는 비용에 비하여 기존 고객 유지 비용은 1/5 수준이라는 연구결과도 있다. 연구결과에 의하면 20%의 고객이 80%의 매출을 올려 준다고 하고 이들은 VIP 고객임과 동시에 장기간 거래하는 단골 고객이다.

이유재(2011)는 고객의 생애가치를 유용하게 활용하기 위한 방법을 다음과 같이 제시하였다.

첫째, 우량 고객은 제대로 대우한다.
둘째, 자원의 제약상 수익성이 낮은 고객은 과감히 버린다.
셋째, 고객을 세분화하는 새로운 방법을 제공한다.
넷째, 고객들의 생애가치를 키우려는 노력을 한다.

결국 아주 사소하게 생각하는 고객의 가치가 실제로는 매우 크다는 사실을 고객의 생애가치를 통해서 인식하게 된다.

고객의 가치를 이해하려면 고객에 대한 패러다임 전환이 매우 중요하다. 고객은 단지 이익창출을 위한 판매 대상이나 일반적인 소비자라는 고정관념에서 벗어나 고객의 가치를 바로 이해해야 함을 뜻한다. 고객 입장에서도 한 기업을 계속 이용할 경우 얻는 혜택이 많다. 예를 들어, 대형 백화점 등에서는 단골 고객을 위한 특별 카드를 발행해 주고 주차서비스를 용이하게 도와줌으로써 매장 이용을 쾌적하게 해 준다. 호텔이나 항공사에서도 마일리지 제도를 도입하여 단골 고객 확보에 주력하고 있다. 이러한 단골고객 유치 프로그램은 고객의 생애가치가 얼마나 큰지를 보여 주는 좋은 예이다.

패러다임(paradigm)

이견이 존재하지 않는 일반적인 이론(a very clear or typical example of something)

(1) 미국 볼티모어의 '도미노 피자'

미국 볼티모어의 도미노 피자는 체인 중에서 가장 성공한 매장으로 손꼽힌다. 그들의 성공 비결은 다름 아닌 피자를 주문하는 '고객의 생애가치'를 알고 서비스를 하는 것이라고 강조한다. 고객을 기업에게 신뢰하게 만들어 단골로 만드는 것이 무엇보다 중요하다고 강조하는 그들은 도미노 피자를 주문한 단골 고객 한 명의 평생 가치를 약 4,000달러로 계산하고 있다. 한 번 주문한 고객의 가치는 8달러짜리(피자 한 판 가격)가 아니라 4,000달러의 가치를 지닌 고객이라는 것이다. 고객이 처음 주문하는 피자는 단지 얼마 되지 않는 8달러에 불과하지만 직원이 친절하게 최선을 다하여 고객이 감동을 받는다면 지속적으로 거래를 할 것이며 평균 10년 동안 연간 8달러짜리 피자를 50개 주문하게 되면 어느새 4,000달러가 되는 것이다.

(2) FedEx의 고객 가치 실현

세계적인 택배 회사인 FedEx(페덱스)의 사원들은 고객의 호출을 받고 방문을 할 때, 고객의 생애가치(Customer Lifetime Value: CLV)를 고려한다고 한다. 예를 들어, 1회의 택배 비용이 5,000원이라고 가정하면 그들은 그 고객의 가치를 5,000원으로 인식하지 않는다. 한 번 고객이 되면 한 달에 3회, 평생 50년간 고객이 된다면 그 고객의 가치는 '5,000원×월3회×12개월×50년'이 되는 것이므로 계산을 해보면, 그 고객의 생애가치는 9,000,000원이 되는 것이다.

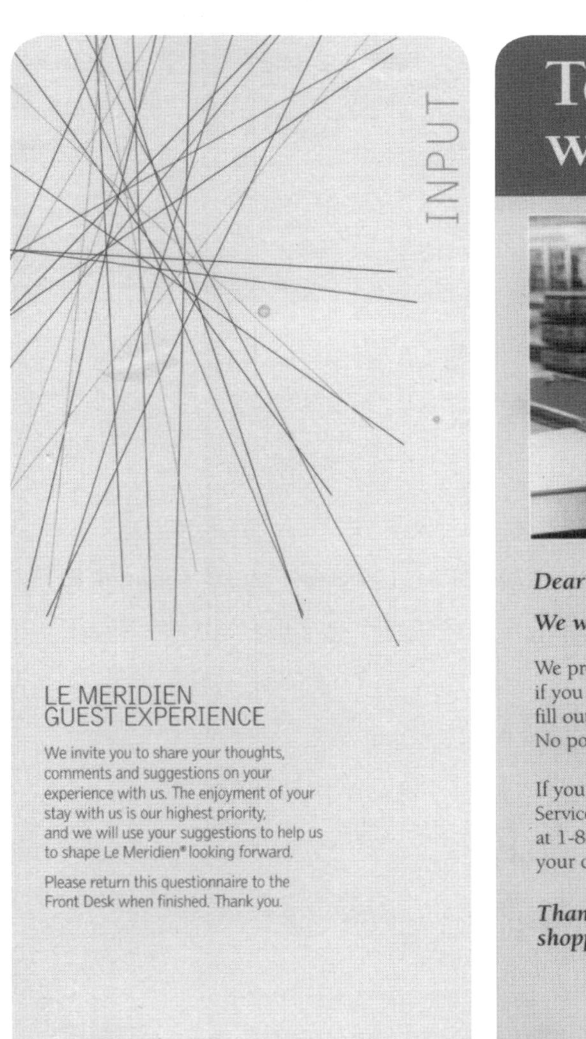

Tell us how we're doing!

Dear Valued Customer,

We want to hear from you!

We promise to listen to your comments and - if you want - respond directly to you. Please fill out this card and drop it in the mailbox. No postage is needed.

If you would like to talk to a Customer Service Specialist, please call us toll-free at 1-888-437-3496. We also welcome your comments at www.ralphs.com.

Thank you for shopping with us.

그림3-11
(좌) 프랑스의 Le Meridien 호텔의 고객반응 설문, (우) 미국 수퍼마켓 Ralphs의 고객의견 조사

CHAPTER 4

고객 서비스 접점

서비스 산업에서는 서비스의 특성상 생산과 소비가 동시에 이루어진다. 종사원과 고객, 즉 서비스 제공자와 받는 자가 상호작용하는 그 시점에서 기업의 이미지가 형성됨을 의미한다. 즉, 제공받는 서비스의 질에 대한 고객의 긍정적, 부정적 인식에 의해 기업의 성패가 결정된다는 것이다.

표4-1 SERVICE의 3S와 7C

3S	Smile	환한 미소, 편안함, 친밀감
	Speed	적절한 템포, 신속
	Sincerity	친절, 성심성의
7C	Consideration	고객에 대한 배려
	Correctness	서비스의 정확한 전달, 정확한 문제해결
	Coincidence	언행의 일치, 돌발시의 불일치에 대한 책임
	Compliment	찬사: 고객 응대 시의 적절한 칭찬의 어휘 사용
	Coherence	일관성 있는 업무처리, 전문성과 숙련도
	Conciseness	간결: 복잡한 서비스 과정은 질 저하 우려
	Courtesy	적절한 예절

1. 서비스 접점의 개념

서비스 접점은 '고객과 서비스 제공자 사이에 양방간, 직접적인 상호작용이 발생하는 순간'이라고 좁은 의미로 설명할 수 있으며, Shostack(1985)는 "일정기간 동안 소비자가 직접적으로 서비스와 상호작용하는 것"이라고 넓은 의미로 설명하였다.

따라서 서비스 접점이란 서비스 제공자인 서비스 요원과 서비스를 받는 고객과의 상호작용이 이루어지는 모든 순간을 말하며, 서비스 생산과정에서 고객이 접촉하는 서비스 기업의 모든 요소들이 고객과의 접점을 형성하게 된다.

서비스 접점은 매 순간마다 무수히 나타나며, 기업의 경영성과에 지대한 영향을 미치게 되므로 서비스 접점의 관리는 매우 중요하다. 고객의 다양한 욕구와 필요를 정확히 파악하고 그에 맞는 서비스를 확실히 제공할 수 있는 숙련된 서비스 요원은 성공적 접점 관리에서 필수적이다. 고객과 가장 가까이에서 밀접한 관계를 유지해야 하는 서비스 요원은 철저한 서비스 정신을 갖추고 문제해결능력을 갖추어야 한다. 기업은 그들을 위한 지속적인 교육훈련을 제공해야 하고 서비스 요원은 고객의 문제를 해결해 줄 수 있는 능력과 서비스 마인드에 대한 철저한 교육훈련을 받아야 한다.

표4-2 성공적 고객접점을 위한 서비스

S	smile & speed	미소와 함께 신속하게
E	emotion	감동을 주도록
R	respect	고객을 존중하고
V	value	고객에게 가치를 제공
I	image	좋은 이미지 제공
C	courtesy	예의 바르고 정중하게
E	excellence	탁월하게

1) 결정적 순간(MOT)

서비스 요원과 고객들과 접하는 모든 순간들을 의미하는 MOT(Moment Of Truth)는 고객들에게 서비스의 질을 보여 주는 극히 짧은 시간이다. MOT는 스페인의 투우용어인 'Moment De La Verdad'에서 나온 용어로서 '피하려 해도 피할 수 없는 순간', '실패가 허용되지 않는 매우 중요한 순간'을 의미하지만 '진실의 순간', '결정적 순간'이라는 말로 더 많이 쓰이고 있다.

최초로 MOT에 대해 언급한 스웨덴 마케팅 학자인 노만(Richard Norman)은 '고객들이 기업의 서비스 요원이나 특정자원과 접촉할 때 발생하는 인지된 서비스 품질에 결정적 영향을 미치는 상황'이라고 MOT에 대한 정의를 내렸다. 일반적으로 MOT는 고객들과 상담하는 순간, 고객들로부터 전화를 받는 순간, 고객을 응대하는 순간, 고객이 원하는 상품을 보여 주는 순간 등 모든 고객과 접촉하는 순간들에 발생하지만, 그밖에도 제품에 대한 광고를 보는 순간, 상품을 보는 순간, 대금 청구서를 받아보는 순간 등과 같이 조직의 여러 차원과 간접적으로 접하는 순간이 될 수도 있다.

고객은 기업이 제공하는 서비스를 접촉하는 짧은 순간에 그 품질을 평가한 후 재방문이나 재구매 여부를 판단해 버리기도 하는데 고객 자신의 선택이 최선이었다고 느낄 수 있는 시점이 될 수도 있으므로 그 짧은 '결정적 순간'은 기업의 성공을 판가름하는 순간이기도 하다.

따라서 기업은 MOT 개념을 확실히 이해하고 고객의 마음을 정확히 읽어야 하며 그들의 궁극적인 문제를 해결해 줌으로써 고객의 기대 수준에 부합하는 서비스를 제공하여야 할 것이다.

MOT 마케팅 성공사례

1. 스칸디나비아 항공사(SAS)

노르웨이, 스웨덴, 덴마크 3개국의 민간과 정부 공동 소유인 스칸디나비아 항공사는 1970년대 말 석유 파동으로 1979년과 1980년 2년 동안 3,000만 달러의 적자가 누적되어 위기에 처하게 되었다. 이 시점 사장으로 취임한 39세 얀 칼슨(Jan Carlson)은 "고객이 서비스 요원들과 접하는 15초 동안의 짧은 순간이 회사의 이미지에 영향을 미치고 나아가 사업의 성공을 좌우한다."고 강조하면서 항공사의 이미지를 15초 안에 심어주고자, 직원 교육을 통해 고객만족을 최우선으로 하고, 정시출발/도착을 지키며 1년 만에 흑자로 바꾸었고 1983년 '그 해의 최우수 항공사'로, 1986년에는 '고객서비스 최우수항공사'로 선정되었다.

2. 노드스트롬 백화점

수 많은 제품을 판매하는 백화점의 특성상 수시로 제품교환이나 환불, 그 밖에 다양한 고객 불만이 발생하는데 노드스트롬 백화점은 고객응대 매뉴얼 자체가 존재하지 않는다. 고객의 불만사항에 대해 직원 스스로가 결정하여 고객에게 응대할 수 있도록 권한 위임을 주어, 제품에 불만이 있는 고객들에게 만족할 수 있는 교환이나 환불 등을 비롯한 다양한 서비스를 제공할 수 있도록 하여 A/S의 질을 높였고, 고객만족정도에 따라 직원에 대한 보상제도가 마련되어 있다.

3. 스타벅스

스타벅스는 '단순히 커피만 파는 것이 아니라 문화를 판다.'는 개념을 도입하여 평범한 커피점을 넘어 '문화적 현상'으로 발전하였다. 스타벅스 로고의 브랜드 파워와 함께 고객이 카운터에서 커피를 주문할 때 집중하여 MOT가 이루어지는데 단순한 직원 서비스 교육만으로 그치지 않고 직원들에 대한 충분한 복지혜택을 통해 직원들이 주인 의식을 가지고 일 할 수는 분위기를 만듦으로써 고객이 커피를 주문할 때 직원들의 전문성과 친절함을 통한 스타벅스만의 진정한 이미지를 느낄 수 있게 한다.

4. MK 택시

예절과 친절 마케팅으로 성공한 기업으로 '청결하지 않으면 운행할 수 없다'는 모토로 친절이 바탕이 된 서비스 정신, 희생이 강조된 봉사정신, 한결같은 신념과 믿음으로 이어가는 실천 나눔과 같은 철저한 직업 정신의 훈련과 그리고 우수한 직원에 대한 복리후생에 힘을 쏟았다.

2) 서비스 접점의 구성요소

소비자는 상품을 구매, 소비한 후 사전 기대에 대한 반응을 나타내게 된다. 그 반응은 인지된 성과와의 비교에 의해 일치, 불일치로 나타나고 그에 따라 충성도 및 구전과 같은 후속 행동이 결정된다(Bitner, 1994). 고객 접점을 통한 인지된 성과에 영향을 미치는 세 가지 구성요소를 들어보면 다음과 같다.

(1) 물적 요소

물적 요소란 서비스 생산공정에서 활용되는 모든 물질적 요소들을 의미한다. 호텔의 객실 및 그 공간 내에 존재하는 침대, 의자, TV 등과 같은 다양한 가구들, 병원의 병실 및 CT 촬영기들과 같은 다양한 의료 설비·시설, 주제공원의 다양한 놀이시설, 항공사의 비행기, 은행의 전산망 및 고객의 편의 시설, 변호사의 사무실 공간과 컴퓨터 등이 바로 그 예이다.

모든 물적 요소들은 기능적 요소와 환경적 요소를 동시에 지니고 있다. 호텔의 상하수도 설비와 같은 물적 요소는 고객들의 시각적 만족과는 무관하므로 기능적 요소가 많이 강조되고 호텔 로비의 화려한 인테리어는 환경적인 면이 주로 강조된다. 그러나 대부분의 물적 요소들은 이 두 가지 요소를 함께 지니게 되며 양극단으로 존재하는 물적 요소는 별로 없다.

(2) 인적 요소

인적 요소란 서비스 접점을 구성하는 매우 중요한 요소로 바로 서비스 생산의 일선에서 근무하는 서비스 생산자(서비스 요원)를 말한다. 인적 요소는 물적 요소 이상으로 서비스 접점 및 서비스의 질과 고객만족을 좌우하는 핵심적 역할을 한다.

인적 요소의 대부분은 기능적 요소와 인간관계적 요소를 동시에 지니고 있으며 기능적 요소와 인간관계적 요소의 어느 한 측면만을 중시하는 인적 요소는 거의 존재하지 않는다. 다만 그 비중이 얼마나 한쪽으로 기우느냐의 문제일 뿐이다. 예를 들어, 자동차 수리와 같이 제품 관련 생산 공정을 중심으로 하는 서비스의 인적 요소에서는 기능적 요소의 비중이 커질 수밖에 없다. 그러나 인간관계적 요소가 배제되는 것은 아니다.

즉, 서비스 기업의 경영자들은 물적 요소나 특정 인적 요소를 계획함에 있어서 기능적 요소 이외에도 환경적 요소나 인간관계적 요소를 동시에 고려하여야 한다. 두 요소 중 어디에 더 비중을 둘 것인가에 대한 문제는 기업이 생산하는 서비스의 특성과 시장상황에 달려 있는 것이다(차길수, 2008).

(3) 시스템적 요소

서비스 접점의 구성요소로는 물적 요소와 인적 요소 이외에도 '소프트웨어적인 시스템'을 들 수 있다. 그 형태에 따라 고객들에게 권위 있는 이미지 제공을 가능하게도 하고 제공된 서비스의 질적 차이를 고객이 감지하여 만족, 불만족으로 표출되도록 하기도 한다. 호텔의 예약제도나 할인제도, 여행사의 후불제도나 상품알선, 레스토랑의 쿠폰제도, 체인유무, 백화점의 환불제도나 상품교환 등 모든 시스템적 요소가 서비스 접점의 구성요소에 포함된다.

서비스 접점 분석의 6가지 요소

Service Encounter Analysis : The Six S's(6s)

① **Specification(내용)**: 어떤 서비스가, 언제, 어디서, 어떻게 고객과의 접점이 이루어졌는지?(자세히 파악하여 전체적인 서비스 접점 분석을 통한 전략을 명시)

② **Staff(직원)**: 서비스를 제공하는 종사원의 자질과 태도 등은 어떤지? (종사원의 열정, 친절도, 사고, 언어소통 능력 등)

③ **Space(공간)**: 서비스의 접점이 이루어지는 장소는 적절한 공간인지, 서비스 제공이 용이하게 설계된 장소인지, 기다릴 수 있고, 서류를 작성할 수 있고, 가방을 보관할 수 있는 곳이 있는지? 신호체계가 적절한지?

④ **System(시스템)**: 고객들의 필요에 적절한 정보가 준비되어 있고 적절한 기술을 잘 사용하고 있는지, 각 부서가 잘 돌아가는지? 고객의 욕구와 필요를 잘 인식하고 있는지?

⑤ **Support(지원)**: 서비스 제공이 잘 이루어지도록 시설, 재정, 사람 등의 지원이 원활한지, 적절한 기술을 갖추고 있는지, 종사원들이 필요로 하는 훈련이 제공되는지, 인센티브, 보상 시스템 등이 제대로 수행되고 있는지?

⑥ **Style(형태)**: 서비스 접점을 위한 지휘가 이루어지고 있는지, 적절한 경영 스타일이나 마케팅 전략인 이루어지는지, 서비스 제공자의 행동은 적절한지, 서비스 질적인 면에서 올바른 접점이 이루어지는지?

자료: William Lazar(1999). Contemporary Hospitality Marketing. Education Institute of the AH&MA.

3) 서비스 접점의 종류

기업의 서비스 요원과 고객이 만나는 접점에서 고객에게 제공되는 서비스의 다양한 형태에 따라 고객 서비스 접점의 유형을 나누어 볼 수 있다.

고객 서비스 접점의 유형을 살펴보면 대면 접점, 전화 접점, 원격 접점으로 크게 세 가지로 분류된다.

(1) 대면 접점

대면 접점(face-to-face encounter)은 서비스 요원과 고객과의 직접적인 접촉에 의해 이루어지는 것으로써 고객이 기업을 방문하거나 서비스 요원을 직접 만난 시점에서부터 시작된다. 호텔 서비스를 예로 들자면, 고객이 호텔에 도착하여 주차 서비스나 벨 서비스 요원을 만난 시점, 또는 리셉션 데스크의 리셉셔니스트(receptionist)를 만나는 시점부터 대면 접점은 이루어진다. 이때 서비스 요원의 언어나 행동과 복장, 용모 등은 고객이 인지하는 서비스의 질에 영향을 미치므로 서비스 요원의 숙련된 자태가 요구되는 시점이다.

(2) 전화 접점

고객은 기업의 서비스 요원을 직접 만나지 않더라도 전화, 통신을 이용한 간접적 인적 접촉이 가능하다. 이러한 접촉 시에는 서로의 모습이 보이지 않아 서비스 요원들이 자칫 소홀한 행동을 할 수도 있어서 고객을 실망시키는 경우가 많다. 유무선상에서 대화로 이루어지는 전화 접점의 경우 서비스 요원의 명쾌한 목소리나 해박한 지식, 신속한 대응, 문제해결 능력 등의 정도에 따라 서비스의 질이 평가된다. 환대산업서비스에서는 대부분 고객과의 관계가 이와 같은 전화 접점으로 시작되는 경우가 많으므로 서비스 요원들의 올바른 전화예절이나 언어습관 등에 관한 교육훈련을 소홀히 해서는 안된다. 특히 호텔이나 식당, 항공 등에서의 예약 서비스는 전화 접점을 이용하는 경우가 대부분이므로 숙련된 서비스 요원의 능력에 따라 서비스 구매가 이루어지고 대면 접점으로까지 이어짐을 명심해야 한다.

표4-3 서비스 접점 분류

연구자	접점의 유형	해당 서비스
Shoctack(1985)	원격 접점(remote encounter) 직접적 인적 접점(direct personal encounter) 간접적 인적 접점(indirect personal encounter) 기타	정보통신 서비스 의료, 호텔, 법률 서비스 전화교환, 정보센터 로고, 분위기, 선전
Bateson(1985)	업체가 우세한 접점 서비스 고객이 우세한 접점 서비스 접객 요원이 우세한 접점 서비스	은행(표준화, 관료적) 레스토랑(서비스 우선) 접객요원 자율권 우선
Bitner(1990)	사람 대 사람(person to person) 사람 대 환경(person to enviroment)	의료, 법률 서비스 자동판매기, ATM
Bitner(1992)	셀프 서비스 개인 간 서비스 원격 서비스	레저스포츠, ATM 호텔, 레스토랑, 병원 전화, 보험, 자동응답

(3) 원격 접점

기업과 고객과의 직접적인 인적 접촉도 없고 간접적 전화 연결도 없이 이루어지는 접촉으로 원격 접점을 들 수 있다. 컴퓨터를 이용한 서비스가 급속히 늘어나고 있어 많은 부분의 서비스가 인터넷이나 자동발매 서비스로 이어진다. 항공권 구매와 예약도 서비스 요원의 도움 없이 인터넷을 통해 고객 스스로 할 수 있고, 지하철 표나 극장 예매권도 자동판매기에서 고객 혼자 살 수 있다. 비행기 탑승을 위한 체크인도 인터넷으로 하고 좌석도 직접 선택하게 하는 항공사가 늘고 있다. 고객들은 저렴한 가격에 매료되어 스스로의 노동력을 기꺼이 제공한다.

서적 판매도 판매원 없이 통신판매가 이루어진다. 앞으로는 더 많은 부분의 원격 서비스가 요구될 것이므로 원격 접점에 대한 고객의 욕구를 파악하고 그에 대응하는 전략을 세워야만 한다.

4) 서비스 접점의 특성

서비스 접점의 특성은 고객과 종사원이 상호작용하여 발생하는 이원일위적인 특성과 상호작용적 특성, 역할실행적 특성 그리고 상호접촉적 특성으로 들 수 있다.

(1) 이원일위적 특성

서비스 접점에서 서비스 제공자(서비스 요원)와 소비자(고객) 간에 이루어지는 모든 행위를 말하며, 상호 만족적인 요인에 대한 규명과 함께 고객만족의 극대화를 위한 서비스 수준의 기준설정, 서비스 환경의 구상, 서비스 요원의 선별 및 교육훈련 등에의 지침이 필요하며 서비스 제공자와 소비자의 행동을 변화시킬 수 있는 방법을 반드시 찾아내야 함을 의미한다.

(2) 상호 작용적 특성

서비스의 품질은 매우 주관적이어서 고객들의 구매행태가 모두 다르고 서로 공통점이 없어 보이지만, 사회심리적인 관점에서 보면 서비스 요원들과 고객들 간에 발생하는 모든 행위는 양측의 조화로운 행동에 의해 결정되는 거래이기 때문에 서로 상호적인 관계가 형성된다. 서비스 요원이 고객에게 제공한 서비스의 질은 고객의 주관적 경험에 의해 결정되므로 고객의 인식은 기업의 성패를 좌우하는 매우 중요한 요인이 된다.

훌륭한 시설 속에서 제대로 된 서비스가 제공된다 할지라도 서비스 요원과 고객 상호 간에 부정적인 인상이 남게 된다면 재구매는 이루어지지 않는다. 일방적인 서비스 제공은 고객을 지루하게 하고 흥미를 잃게 할 수도 있으므로 경우에 따라서는 고객을 단순한 소비자가 아닌 부분적 생산자나 서비스 제공자로 끌어들일 필요가 있다. 고객이 서비스를 제공하는 사람과 함께 행동한다고 느낌으로써 고객 서비스 접점에의 만족을 높이고 스스로의 참여에 보람을 느끼는 결과를 가져오기도 하기 때문이다.

(3) 역할 실행적 특성

자신들이 맡은 서비스 역할에 의해서 개인은 다르게 정의되며 이는 서비스 제공자뿐 아니라 서비스를 받는 고객에 있어서도 마찬가지이다. 간호사나 택시기사의 역할이 그 직함에 따라 당연히 다르게 나타나듯이 고급 레스토랑과 패스트푸드점에서의 고객 역할은 매우 상이하다. 그러므로 서비스 제공자와 고객 간의 접점에서 발생하는 문제는 각자가 해야 할 역할을 충실히 하지 않고 소홀히 할 때 발생하는 것이라 할

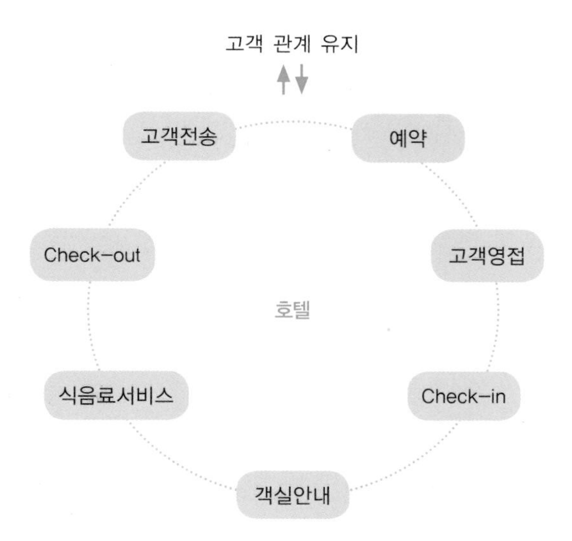

그림4-2
호텔 서비스 접점 사이클

호텔 투숙 기간 동안에도 객실 내 서비스는 물론 유니폼 서비스나 주차 서비스, 미화원 등 객실 판매와 전혀 무관해 보이는 부문에서도 고객 접점은 이어지며 호텔 체류 후 퇴실을 한 이후에도 판촉부서의 직원 등과의 접점은 지속된다.

Sue Backer(1952)는 고객이 호텔 투숙을 위해서 4가지 단계 즉, 도착 전 단계, 도착 단계, 체류 단계, 출발 단계를 거치는데 각각의 단계마다 수많은 서비스 접점이 있으며 그 4단계로 끝나는 것이 아니라 퇴실 이후에도 계속적으로 이어져 연속 사이클을 이룬다고 하였다(그림 4-3 참조). 이는 호텔 투숙 과정의 이어지는 매 접점마다 고객만족을 위한 지속적 노력을 통하여 재구매가 이어지도록 전사적 차원에서 관리가 이루어져야 함을 의미한다.

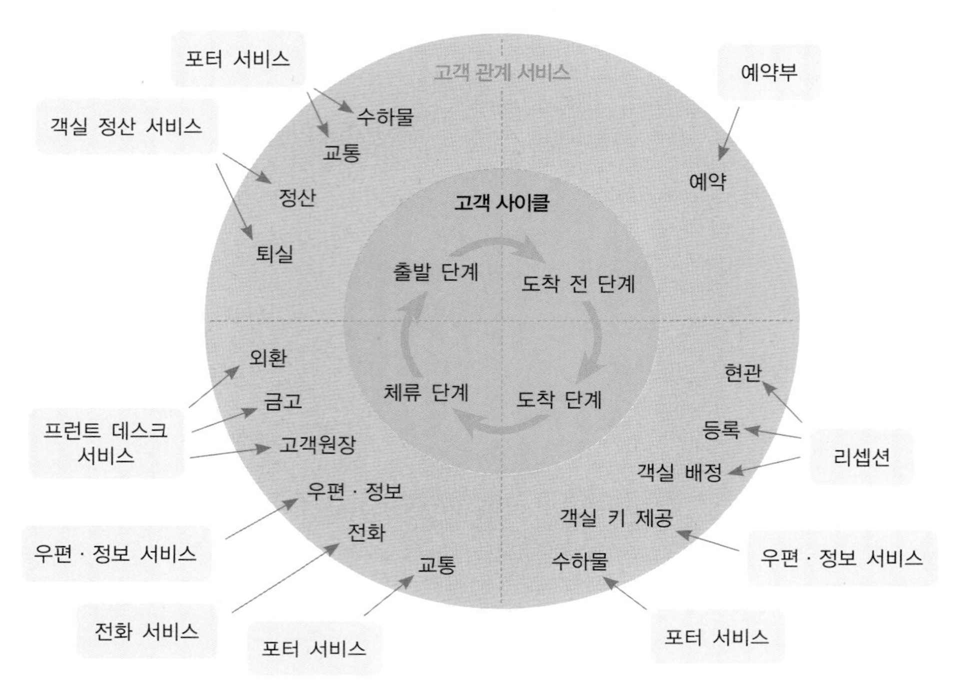

그림4-3
프런트 오피스와
고객과의
상호관계 서비스

자료 : Backer, S.(1952). Principles of Hotel Front Office Operations(p.44). Hospital Press.

표4-7 2018 세계에서 가장 존경받는 기업(호텔, 카지노, 리조트)

순위	1	2	3	4	5	6
기업	매리엇 인터내셔널	힐튼 월드와이드 홀딩스	윈 리조트	MGM 리조트 인터내셔널	하얏트 호텔	라스베이거스 샌즈

자료 : 포춘코리아(2018.3월호), 134쪽
(http://www.sedaily.com/Hmg/Main/MagazineEbook?MSeq=116&Hash=N0Y3M2#hmgf/page134-page135)

투숙고객을 위한 호텔 총지배인(GM)의 환영의 인사(Welcoming Letter)

DANFORDS
HOTEL&MARINA

Welcome! On behalf of the entire staff, we hope you will make Danfords Hotel&Marina your home away from home.

This directory was designed to point you in the right direction and show you the best of what Danfords Hotel&Marina has to offer.

From Danfords, nestled in the historic village of Port Jefferson, you can enjoy a picturesque waterfront setting overlooking Long Island Sound. This quaint walking village offers a fabulous variety of stores including boutiques, antique shops, galleries and much more.

For those who aren't looking to venture off the property, the spa and salon at Danfords is an ideal place to relax and be pampered.

Speaking of relaxing, Danfords' lobby and roaring fireplace make for a perfect place to settle in with a cup of hot chocolate, or enjoy cocktails in the adjoining Wave Lounge.

Wave Restaurant is a sumptuous dining experience. And for those who prefer to stay in their rooms, a room service menu is available.

Our staff is eager to assist you in any way, any time, day or night.

We thank you for choosing to stay at Danfords Hotel&Marina and look forward to seeing you again in the near future.

Welcome home,
Stewart Weiner
Executive Director&General Manager

Rochester welcomes you......

On behalf of Renaissance Hotels and Resorts, it is my pleasure to welcome you to Rochester. I am delighted that you have the opportunity to discover the wonders of our city and that we have the opportunity to create a distinctive experience for you, surrounded by the high-quality hotel and high-level service you desire.

Located in the Finger Laked District of upstate New York, Rochester is known for its scenic splendor, top-notch attractions and adventures. Among the more popular destinations, Rochester's waterways-the Erie Canal, Genesee River, Lake Ontario and hundreds of smaller laked and streams-offer uncommon natural beauty as well as limitless opportunities for the outdoor sportsman. Waterside parks and promenades provide excellent views from the shoreline-cruises, fishing charters and boat tours are also available. Cultural triumphs include the most-attended regional theater in New York and renowned museums. And for shopping enthusiasts, the Rochester retail arena boasts an irresistible mix of locally owned boutiques, art galleries and antique stores.

We hope your stay at The Del Monte Lodge, A Renaissance Hotel&Spa enhances the experience of all that Rochester has to offer. We designed our hotel to provide premier guest services, from our restaurant and room service to our business center and concierge/guest services. Our commitment to impeccable service is reflected in every aspect of our services and amenities.

Please let us know if there is anything we can do to make your stay with us more enjoyable or your adventure in Rochester more exciting.

Cordially,
Todd Plouffe
General Manager

그림4-4
라스베가스
'파라스 파리스'
호텔 전경

그림4-5
라스베가스 '베니션'
호텔의 곤돌라 서비스

그림4-6
라스베가스 '트럼프'
호텔의 로비

2) 여행 서비스 접점 사이클

고객이 관광을 계획하게 되는 경우 우선 여행사의 최일선 서비스 요원에게 여행 상담을 하게 된다. 상담을 위해 주로 전화로 일차적 문의를 하는 경우도 많지만 간접적으로 여행사 홈페이지나 책자를 보기도 하고 가까운 여행사를 찾아 여행사를 직접 방문하기도 한다. 이와 같이 여행 서비스 접점은 직·간접적인 다양한 형태로 시작되므로 각 부문별 서비스 요원들의 접점의 중요성에 대한 이해가 각별히 요구된다.

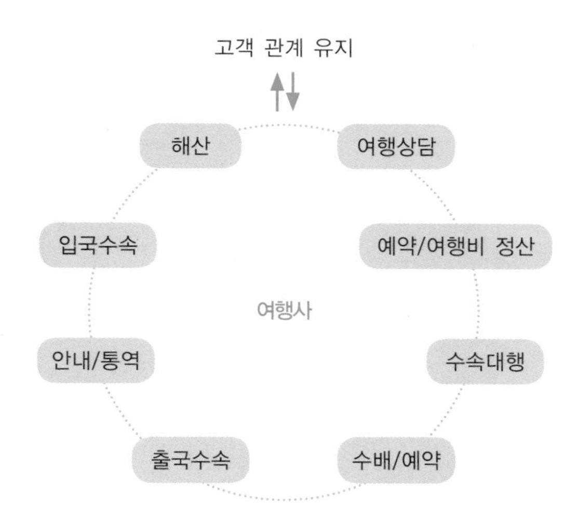

그림4-7 여행 서비스 접점 사이클

표4-8 여행 서비스 분류

기준	분류
서비스 제공시점	• 서비스를 제공받는 시간적 흐름에 따라 여행 전 서비스, 여행 중 서비스, 여행 후 서비스로 분류 • 여행사 직원이 전문성과 자유재량권을 발휘하여 제공하는 서비스 • 여행 전에 여행사 내에서 발생하는 서비스 • 여행 중에 제공되는 서비스 • 여행 후에 여행자의 관리 차원에서 제공되는 서비스
여행업무	• 서비스의 제공대상, 시간적 흐름, 유통구조 • 공급자와 수용자의 상호의존적 존재 • 여행 서비스 품질 수준 • 기술적 · 물리적 서비스, 기능적 · 인적 서비스
서비스의 비중	• 핵심 서비스 • 부가적 서비스

그림4-8
샌프란시스코의
'시티 투어' 버스

그림4-9
전주 한옥마을

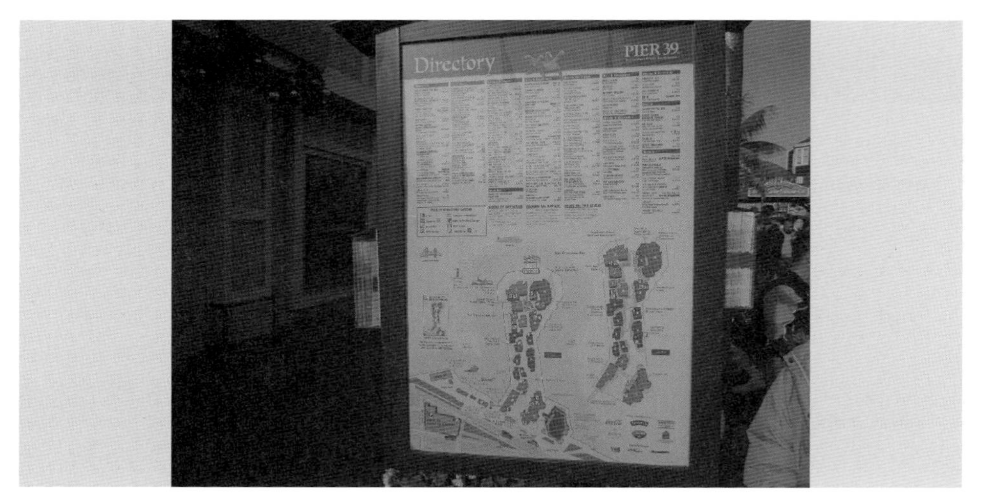

그림4-10
샌프란시스코의
관광지 안내도

3) 항공 서비스 접점 사이클

항공업이란 타인의 수요에 의해 항공기를 사용하여 유상으로 여객 또는 화물을 운송하는 사업을 말하며 지상 서비스, 기내 서비스, 수하물 서비스 업무 등 서비스 현장에서 종사원들과 고객과의 직접적인 대면 서비스를 창출한다.

항공 서비스는 유형재인 항공기를 이용하고 지정된 항공노선을 운항하여 항공고객을 편안하고 무엇보다도 안전하게 목적지까지 운송해 주는 서비스이다. 뿐만 아니라 항공 서비스 종사원, 공항 시설 및 공간, 예약 발권, 탑승 수속, 수화물 관리, 안내 정보 등에 대한 복합적인 서비스를 제공한다. 항공 서비스는 일상에서 자주 받을 수 있는 서비스도 아니고 구매 시에 고가 비용의 부담을 크게 느끼기도 하기 때문에 항공고객들은 항공 서비스의 품질에 민감하다. 숙련되고 전문적인 서비스 요원들의 친절함과 상품 및 서비스에 대한 해박한 지식을 기대하는 고객들에게 한순간 실망을 주는 것은 고객이 다른 경쟁 항공사의 상품을 구매하도록 돌아서게 할 수 있다는 것을

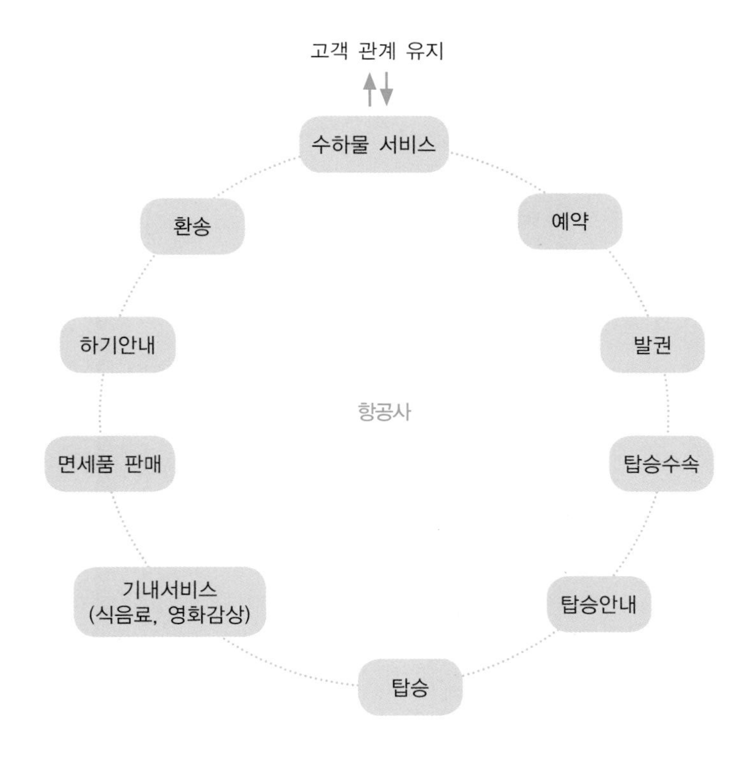

그림4-11
항공 서비스
접점 사이클

항공사의 접점

- 정보수집을 위한 전화
- 보안 검사대를 통과할 때
- 예약발권 시
- 출발 라운지에서 출발을 기다릴 때
- 여행사나 항공사 사무실에서 순서를 기다리고 있을 때
- 티켓을 건네고 탑승할 때
- 탑승권 판매직원과 카운터에서 만났을 때
- 탑승하여 승무원의 환영을 받을 때
- 요금을 지불하고 탑승권을 받을 때
- 좌석을 찾고 있을 때
- 공항 카운터에서 탑승수속 시
- 좌석에 앉았을 때
- 체크인 과정에서 출발 입구를 찾고 있을 때
- 수화물 보관소를 찾고 있을 때

자료: 장미라(2009). 서비스운용론. 새로미.

감지해야 한다. 따라서 항공사 서비스 요원들의 서비스 지향적 정신과 높은 수준의 접점 서비스를 고객들에게 제공함으로써 고객만족은 물론 항공 서비스의 품질향상과 생산성을 높이는 데 기여해야 한다.

항공기 기내에서의 서비스 접점은 환영인사, 좌석안내, 수하물 보관안내, 도서나 신문잡지 제공, 이륙관련 안전조치, 헤드폰 서비스, 음료 및 식사 서비스, 기내 면세품 판매, 영화감상, 개인 휴식, 입국 및 세관 서류 서비스, 도착 준비, 착륙 안전조치, 환송 인사의 유형으로 나누어 볼 수 있다. 순조롭고 신뢰성 있는 접점관리는 고객들의 마음을 사로잡고 고객의 충성심을 유발하여 고객 이탈을 방지하는 데 큰 효과를 가져오게 된다.

2018년 세계 최고의 항공사 TOP 10과 최악의 항공사 TOP 10

블룸버그통신은 항공기 결항과 지연에 따른 승객의 배상소송 대리업체인 에어헬프가 발표한 '2018년도 공항 및 항공사 순위'에서 카타르항공이 세계 최고 항공사 부문 1위를 차지했다고 보도했다.

이번 조사는 정시운항률과 서비스의 질, 이용객의 온라인 만족도 등 3개 항목에 대해 10점 만점으로 평가해 순위를 매겼다.

아시아나항공은 서비스 수준에서 9.5점을 받았지만 정시 운항률(6.4점)과 고객 불만 처리(4.0점)에서 낮은 점수를 받아 종합점수는 6.41점으로 59위에 머물렀고, 대한항공은 종합점수 6.13점로 66위로 세계 최악의 항공사 순위에 올랐다.

자료: http://news.tongplus.com/site/data/html_dir/2018/06/14/2018061401698.html?hot

4) 테마파크 서비스 접점 사이클

디즈니랜드, 유니버설 스튜디오, 매직 마운틴 등 미국의 테마파크로서 익숙한 이름들이다. 이제는 국내에도 많은 테마파크가 조성되어 연령층에 상관없이 즐겨 방문하게 되었고, 테마파크의 진정한 서비스에 대한 관심이 고조되고 있다. 인터넷, 미디어 광고 등을 통해 고객들은 테마파크에 관한 정보를 수집하고 입장권 할인 서비스도 받는다. 현장에 도착하면 입장권을 사고 구내시설 안내도와 지도를 얻고 놀이기구도 타고 기념품 가게를 기웃거리면서 서비스 요원들과의 접점을 경험한다. 또한, 놀이기구 이용 시의 주의사항이나 테마파크 내에서의 질서를 위한 규정, 안전관리 등 다양한 안내를 받으면서 그들과 소통한다. 기업은 고객들에게 기억에 남을 만한 추억거리를 만들어 주고 매 접점마다 고객감동의 차원으로 유인하는 마케팅 전략을 끊임없이 강구함으로써 고객들을 경쟁사로부터 지켜내야 한다.

테마파크가 가지는 특성으로는 다음의 네 가지를 들 수 있다.

첫째, 특성 주제를 중심으로 전체를 하나로 통합하여 연출한다(통합성).

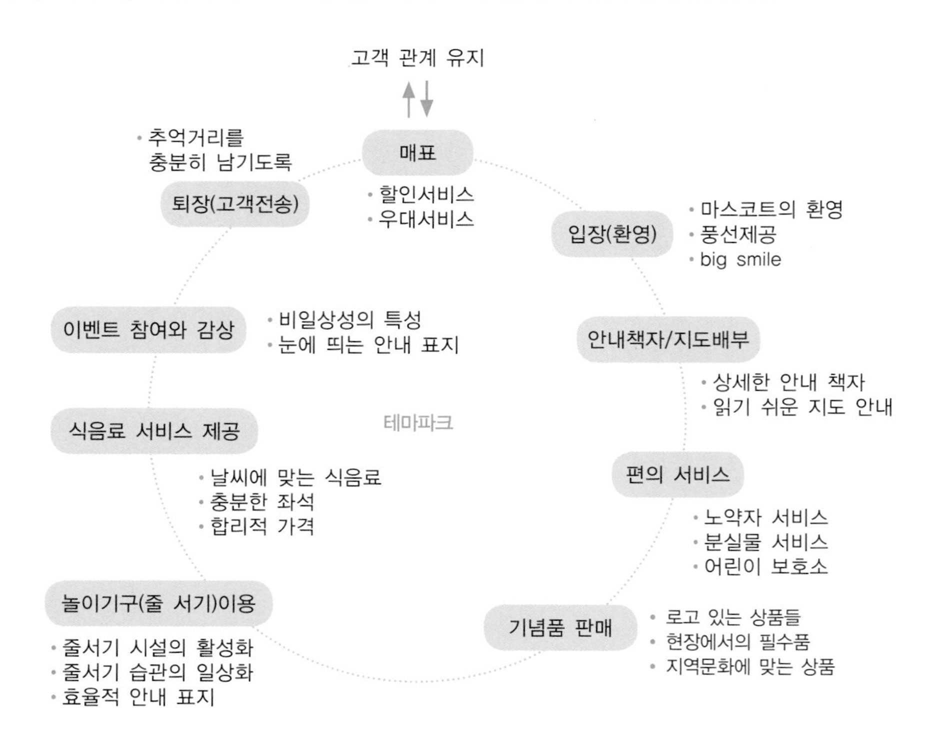

그림4-12 테마파크 서비스 접점 사이클

둘째, 방문지역이나 국가의 문화적 특성을 중심으로 주제를 설정, 구성한다(문화성).

셋째, 주제마다 고유의 정체성을 지니고 있어 개성이 뚜렷하다(차별성).

넷째, 방문객들의 흥미를 유발하는 각종놀이와 이벤트 등을 제공한다(재미성).

이러한 특성을 지니고 그에 적합한 공간을 확보하여 일상에서 지친 방문객들의 삶에 생기와 재미를 더해 주는 테마파크는 이제 산업의 규모로 커지고 있다.

그림4-13
에버랜드

자료: http://www.everland.com/web/everland/favorite/favorite_index.html

롯데월드를 좀 더

특별하게 즐기고 싶다면!

오늘 롯데월드의 소식을 만나보세요.

특별한 경험

연간회원안내

프리미엄투어

공연참여 프로그램

단체프로그램

그림4-14
롯데월드

자료: http://adventure.lotteworld.com/kor/main/index.do

5) 식음료 서비스 접점 사이클

레스토랑이나 식음료 서비스의 흐름은 예약, 주차, 고객 도착, 착석, 주문 등의 단계별 서비스 유형을 보인다. 식음료 서비스는 크게 식사 전 서비스, 식사 중 서비스, 식사 후 서비스로 구분될 수 있으며 전체 서비스를 구성하고 있는 다양한 접점 서비스는 다음과 같은 사이클을 이룬다.

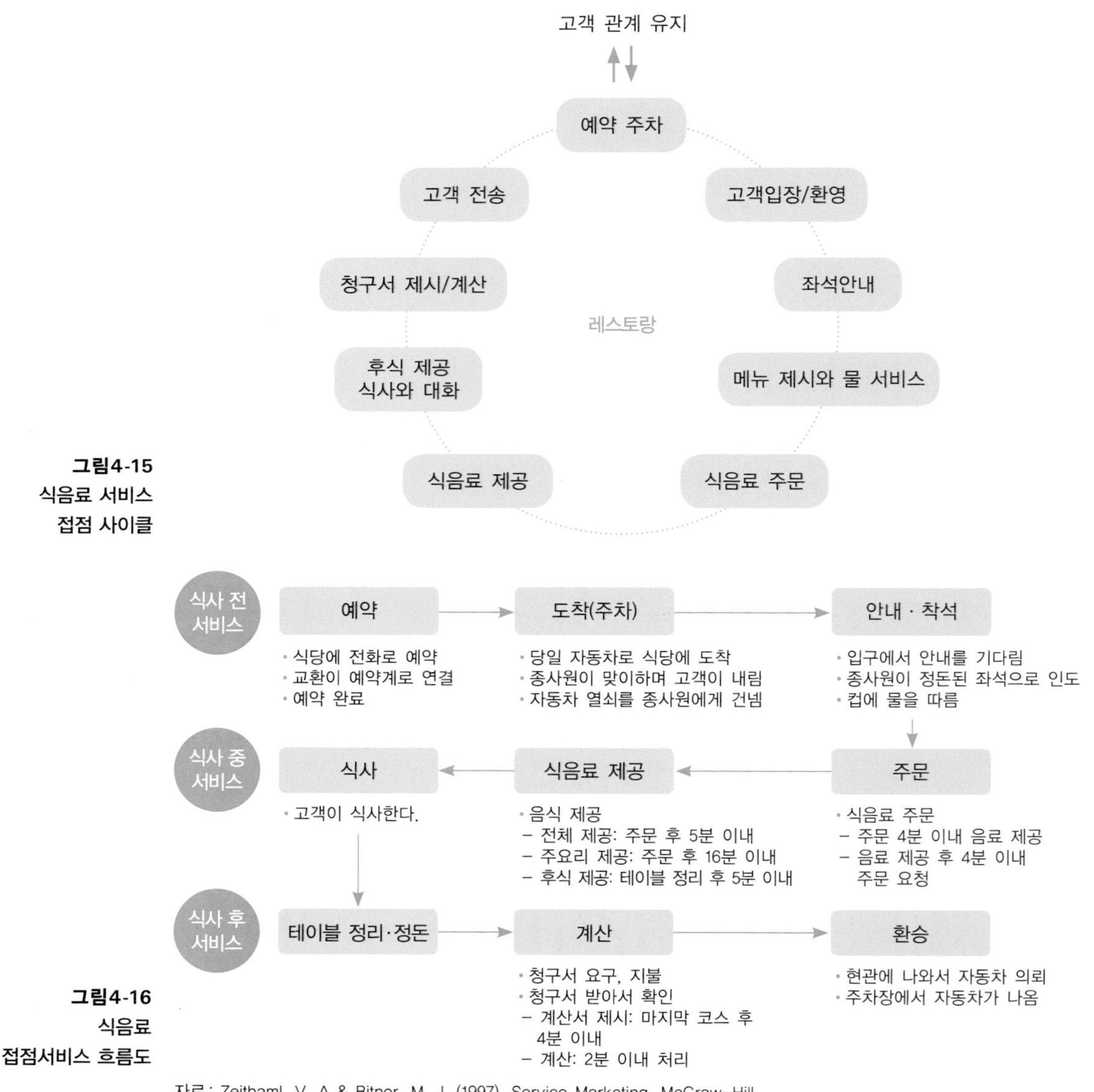

그림4-15
식음료 서비스 접점 사이클

그림4-16
식음료 접점서비스 흐름도

자료 : Zeithaml, V. A & Bitner, M. J. (1997). Service Marketing. McGraw-Hill.

표4-9 2018년 세계 베스트 레스토랑과 아시아 베스트 레스토랑

세계 베스트 레스토랑 2018			아시아 베스트 레스토랑 2018		
순위	레스토랑	국가	순위	레스토랑	국가
1	OSTERIA FRANSESCANA	MODENA, ITALY	1	Gaggan	Bangkok
2	EL CELLER DE CAN ROCA	GIRONA, SPAIN	2	Den	Tokyo
3	MIRAZUR	MENTON, FRANCE	3	Florilge	Tokyo
4	ELEVEN MADISON PARK	NEW YORK, USA	4	Suhring	Bangkok
5	GAGGAN	BANGKOK, THAILAND	5	Odette	Singapore
6	CENTRAL	LIMA, PERU	6	Narisawa	Tokyo
7	MAIDO	LIMA, PERU	7	Amber	Hong Kong
8	ARPÈGE	PARIS, FRANCEGE	8	Ultraviolet by Paul Pairet	Shanghai
9	MUGARITZ	SAN SEBASTIAN, SPAIN	9	Nihonryori Ryugin	Tokyo
10	ASADOR ETXEBARRI	AXPE, SPAIN	10	Nahm	Bangkok
11	QUINTONIL	MEXICO CITY, MEXICO	11	Mingles	Seoul
12	BLUE HILL AT STONE BARNS	POCANTO HILLS, USA	12	Burnt Ends	Singapore
13	PUJOL	MEXICO CITY, MEXICO	13	8 1/2 Otto e Mezzo Bombana	Hong Kong
14	STEIRERECK	VIENNA, AUSTRIA	14	Le Du	Bangkok
15	WHITE RABBIT	MOSCOW, RUSSIA	15	RAW	Taipei
78	MINGLES	SEOUL, KOREA	26	Jungsik	Seoul
			42	TocToc	Seoul

자료: https://www.theworlds50best.com/list/1-50-winners

레스토랑 종사원의 역할

① **환상의 테이블 배치**: 깨끗하고 재치 있는 테이블 차림은 고객으로 하여금 기분 좋게 식사할 수 있는 좋은 분위기를 창출한다.

② **숲과 나무를 보라**: 식음료 서비스 요원들은 고객들을 접대하는 동안 끊임없이 눈을 돌려 살펴보아야 한다. 속담에 "나무를 보느라 숲을 보지 못한다."라는 말이 있는데 이것은 테이블 접객 요원들에게 공통적으로 해당되는 문제점이다.

③ **관현악단의 지휘**: 레스토랑을 관현악단에 비유한다면 수석 웨이터는 다이닝룸의 지휘자이고 주방장은 주방의 지휘자가 된다.

④ **3가지 주요 순간**: 고객이 테이블에 착석하는 순간부터 서비스 요원들은 시간에 쫓기기 시작한다. 만일 서비스 속도가 늦고 지연되면 고객들은 불쾌하게 생각할 것이고, 고객들의 식사 속도를 너무 재촉하면 고객과 호흡이 맞지 않아 시간 조절이 어렵다.

- 고객이 처음 도착하여 착석할 때
- 주 요리를 고객에게 서비스할 때
- 고객이 계산서를 지불할 준비가 되었을 때

⑤ **관광가이드 역할**: 메뉴 책자는 레스토랑에서 제공하는 식사 경험을 안내하는 지도에 비유된다. 따라서 서비스 종사원은 고객이 식사 메뉴 선택 시 도와주는 관광가이드가 되어야 한다.

자료: 조영대(2007). 서비스학개론. 세림출판사.

그림4-17
진저 팩토리의
'good-bye' 서비스

4. 서비스 접점 관리

서비스 접점의 핵심은 '고객의 기대에 부응하는 서비스 제공'이다. 따라서 고객이 직, 간접적으로 받는 서비스를 인지하는 시작에서부터 끝까지 고객의 흐름을 분석하여 서비스를 받고 있다는 느낌을 받도록 고객의 기대에 부응할 수 있는 고객 응대 매뉴얼이 만들어져야 한다.

표4-10 다양한 서비스 접점에 영향을 미치는 성공적 요인

고객 (customer)	서비스 제공자(Service Provider)	
	사람(Human)	기계(Machine)
사람 (Human)	• 신중한 종사원 선발 • 대인관계기술 • 접근용이 • 적합한 환경 • 좋은 지원기술 • 종사원의 신용	• 직관적 사용자 인터페이스 • 고객 확인 • 거래 신용 • 접근 용이 • 필요 시 사람과 접근 가능
기계 (Machine)	• 접근 용이 • 빠른 대응 • 거래 확인 • 원격 감시	• 하드웨어와 소프트웨어의 호환성 • 추적 능력 • 자동 확인 • 거래 기록 • 거래 신용 • 자동 안전 장치

자료 : Fitzsimmons, J. A. & Fitzsimmons, M. J.(2006). Service Management Operation, Strategy, Information Technology(5th ed). Mc Graw-Hill Company.

서비스 접점에서의 문제 요인

① **서비스 전달** : 서비스지연, 부가서비스의 무시 등

② **고객 이해** : 고객요구 파악 미흡, 고객 요구사항 망각 등

③ **종사원의 태도** : 전문성 결여, 고객 배려 부족, 기업의 열악한 환경

④ **문제 고객** : 만취고객, 불량언행, 타 문화, 불만고객 등의 비협조

1) 종사원의 교육 훈련

고객의 기대가 다양하고 까다로워 그들의 기대를 파악하고 이해하는 자체가 매우 어렵기 때문에 종사원들의 자질 향상과 문제해결 능력을 키우는 것은 매우 중요한 일이다. 고객에 대한 접점관리를 위한 종사원의 교육 훈련은 고객을 대하는 종사원의 태도와 행동이 고객에 대한 서비스 품질 평가와 고객 만족에 매우 큰 영향을 미치기 때문에, 고객의 욕구와 기대감에 맞춰 우수한 서비스를 적시에 충족시킬 수 있는 서비스가 창조되고 전달하기 위해 종사원의 교육 훈련이 강조되어야 한다.

종사원의 교육 훈련에서 고려하여야 할 점은 우선 일선 종사자들에게 일정 권한을 주어 고객의 문제해결을 신속히 처리할 수 있는 능력을 키워주는 것이다. 이와 함께 발전된 시스템과 프로세스, 환경까지도 충분히 제공해주어야 하며 종사원들을 우대하고 그들의 노력에 보상하여 사기를 북돋아 주어야 한다.

일례로 스타벅스 신화를 이루어낸 하워드 슐츠는 2008년 스타벅스 CEO에 복귀하면서, 직원들에게 커피 추출 기법을 다듬고 정체성에 대한 환기를 위하여 미국 전역의 7,100개의 모든 매장의 문을 하루 동안 닫았고, 각 매장 매니저들과는 혁신을 공유하기 위해 4일간 리더십 컨퍼런스를 진행하였으며 전 직원에게 의료보험 혜택을 주었다. 그리고 비난하는 고위 경영진에게 "스타벅스에서 가장 중요한 사람은 고객이 아니라 우리 직원입니다.", "고객과 가장 많이 접촉하는 것은 여러분이 아니고 바로 그들입니다."라고 하였다. 2년이 지난 2009년 스타벅스는 다시 이익이 발생하게 되었다.

2) MOT 사이클 관리

'고객이 조직의 어떤 일면과 접촉하는 접점으로서 서비스를 제공하는 조직과 그 품질에 대해 어떤 인상을 받는 순간이나 사상(事象)'을 말하는 MOT는 서비스 제공자가 고객에게 서비스를 제공하는 순간이며, 서비스 품질을 보여 주고 평가받는 지극히 짧은 순간이다. 이 결정적 순간들이 하나하나 쌓여 서비스 전체의 품질이 결정되기 때문에 종사원들은 고객을 대하는 짧은 순간에 그들로 하여금 최선의 선택을 하였다는 기분이 들도록 해야만 한다.

곱셈의 법칙

고객이 최상의 서비스를 경험했다 하더라도 한 번이라도 불만족스럽다면 결국 서비스 그리고 기업에 대한 이미지는 좋지 않아진다는 것이다.

즉 100−1=99가 아니라 100×0=0이 된다는 것이다.

고객이 경험하는 서비스 품질이나 만족도에는 소위 '곱셈의 법칙'이 적용되어 고객이 충분히 만족스러운 서비스를 받더라도 어느 한 순간의 가치가 '0'로 느껴진다면 모든 가치는 '0'으로 되돌아간다. 즉, 여러 번의 MOT 중 어느 하나만 나빠도 서비스 전체가 나쁘게 인식되어 한 순간에 고객을 떠나버릴 수 있기 때문에 MOT는 사이클 전체를 통해서 관리되어야만 한다. 안내원, 경비원, 주차관리원, 전화교환원, 상담 접수원 등과 같은 경시되기 쉬운 일선 서비스 요원들의 접객태도가 회사의 운명을 좌우할 수도 있음을 염두에 두어야 한다. 한 가지를 100% 잘하는 것보다 100가지를 경쟁사보다 1% 더 잘하는 것을 목표로 삼고 있는 스칸디나비아 항공사가 그 좋은 예이다.

3) 고객의 시각에서 MOT 관리

서비스 제공자들은 고객의 기대와 욕구를 아주 잘 알고 있다고 생각하는 경우가 많지만 그들 간의 시각은 일치하지 않는 경우가 허다하다.

서비스 전달 과정의 매 단계마다 기업과 고객 간의 Gap이 생김을 알 수 있다. 이는 기업이 고객의 기대와 욕구는 정확히 파악한다 하더라도 엄청난 Gap이 생기는 것이며 하물며 서로의 시각이 다르다면 Gap의 폭은 엄청나게 커짐을 나타낸다. 예를 들어 컨벤션센터나 호텔에서 열리는 세미나의 휴식 시간에 우선적으로 고려해야 할 5가지 요소를 조사해 보니 세미나 참석자와 연회담당 지배인의 견해가 판이하게 나왔다.

지배인들은 따뜻하고 향긋한 커피를 제때에 내놓는 것이 가장 중요하다고 생각했지만 고객들은 미리 차가 준비되어 있기를 기대하면서도 깔끔한 식기류나 장식보다는 화장실의 위치나 연락매체 등을 더 요구하고 있고, 테이블 배치 유형보다는 대화의 공간에 더 중요성을 두고 있었다. 이처럼 서비스 제공자와 고객의 기본적 시각이

다른 경우가 많기 때문에, MOT의 효과적 관리를 위해서는 항상 고객의 필요와 욕구, 그리고 그들의 목소리에 귀를 기울여야 한다.

표4-11 세미나 휴식시간의 예: 우선적으로 고려해야 할 5요소

세미나 참석자	연회담당 지배인
① 커피, 홍차가 준비되어 있을 것	① 따뜻하고 향이 좋은 커피를 제때에 내놓을 것
② 신속하게 나갔다가 다시 돌아올 수 있을 것	② 기타 다과류(롤, 머핀, 신선한 과일, 주스 등)를 준비할 것
③ 화장실이 가까이 있어서 빠른 시간 내에 이용할 수 있을 것	③ 서비스 장소를 멋있게 꾸밀 것
④ 자기 사무실에 손쉽게 연락을 취할 수 있도록 전화가 있을 것	④ 깨끗하고 흠집이 나지 않은 식기를 사용할 것
⑤ 다른 참석자들과 대화를 나눌 수 있는 충분한 공간이 있을 것	⑤ 깨끗한 테이블을 적절히 배치할 것

바람직한 고객관계를 위한 제언

① Discover customer needs: 고객욕구를 파악하라

② Seek opportunities for service: 서비스를 할 기회를 찾아라

③ Focus on process improvement: 과정 개선에 주력하라

④ Make customer feel special: 고객이 특별한 대우를 받는다고 느끼도록 하라

⑤ Be culturally aware: 문화를 이해하라(다문화 비즈니스 환경 등)

⑥ Know your products and services: 상품과 서비스에 대해 파악하라

⑦ Continue to learn about people: 사람들에 대해 지속적으로 배워라(대인관계, 소통법)

⑧ Prepare yourself: 고객을 대하기 전에 미리 준비를 마쳐라(복장, 정보, 지식 등)

Lucas, R. W.(1996). Customer Service Skills & Concerts for Business. Irwin Mirror Press.

CHAPTER 5

고객만족과 충성도

1. 고객만족

1) 고객만족의 정의

1970년대 후반부터 제시된 기대-불일치 이론(Expectancy Disconfirmation Theory: EDT)은 기대, 인지된 성과, 불일치, 만족으로 구분하여 설명하고 있는데 고객의 서비스에 대한 만족과 불만족은 성과와 기대와의 차이에 의해 형성된다고 보고 있다.

만족과 불만족의 평가는 제공되는 서비스를 획득하거나 소비함으로써 유발되는 욕구, 요구를 충족시키는 정도에 대한 고객의 주관적인 평가이며 이는 고객의 기대와 인지된 성과간의 일치 정도로 파악된다(Czepiel & Rosenberg, 1977).

고객은 어떤 경우에 만족하는가? 고객은 자신의 기대와 실제 서비스의 이용을 통해 인지한 정보를 비교해서 찾아오기 전에 가지고 있던 기대수준보다 실제 서비스가 더 좋거나 같을 때 만족하는 것이며, 고객의 기대치가 너무 높거나 결과치가 너무 낮을 경우 불만족이 발생하게 된다.

고객만족이란 고객의 기대와 요구에 부응하여 기대에 넘어서는 서비스를 제공함으로써 재방문과 재구입이 이루어져서 고객의 신뢰감이 연속되는 상태로 기대에 대한 실제 서비스가 만족을 느낄 만큼의 수준에 이르렀을 때 고객이 받는 감정 상태를 말할 수 있다.

그림5-1
고객 만족의 정의
자료: 김태희 외(2017). 외식서비스마케팅. 교문사

고객만족을 위해서 우선 고객이 우리 회사에 거는 기대가 무엇인지 알아야 하고, 그에 맞는 최상의 제품과 서비스를 제공하기 위해 노력해야 한다. 고객이 만족하면 이용도가 높아지고 그로 인해 회사의 인지도가 높아져 종사원 또한 자부심을 가지고 일을 할 수 있다. 따라서 고객만족은 고객과 기업, 직원 모두 함께 상생할 수 있는 방법이기도 하다.

Peter Drucker는 기업의 목적이 이윤추구에 있는 것이 아니라 고객창출에 있으며 기업의 이익이란 고객만족을 통해서 얻는 결과물이라고 강조하면서 기업의 절대적 사명이 고객만족임을 주장했다.

> "The single most important thing to remember about any enterprise is that there are no results inside its walls. The result of a business is a satisfied customer."
>
> Peter Drucker

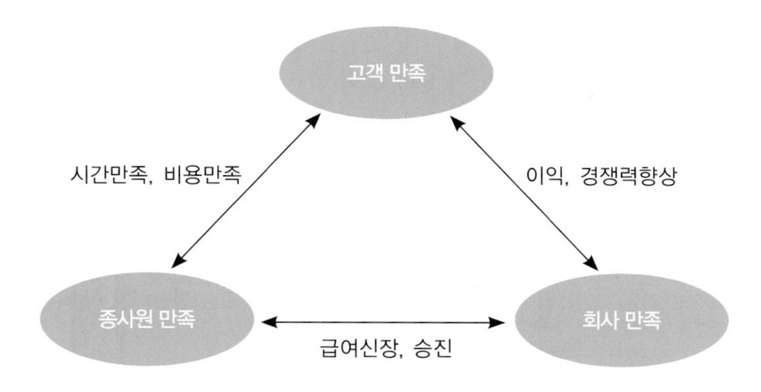

그림5-2
윈윈(Win-Win) 전략

2) 고객만족의 구성요소와 특성

고객만족은 서비스 품질과는 다른 개념으로 그 원인과 결과는 근본적으로 다르다. 서비스의 구체적인 차원에 초점을 맞춘 서비스 품질에 대한 평가보다 고객만족은 넓은 개념으로 보아야 하며, 이러한 관점에서 인지된 서비스 품질은 고객만족 구성요소의 하나에 불과하다는 견해이다.

(1) 고객만족의 구성요소

고객은 유형의 제품을 구매하고 사용한 후 실제의 사용가치에 대하 만족 정도를 표시할 수 있으며, 아울러 기업으로부터 제공받는 무형의 서비스, 즉 업장과 업장 내의 분위기, 서비스 요원으로부터 받는 접객 서비스와 사후 서비스 등에 대해서도 만족 정도에 대한 평가를 할 수 있다. 또한, 고객은 기업의 사회와 환경에 대한 공헌 활동을 통해서도 기업에 대한 평가를 하게 된다.

이와 같이 고객만족의 구성 요소에는 '제품'과 '서비스' 그리고 '기업이미지'가 포함되며, 이중 '제품'과 '서비스'는 직접적 요소이고, '기업이미지'는 간접적 요소로 사회공헌 및 환경보호 활동 등 기업의 사회적 책임과 관련된 활동을 적극적으로 펼침으로

표5-1 서비스 품질과 고객만족의 차이

구분	서비스 품질	고객 만족
정의	제공되는 서비스의 상대적 우수성/열등성에 대한 전반적인 인상	불일치된 기대와 사전적 감정이 결합되어 발생한 복합적 심리상태, 즉 기대했던 것보다 좋았는지에 대한 느낌
측정내용	각 서비스 항목에 대해 얼마나 우수하다고 생각하는지를 측정	전반적으로 만족했는지(사전에 기대했던 것보다 좋았는지)에 대한 느낌을 측정
관점	서비스 제공자의 관점으로 눈에 보이지 않는 부분까지 고려	소비자의 관점으로 보이는 부분만 고려
기대의 개념	규범적인 기준(어떤 서비스가 제공되어야만 하는지에 대한 믿음)과 실제 경험한 수준과의 차이	예측적인 기준(서비스 제공자가 제공할 것이라고 느끼고 있는 것)과 실제경험 수준과의 차이
비교 가능성	유사한 서비스 간의 품질수준 비교뿐 아니라 상이한 서비스 간의 품질수준에 대한 비교도 가능(서비스업종 간 순위비교)	고객만족 측정 도구는 유사한 서비스 간의 우열은 판단할 수 있지만, 상이한 서비스 간의 우열은 판단하기 어려움

자료 : http://ks-sqi.ksa.or.kr/ks-sqi/3359/subview.do

표5-2 고객만족경영의 흐름

1980년대	1990년대	2000년대	2010년대
제품중심	고객관리	총체적 품질경영	고객행복창출
외부고객만족	외부고객만족 〉 내부고객만족	내 · 외부고객만족 동시중시	내 · 외부고객 및 글로벌고객만족
판매지향	고객지향	고객서비스지향	사회적지향

자료: 송현수, 이정현(2006). 원칙에서 출발하는 고객 만족경영. 새로운 제안.

써 사회 및 환경문제에 진정으로 관계하는 기업으로서의 이미지가 향상되어 고객에게 좋은 인상을 주게 되는 것이다. 이는 아무리 제품 및 서비스가 우수하다 하더라도 사회 및 환경문제에 진심으로 관계하지 않는 기업은 평가가 하락하여 고객의 만족도는 낮아지게 됨을 의미한다.

고객만족은 고객이 느끼는 주관적이고 가변적인 요소를 포함하고 있어 기업은 다양한 고객만족 요인을 개발하여 고객중심의 서비스 시스템을 갖추어 나가야 한다.

그림5-3
고객만족의 구성 요소

자료: 신우성(2010). 환대산업서비스(p.156). 대왕사.

기업의 사회적 책임(CSR)과 공유가치창출(CSV)

기업의 사회적 책임(Corporate Social Responsibility, CSR)의 의미는 기업이 이익에만 집착하지 말고 사회의 일원으로서 책임을 자각하여 지역사회나 국제사회에 봉사하는 일을 포함하여 기업을 경영하는 과정에서 발생하는 윤리적, 도덕적 책임과 그에 따른 경제적, 법적 책임을 다하는 것을 말한다.

2011년 미국 마이클 포터와 마크 크레이머가 하버드비즈니스리뷰를 통해 사회적 요구를 파악하고 당면한 문제를 해결해 경제적 가치와 사회적 가치를 동시에 창출하는 공유가치창출(Creating Shared Value·CSV) 개념을 제시하였다. 마이클 포터는 CSV를 추진하기 위해서는 CSV가 기업 활동의 부수적 산물이 아니라 핵심 목적이 돼야 함으로 경영활동 전반에 대한 혁신을 이뤄야 한다고 하였다. CSV가 CSR와 다른 점은 기업이 가장 잘하는 사업과 사회의 요구가 만나는 접점을 고려해 공유가치를 창출함으로써 이해관계자 모두에게 경제적, 사회적 가치를 제공하는 경쟁우위를 모색할 수 있다는 것이다.

표5-3 CSV와 CSR의 차이

구분	CSV(공유가치창출)	CSR(기업의 사회적 책임)
1	새로운 사업을 통한 수익 창출과 함께 사회가 당면한 여러 문제를 해결할 수 있는 CSR의 진화 개념이다.	사업과 더불어 지배구조, 환경, 사회, 인권, 노동 등을 포함하는 광범위한 개념이며, CSV는 CSR의 하위 개념이다.
2	CSR는 기업 성과를 공유하지만, CSV는 가치창출 과정을 공유함으로써 지역사회와 상생하는 새로운 방안이다.	CSV는 기업 중심적인 사고에 기반을 두는 반면, CSR은 기업 뿐 아니라 다양한 이해관계자의 관심을 반영한다.
3	자선적 활동인 CSR은 기업 비용이지만, CSV는 기업의 지속가능한 성장을 위한 투자다.	수익 극대화와 효율성 향상을 고려하는 CSV를 추진할 경우 부정적인 외부 문제가 발생할 가능성이 있다.
4	CSV를 추구하는 데 필요한 기업의 전략, 구조, 프로세스 혁신은 사회적 가치창출을 확대할 수 있는 기회가 된다.	CSR를 통해 다양한 이슈를 해결하면서 이해관계자의 공감을 얻는다면 CSV를 효과적으로 수행할 수 있다.

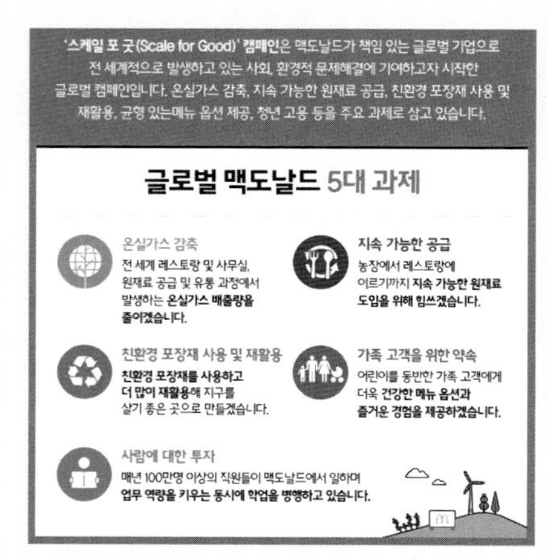

자료: http://weekly.donga.com/List/3/all/11/98290/1
https://news.joins.com/article/18571617
http://www.mcdonalds.co.kr/event/kor/pc/scale_for_good.jsp

(2) 고객만족의 특성

고객만족이 중요한 이유는 만족한 고객은 반복구매를 하며 다른 사람에게 서비스에 대해 좋게 평가하며 경쟁사의 브랜드와 광고에 관심을 크게 쏟지 않고 자사의 다른 서비스에 대해서도 호의적인 반응을 보내기 때문이다. 결국, 기업의 관점에서 고객만족은 그 기업의 좋은 이미지와 시장 확대를 위해 매우 중요한 것이다

고객만족을 위한 서비스는 구매로 이어지고 기업의 매출증가를 가져옴으로써 기업의 궁극적 목적인 이익을 가져다 준다. 또한 최일선 서비스 종사원 개개인과 조직의 구성원을 존재하도록 한다.

그러나 고객만족이 아닌 고객불평이 발생하였을 때라도 원만히 잘 대처하면 오히려 고객감동으로 이어져 더 큰 효과를 얻을 수 있는 반면 적절하게 대응하지 못하면 고객유지의 기회를 잃게 됨과 동시에 경쟁사에게 고객을 빼앗기는 치명적 결과를 초래하게 된다.

① 고객접점 순간 서비스

고객과 서비스 요원은 결정적 순간(Moment Of Truth: MOT)에 접하게 되며 고객이 최상의 선택이었다고 느끼도록 해야 한다. 고객과의 접점에서 발생하는 MOT가 특히 중요한 이유 중 하나는 고객이 경험하는 여러 번의 MOT 중 어느 하나만 나빠도 한 순간에 고객을 잃어버릴 수 있기 때문이다.

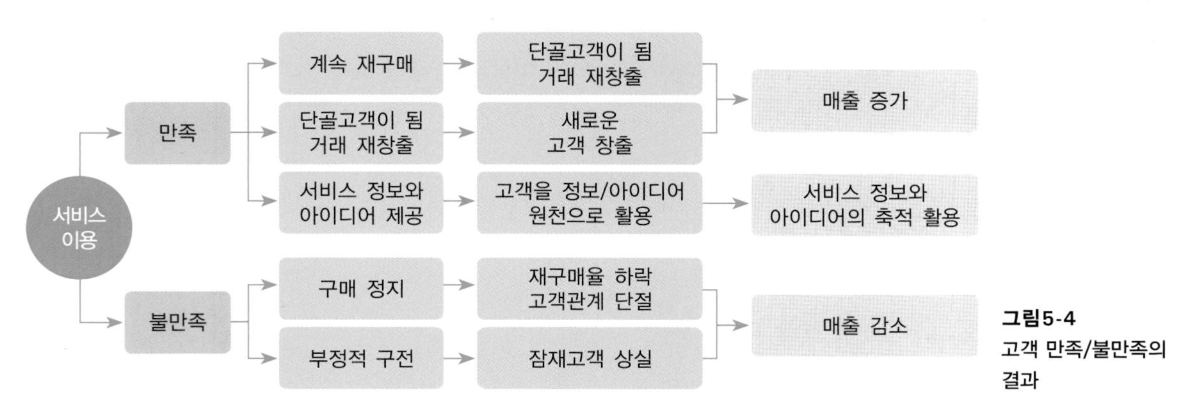

그림 5-4
고객 만족/불만족의 결과

자료: 이화인(2017). 서비스고객의 심리와 행동(p.434). 기문사

② 고객욕구에 부응하는 전략적 접근

차별화된 서비스를 제공하고 창조적 전략으로 고객욕구에 접근함으로써 치열한 경쟁과 변화에 대비해야 한다.

③ 서비스의 고객만족

서비스는 고객의 판단, 즉 고객의 만족에 의하여 품질이 결정되므로 고객만족이 기업의 최고 목표가 된다.

④ 고객과 서비스 요원의 접촉

최일선 서비스 요원들의 서비스 정신과 고객창출 능력이 서비스 기업의 성공에 중요한 변수가 된다. 흔히 무시되고 있는 안내원, 경비원, 주차관리원, 전화교환원, 상담접수원 등과 같은 일선 서비스 요원들의 접객태도가 회사의 운명을 좌우할 수 있다.

⑤ 물리적 서비스 환경

무형의 서비스는 품질 평가가 바로 이루어지기 어려우므로 서비스 창출을 위한 시설, 설비 등의 물리적 분위기나 유형적 단서가 중요하다. 예를 들어, 레스토랑의 종사원의 유니폼이 산뜻하면 음식 맛도 깔끔하리라고 믿게 되고, 비행기 좌석에 자동장치 하나가 작동이 잘 안 되면 비행기의 안전에 의문을 품게 되는 경우도 있다.

⑥ 고객과의 상호작용인 서비스

고객은 서비스 제공자나 설비, 시스템 등과 상호작용하는 특성이 있으며, 양자 모두의 다양성 때문에 서비스 품질은 균일화가 어렵고 상황에 따라 항상 달라질 수 있다.

2. 고객충성도

1) 고객충성도의 개요

고객충성도(Customer Loyalty)란 '특정 서비스 제공자에 대하여 반복적인 구매행동을 보이거나 특정 서비스제공자에 대해 정(+)의 태도적 경향을 가지는 것 혹은 동일한 서비스가 필요한 경우 특정 공급자만을 이용하는 정도'를 말한다. 경제학적으로 고객충성도를 분류해 보면 다음 세 가지 유형이 있다.

- 고객의 행동적(behavioral, purchasing) 접근: 일정기간 동안의 특정 제품 및 서비스에 대한 소비자의 반복적인 구매성향
- 고객의 태도적(attitudinal, feelings) 접근: 특정 제품 및 서비스에 대한 선호 또는 심리적 몰입
- 고객의 혼성적(hybrid) 접근: 소비자가 어떤 브랜드, 제품, 상점 등에 보이는 상대적 태도와 그들의 편애행동(patronage behaviors)간의 관계성으로 개념화한 것이며 이는 소비자의 성격과 소비상황을 모두 고려한 것

고객충성도는 계속해서 같은 회사의 제품을 구입하는 것이라고 할 수 있다. 즉, 다른 회사의 제품을 시험하는 즐거움 혹은 고통을 실행에 옮기지 않는 것이며 타사제품과 가격비교를 하지 않고 충성회사의 제품만을 소비하는 소비습관을 말한다. 회사 입장에서는 타사와 경쟁할 필요도 없고 경쟁하고자 가격을 낮출 필요도 없는 매우 안전한 위치 확보를 보장받게 되는 것이므로 충성고객들의 가치를 매우 중요시해야 하고 또한 그들의 마음을 얻고자 많은 노력을 기울여야 한다.

고객충성도와 고객만족에 따른 고객의 4가지 유형

- **사도고객(loyalist, apostle)**: 높은 수준의 만족도-충성도를 가지고 있으며 긍정적인 구전으로 다른 사람들에게 자신의 경험을 공유하며 기뻐한다.
- **배반고객(defector, terrorist)**: 완전히 불만족하거나, 중간 수준의 불만족을 느낀 사람으로서 불만족을 경험하고 브랜드 전환을 하거나 심지어는 소비자 테러리스트가 될 정도로 심하게 부정적인 행동을 취하기도 한다. 그리고 부정적인 구전을 퍼뜨리고 실제 사실을 왜곡해서 전달하기도 한다.
- **용병고객(mercenary)**: 만족도는 높은 수준이지만 충성도는 중하수준을 나타내는 사람으로서 특정 기업과 어떤 관계를 형성할 의도는 가지고 있지 않으며 단지 특정거래나 저가에만 충성도가 있는 사람이다.
- **인질고객(hostage)**: 중하수준의 만족과 높은 수준의 충성도를 가지고 있으며, 독점적 기업이나 선택안이 부족하기 때문에 기업에 압도당하는 사람들이다.

자료: Jones & Sasser(1995). Why satisfied customers defect. Harvand Business Review, November-December, 88-99.

충성고객은 긍정적인 구전을 확산시키기 위한 좋은 자원이 되며, 자사의 제품이나 브랜드를 적극적으로 홍보하고 옹호하는 자들이다. 따라서 기업들은 경쟁적 이점을 창출하는 방법으로 고객충성도를 개선하고 소비자와 기업 간의 커뮤니케이션 효과를 높이기 위해 노력하고 있다.

'충성고객' 덕분에… 스타벅스 작년 영업이익 1000억 돌파

국내 커피전문점 시장 1위인 스타벅스커피코리아가 지난해 영업이익 1000억 원을 돌파했다. 한국 시장 진출 18년 만에 처음이다.

인기의 가장 큰 비결은 브랜드 인지도를 바탕으로 한 충성고객 확보라는 분석이다.

스타벅스는 시즌마다 한정 음료를 출시하고, 연말 다이어리, 럭키백, 한정판 텀블러를 내놓는 등 지속적으로 마케팅을 하고 있다. 이에 따라 20~30대 여성을 중심으로 스타벅스 관련 제품을 사 모으는 등의 탄탄한 충성고객층이 존재한다.

자료 : 서울신문(2018.1.16.) 일부 발췌

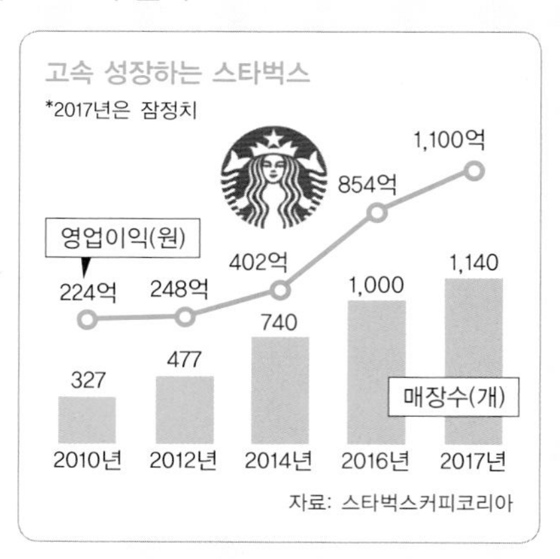

갤럽(Gallop)의 고객충성도 측정을 위한 질문 – 리츠칼튼(Ritz Carlton)

1. 당신은 리츠칼튼에 얼마나 만족하십니까?
2. 계속 리츠칼튼을 이용하시겠습니까?
3. 리츠칼튼을 친구나 동료들에게 추천하시겠습니까?
4. 리츠칼튼은 내가 항상 신뢰하는 브랜드이다.
5. 리츠칼튼은 항상 약속을 지킨다.
6. 리츠칼튼은 항상 나를 공평하게 대한다.
7. 나는 문제가 발생하면 리츠칼튼이 공평하고 만족스러운 해결책을 제시할 것이라 믿는다.
8. 나는 리츠칼튼 고객이라는 사실에 자부심을 느낀다.
9. 리츠칼튼은 언제나 나를 존중한다.
10. 리츠칼튼은 나를 포함해 모든 사람들에게 완벽한 호텔이다.
11. 나는 리츠칼튼이 없는 세상을 상상할 수 없다.

자료 : 조셉미첼리(2009). 리츠칼튼 꿈의 서비스. 비전과 리더십.

갤러리아 百, 富村에 'VIP 스트리트 매장' 낸다

갤러리아가 VIP 소비자를 공략하기 위해 도심 길거리에 소규모 백화점을 연다. 명품 브랜드의 임시매장(팝업스토어)을 운영하고, 고급 맞춤 의류를 판매하는 등 VIP에 맞춤형으로 대응하기 위해서다. 1990년 서울 압구정동에 국내 첫 명품 전용 백화점을 연 갤러리아는 향후 VIP 전문백화점으로 더욱 특화할 예정이다.

명품·맞춤복 등 VIP 특화 콘텐츠

15일 유통업계에 따르면 갤러리아는 지난 8월 'UCP(urban contents platform)'팀을 신설했다. 기존 갤러리아백화점과 완전히 다른 새로운 형태의 스트리트 매장을 여는 게 임무다. 서울, 부산, 대전 등 부촌(富村)에 소형 빌딩이나 주택을 매입하고, 이곳을 VIP 전용 공간으로 쓰는 방안을 검토하고 있다.

갤러리아 영업기획팀을 이끌었던 홍철기 부장이 팀장을 맡았다. 7명으로 구성된 이 팀은 갤러리아 내 별동대처럼 움직이고 있다. 작년 11월 취임한 김은수 갤러리아 대표가 관련 업무를 직접 챙기는 것으로 알려졌다. 김 대표는 평소에도 "VIP를 위한 밀착 마케팅을 강화하라"고 임직원들에게 강조하고 있다. 내년 하반기 매장을 여는 것을 목표로 한다. 갤러리아 관계자는 "명품 브랜드가 신상품 출시 행사를 하고, 고급 수제 정장을 맞춰주는 등 VIP에게 특화된 서비스를 할 것"이라고 말했다.

'갤러리아 온더 스트리트'란 이 신개념 매장에는 VIP라운지, 전국 단위 '맛집' 등도 주요 콘텐츠로 들어간다. 단순히 상품을 구매하는 공간이 아니라 '갤러리아 VIP 커뮤니티 공간'으로 조성하기로 했다.

갤러리아는 국내 주요 미술관과 협업해 갤러리처럼 매장을 꾸미기로 했다. 이 매장은 '갤러리아 위드 갤러리'란 이름으로 선보일 예정이다. 규모는 1,000m^2(약 330평) 이하로 백화점의 30분의 1 수준이다. 갤러리아는 백화점 VIP 고객뿐 아니라 한화생명, 갤러리아면세점 등 다른 계열사 VIP까지 고객 규모를 확장하기로 했다.

VIP 충성고객에게 집중

갤러리아가 '스트리트형 매장'을 기획 중인 것은 기존 백화점만으로는 성장이 어렵다는 판단 때문이다.

갤러리아는 명품관을 비롯 대전점(타임월드), 충남 천안점(센터시티) 경기 수원점, 경남 진주점등 전국 5곳에 백화점을 운영 중이다. 2020년 경기 광교점도 추가로 내기로 했다. 문제는 그 이후다. 주요 상권마다 이미 백화점이 들어서 있어 출점이 쉽지 않다. 백화점들이 새로운 돌파구로 삼고 있는 아울렛도 갤러리아에는 먼 얘기다. 롯데·신세계·현대 등 '유통 빅3'가 시장을 선점했기 때문이다. 후발주자로 아울렛에 뛰어들어 성과를 내기 어렵다고 보고 있다.

갤러리아는 대신 VIP에 주목했다. 상위 10%의 VIP가 갤러리아백화점 매출의 60~70%를 차지하는 만큼 가용 자원을 VIP에 쏟아붓기로 했다. 갤러리아는 국내 첫 명품 전문 백화점을 여는 등 VIP '충성 고객'이 특히 많다. 소비 패턴이 명품 등 고가 상품은 백화점으로, 중저가 상품은 온라인으로 양분화되는 것도 감안했다. 온라인 쇼핑 시장이 아무리 커지더라도 VIP는 백화점에 남을 것으로 갤러리아는 판단했다.

백화점의 소규모 매장은 해외에서 먼저 시작됐다. 미국 노드스트롬백화점은 기존 매장은 줄이는 대신 동네 곳곳에 소형 매장 '노드스트롬 로컬'을 속속 내고 있다. 이 매장에서 소비자는 옷을 입어보고, 온라인으로 주문한 상품을 반품하고 체형과 나이에 맞는 패션 아이템을 추천받는다.

자료: http://news.hankyung.com/article/2018101567561

2) 고객관계관리

고객이 없으면 기업과 서비스는 존재 가치가 없게 된다. 즉, 기업과 서비스가 존속할 수 있는 근거는 고객이며, 고객 만족이 없다면 기업은 고객으로부터 외면당하게 되고, 결국 생존할 수 없게 되는 것이다.

따라서 기업은 소비자를 자신의 고객으로 만들고 고객과의 지속적인 관계를 유지하기 위한 고객 관리가 필요하다.

① 고객과의 약속은 반드시 지킨다.

고객과의 관계는 신뢰 위에서만이 형성될 수 있다. 신뢰를 얻고 유지하기 위해서는 무엇보다 고객과의 약속을 철저히 지켜야만 한다. 서비스 요원은 고객과 수많은 약속을 하게 되는데 그 약속을 지키는 것이야말로 고객관계 관리의 기본이다.

고객관리사례 – 10년 전의 약속, 모아즈백화점

2001년 1월 2일 요코하마와 가와사키 두 곳에 있는 오마다야 모아즈 백화점에서는 21세기 첫 영업일 아침부터 고객들의 발길이 이어졌다. 이들은 핸드백이나 주머니 속에서 유인물 한 장씩을 꺼내들고 있었다. 직원들의 안내로 고객들은 자그만 선물 하나씩을 받고 되돌아갔다. 일본의 모아즈백화점은 10년 전 개업할 때 2001년 첫 영업일에 '이 광고전단을 가져오면 감사의 표시로 선물을 드립니다'라고 적힌 광고전단을 1991년 1월 1일자 신문에 끼워 돌렸다고 한다. 10년이 지난 뒤 2001년 모아즈 백화점 정문 앞에는 약 1,200명의 고객이 그 전단을 갖고 몰려들었고 백화점에서도 그들을 위한 선물을 준비하고 있었다. 이 직원들은 이 약속을 지키기 위해 직원 인사이동에 어김없이 이 사실을 인계했고 10년간 대물림하면서 이를 최우선적으로 처리했다고 한다. 그날 1,200여 명의 고객들은 접시시계 하나를 받기 위해서 백화점을 다녀갔다.

자료 : 박혜정(2010). 고객서비스실무(p.124). 백산출판사.

② 고객관계관리는 고객만족을 위한 것이어야 한다.

고객관계관리에 있어서 고객과 관련된 다양한 데이터베이스를 수집, 분석하여 마케팅의 효율성을 극대화하기 위한 데이터베이스 마케팅은 절대적으로 필요하다. '고객관계관리'라고 하면 컴퓨터를 이용한 고객정보 수집으로 생각하고 오로지 고객 개인정보를 이용하여 어떻게 하면 소비자들의 생활 속으로 뚫고 들어가 더 많은 상품을 판매

Knutson의 고객만족 제고를 위한 10개 법칙

① 고객을 먼저 알아볼 것
② 첫인상을 좋게 할 것
③ 고객의 기대감을 충족시킬 것
④ 고객의 수고를 덜어줄 것
⑤ 고객의 의사결정을 용이하게 할 것
⑥ 기업의 견해가 아닌 고객의 견해에 초점을 맞출 것
⑦ 고객의 시간 한계를 위반하지 말 것
⑧ 고객이 회상하고 싶어하는 추억을 창조해낼 것
⑨ 고객들은 좋은 기억보다 나쁜 경험을 더 오래 기억함을 명심할 것
⑩ 고객이 빚지고 있다고 생각하게 할 것

자료 : Knutson(1988). Ten lows of customer satisfaction. Cornell Hotel & Restorant Administration Quarterly, 29(3), 14-17.

하여 수익을 올릴까 하는 생각만 하기 쉽다. 그러나 고객관계관리의 초점이 고객보다는 기업에게 맞추어지기 때문에 고객의 사생활이 수시로 침해받는 현상이 발생하게 된다. 고객정보를 기업 매출 및 이익 증가를 위해 사용하면서 동시에 고객에게도 만족을 주는 방안을 모색해야 함을 망각해서는 안 된다.

고객만족서비스가 오히려 고객을 귀찮고 불편하게 해서는 안 되며 고객이 가장 편리하게 느끼는 서비스가 되도록 노력해야 하고 또한 고객이 개인 신상에 관한 정보를 제공한 만큼의 이익이 고객에게 서비스로 제공되도록 세심한 배려가 필요한 것이다.

(1) CRM(고객관계관리)

CRM(Customer Relationship Management)이란 기업에 이익을 줄 수 있는 고객들을 선별, 유지, 확대하는 일련의 과정으로서 고객 입장에서는 가치 있는 서비스를 제공받을 수 있으며, 기업은 고객의 충성도를 창출할 수 있는 서비스 제공이 핵심이다.

기업의 입장에서 CRM은 선별된 고객으로부터 수익을 창출하고 장기적인 고객관계를 가능하게 함으로써 보다 높은 이익을 창출할 수 있는 솔루션을 말한다. 즉, 고객과 관련된 기업의 자료를 분석, 통합하여 고객 특성에 기초한 마케팅 활동을 계획하고 지원하며 평가하는 과정을 말하는 것이다.

① 전통적 마케팅 방식과 비교하여 CRM의 장점

- 광고비용을 절감할 수 있다.
- 고객이 필요로 하는 요구에 쉽게 집중할 수 있다.
- 캠페인의 효과성 검증이 용이하다.
- 단순한 가격이 아닌 서비스로 경쟁우위를 점할 수 있다.
- 기업이 가치가 없는 고객에게 과다한 비용을 지출하는 것을 방지하며, 기업에 많은 이익을 가져오는 고객에게 적절한 투자를 할 수 있다.
- 신제품 개발과 시장의 반응을 확인할 수 있는 마케팅 사이클 기간을 단축할 수 있다.
- 가능한 한 모든 고객과 접촉할 수 있는 고객 채널을 다양화할 수 있다.

② CRM의 효과

CRM은 고객과의 관계를 구축·관리하는 활동으로 고객과의 만남에서 헤어짐에 이르기까지 전 과정을 통하여 이루어지게 된다. 이러한 CRM의 효과는 고객유지, 고객확보, 고객개발로 크게 나누어 볼 수 있다.

- 고객유지: CRM에서 고객유지는 고객의 불만을 예방하고 불만이 발생했을 때 효과적으로 대처하는 수동적 노력과 고객에게 부가적 혜택을 제공하는 능동적 노력이 효과적으로 실행될 때 좋은 결과를 기대할 수 있다.
- 고객확보: 기존 고객 이외에 새로운 고객을 확보하는 것을 의미한다. 이를 보다 효율적으로 하기 위해 우량고객이 될 만한 잠재고객이 어디에 있는지, 어떤 니즈를 가지고 있는지 살펴보는 것이 효과적이다.
- 고객개발: 확보한 고객의 가치를 높이기 위한 전략으로 고객의 가치를 높이기 위해서는 교차판매나 추가판매 등을 활용할 수 있다.

③ CRM의 특징

- 고객지향적이다.
- 고객의 생애 전체에 걸쳐 관계를 구축하고 강화시켜 장기적인 이윤을 추구한다.

- 윈-윈(Win-Win)의 결과를 위한 쌍방향의 관계를 형성하고 지속적으로 발전시켜 나간다.
- 정보기술에 기반한 과학적인 제반 환경의 효율적 활용을 요구한다.
- 고객과의 직접적인 접촉을 통해 쌍방향 커뮤니케이션을 지속시킨다.
- 단순히 마케팅에만 역점을 두는 것이 아니라 기업의 모든 내부 프로세스의 통합을 요구한다.

(2) e-CRM

현재 온라인 기업의 최대관심사는 e-CRM이다. e-CRM은 오프라인상의 CRM과 콘셉트는 근본적으로 같으나 고객정보의 수집과 활용 측면에서 인터넷을 기반으로 하여 더욱 발달한 형태를 보이고 있다. 인터넷을 통해 고객이 인식하지 못하는 차원의 데이터까지도 수집하여 고객의 모든 정보와 성향을 실시간으로 분석하고 마케팅 활동으로 바로 연결이 가능한 솔루션이다.

e-CRM은 기업이 고객과 관련된 데이터를 모아 이를 분석하고 분석된 결과를 인터넷상의 다양한 채널(예를 들면, 콜센터, 이메일, FAQ, live chat 등)을 통해 다시 한 번

표5-4 CRM / e-CRM 비교

구분	CRM	e-CRM
고객접촉 경로	오프라인 고객접촉 경로접촉 전화, 팩스, 도 · 소매 판매장소, 지역점, 체인점 등	온라인 고객접촉 경로중심 e-mail, 인터넷, 이동통신, 전자카탈로그, PDA, 디지털 TV 등
활용목적	포괄적, 전사적 경영혁신 중시 경영개선을 통한 장기적 수익 실현	커뮤니케이션, 마케팅의 다양성 중시 적극적인 고객화를 통한 장기적 수익 실현
활용범위	판매, 서비스 행위, 경영활동 전개 등 직접적인 활용 중심으로 운영	고객에게 알림, 판촉, 참여, 무점포거래(전자상거래), 게시판, 채팅, 정보교류 등 4C 활용능력이 뛰어남
활용능력	경험분석 중심의 데이터 활용	실시간에서의 데이터 활용과 복합상황 대응능력 인터넷 활용 통합마케팅 기법
비용	신규고객유치와 관리비용이 상대적으로 높음	초기 Set-up 비용이 높은 반면 유지 관리비용은 무시할 수준
고객요청 처리과정	복잡하고 처리과정에 오류 개입 가능성	On-demand access로 단순한 절차와 실시간 처리
시간공간적 범위	제한된 영업시간, 지역적 한계 존재	하루 24시간, 전 세계를 대상으로 가능

확인, 추가 및 확장시켜 기업이 고객에 대한 차별화된 전략을 수립할 수 있도록 한다. 또한 이를 보다 효율적으로 관리, 감독함으로써 기업의 수익을 올리는 목적을 달성할 수 있도록 한다.

버즈 마케팅

소비자들이 자발적으로 자사 상품에 대해 긍정적인 광고 내용을 전달할 수 있도록 하는 기업 활동으로서 꿀벌이 윙윙거리는(buzz) 것처럼 소비자들이 상품에 대해 말하게 한다. 따라서 버즈 마케팅(Buzz Marketing)이란 용어를 쓰고 있다.

성공적인 버즈 마케팅을 위해서는 소비자들의 반응을 주도할 오피니언 리더를 찾아내는 것이 중요하다. 오피니언 리더는 신뢰성이 높고, 리더십이 있으며, 이야기를 잘 퍼뜨릴 수 있는 사람을 말한다. 즉, 사람 간의 의견이나 정보 전달을 위해 커뮤니티를 적절하게 구성하거나 이미 구성되어 있는 커뮤니티를 적극 활용하는 것이 중요하다. 그뿐 아니라 최근 들어서는 인터넷 커뮤니티도 활용하고, 동영상을 만들어 유포하기도 하며, 소셜 네트워크(SNS: 트위터, 페이스북)를 활용하기도 한다. 그러나 사람들의 입에서 입으로 전달되는 것이라서 때로는 부정적인 내용이 확산될 수도 있기 때문에 충분한 사전 검토가 필요함은 물론 이런 역 상황에 대비할 수 있는 대책도 수립해 놓아야 할 것이다.

u-CRM

영화 '마이너리티 리포트'에서 탐 크루즈가 CAP매장을 가서 생체(안구)인식 센싱을 하였을 때 사고 싶은 제품이 나열되는 모습이 나온다. 이것이 바로 u-CRM(유비쿼터스 CRM)의 기본원리를 이용한 인텔리전스 CRM이라고 한다. u-CRM 솔루션은 유비쿼터스 환경에서 고객정보를 획득, 평가, 분석해서 실시간으로 CRM 전략을 실행하기 위한 전략적 솔루션이다. 유비쿼터스 환경에서 CRM 전략을 실행하기 위하여 고객에 대한 시공간 형태의 데이터를 기반으로 우수고객유지, 신규고객획득, 이탈고객방지, VIP고객 차별화 등의 마케팅 캠페인을 수행할 수 있도록 기능을 지원해야 한다.

CRM 기반의 마케팅 전략실행은 고객정보를 기반으로 고객을 인지하고 분석해 개별고객마다 차별화되고 개인화된 마케팅 프로그램을 실행하도록 하는 것이다. 유비쿼터스 환경에서는 이러한 요소가 더욱 중요하고 유비쿼터스 데이터인 시간과 공간적인 정보를 이용한 차별화되고 개인화된 마케팅 추천이 가능해야 한다.

앞으로 유비쿼터스 시대는 CRM 싸움이다. 이런 시대에 앞으로 u-CRM의 효과는 막대한 영향력과 고객의 맞춤형 인텔리전스 서비스를 제공해 줄 수 있을 것이다.

(3) CEM(고객경험관리)

고객은 더 이상 제품의 특징이나 편익만으로 돈을 지불하려고 하지 않는다. 그들은 브랜드가 제공하는 독특한 생활양식과 제품을 사용하면서 얻는 총체적인 경험을 더 중요하게 생각한다. 예컨대 스타벅스 커피는 일반 커피에 비해 몇 배나 비싸지만, 사람들은 스타벅스가 제공하는 커피 한 잔의 경험을 사기 위해 기꺼이 지갑을 열고 있다.

번트 H. 슈미트(2004)는 CEM(Customer Experience Management)을 "기업이나 상품에 관련한 고객의 전반적인 경험을 전략적으로 관리하는 프로세스로서 마케팅 콘셉트가 아닌 고객 중심의 경영전략이며 '결과'가 아니라 '과정'에 중점을 두는 고객 만족개념"으로 정의하였다.

CEM은 고객과의 모든 접점에서 고객이 접하는 다양한 경험을 분석하고 관리하여 만족한 경험을 갖게 하고 고객의 피드백을 제품과 서비스 개발 등에 적용하여 고객의 경험을 전략적으로 관리하는 것이다.

CRM이 고객을 데이터베이스에 기록된 정보로서 접근해 구매이력을 분석, 정보를 얻었다면 CEM은 고객을 감정을 가진 개인으로 보고 자사 브랜드를 경험하는 심리적 과정이나 상태를 분석해 고객을 이해하는 것이다. 고객은 제품, 커뮤니케이션, 사람

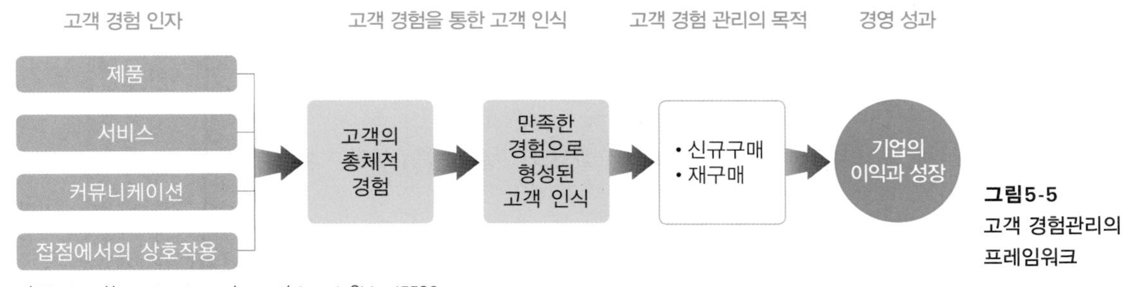

자료 : http://www.lgeri.com/report/view.do?idx=15580

그림5-5
고객 경험관리의 프레임워크

고객경험관리의 성공전략

1단계 : 고객의 경험과정을 해부하라.

2단계 : 차별적 경험을 디자인하라.

3단계 : 고객의 피드백을 반영하라.

4단계 : 일관되고 통합된 경험을 제공하라.

표5-5 CRM과 CEM의 차이점

구분	CRM	CEM
개념	타깃고객과 장기적인 고객관계유지개념 (신규창출, 가치증대, 이탈방지)	과정지향적인 고객만족 개념
성과목표	고객수익성 관리(고객의 가치를 기업가치화)	고객로열티 관리(기업의 가치를 고객가치화)
관점	기업의 입장에서 고객만족도 관리	고객의 입장에서 고객만족도 관리
쟁점시안	기업이 고객을 얼마나 파악하고 있는지 확인	고객이 기업을 어떻게 생각하고 있는지 확인
접근방향	기업으로부터 고객으로 (Outbound Communication)	고객으로부터 기업으로 (Inbound Communication)
측정시점	고객의 구매가 끝난 시점	제품이 만들어지기 전에 경험욕구가 충족
시기	고객상호작용에 대한 기록이 끝난 후	고객이 기업과 상호작용하는 시점
업무범위	기업전반에 걸쳐 광범위한 개선에 초점	고객의 경험개선에 초점
주안점	• 기업내부의 효율성 강조 • 논리적이고 기능적인 가치창조 • 시스템과 거래 데이터 역할강조	• 경쟁사와 차별화된 경험강조 • 감정적인 가치창조 • 고객접점 직원의 역할강조
관리방식	판매시점, 정보의 수집, 시장조사, 기업의 웹사이트, 방문조사	설문조사, 특정한 고객조사, 관찰연구, 고객의 소리

등 다양한 영역에서 브랜드를 경험한다. CEM은 고객의 경험을 통해 충성도가 생기기도 하고 불만이 생기기도 하는 과정에 집중하여 수익성을 극대화할 수 있는 전혀 새로운 프로세스를 제공하는 경영전략이다.

(4) 관계마케팅

종전의 마케팅이 신규고객의 확보가 중심이었다면, 관계마케팅(Relationship Marketing)은 기존고객의 유지와 향상에 초점을 두고 유대관계를 강화함으로써 고객과의 거래가 장기적으로 지속되어 기업과 고객 모두에게 이익을 가져다 주게 하는 개념이다.

① 관계마케팅의 특징

- 고객을 기업과 함께하는 동반자로 인식하는 장기적 관계를 중시한다.
- 기업은 고객과 쌍방향 커뮤니케이션을 하고 고객의 반응을 즉시 파악하여 마케팅에 활용한다.

- 시장점유율보다는 고객 개인을 하나의 독립된 시장으로 보고 개인별 고객당 관련 부문 지출에서 자사상품의 매출 비중, 즉 고객점유율을 높이는 것이 중요하다. 따라서 고객 개인별 맞춤서비스를 실시하며 다양한 상품을 장기간에 걸쳐 판매할 수 있는 차별화된 고객관리가 필요하다.

힐튼 Honors 프로그램

구분	회원	실버	골드	다이아몬드
회원 할인 보장	●	●	●	●
무료 숙박에 사용할 수 있는 포인트 *앨리트 등급 보너스 포인트	●	+20%	+80%	+100%
리워드 투숙 시 리조트 요금 면제	●	●	●	●
디지털 체크인 및 객실 선택	●	●	●	●
디지털 키	●	●	●	●
객실 내 및 로비에서 WiFi 사용	표준	표준	표준	프리미엄
2번째 투숙객 무료 숙박	●	●	●	●
레이트 체크아웃	●	●	●	●
포인트 양도 및 포인트 합산 무료	●	●	●	●
5박째 스탠다드 리워드 숙박 무료		●	●	●
생수 2병		●	●	●
엘리트 등급 숙박 일수 롤오버		●	●	●
객실 상황에 따른 객실 업그레이드			최대 이그제큐티브 룸 유형 이용 가능	최대 침실 1개 스위트 객실 유형 이용 가능
모든 호텔에서 무료 조식 제공			●	●
무제한 마일스톤 보너스			●	●
이그제큐티브 라운지 이용 가능				●
다이아몬드 등급 연장				●
48시간 객실 보장				●
엘리트 등급 선물하기				●

자료 : https://hiltonhonors3.hilton.com/ko_KR/explore/benefits/index.html

② 관계마케팅의 성공요건

- 정교한 데이터베이스 구축: 고객관계를 관리하는데 고객과 관련된 다양한 데이터를 수집, 분석하여 마케팅의 효율성을 극대화하는 데이터베이스 마케팅(Database Marketing)이 절대 필요하다. 이러한 데이터베이스 마케팅을 통해 기업은 우수한 고객을 선정할 수 있고 그에 따라 보상이 가능해진다. 또한 신규고객을 선택할 수 있으며 효율적인 촉진이 가능하고 관련제품의 교차판매도 가능해진다. 우리나라에서는 최근 항공사, 금융기관, 자동차, 소비재 등 다양한 분야에서 데이터베이스 마케팅이 도입되어 사용되고 있다.
- 고객 포트폴리오 분석과 대응: 고객중심의 마케팅 환경에서는 고객과 관련된 정보를 기초로 훨씬 다양한 형태의 세분화된 시장과 고객의 수요를 창출할 수 있고 세분화된 시장별로 차별화된 대고객서비스를 개발할 수 있다. 예를 들어, 고객의 이름, 나이, 거주지, 직업 등과 같은 고객의 인구통계자료나 라이프스타일을 설명해 주는 사회통계자료, 상품이나 서비스를 설명할 수 있는 자료, 즉 거래자료 및 분석결과 자료 등도 활용된다. 다시 말해, 고객의 요구와 가치를 파악하여 그들의 구매행위를 예측하는 일이나 고객 가치창출을 위한 마케팅 활동을 정의하고 실행하는 일, 그 반응 정도를 분석해서 전략적으로 활용하는 일, 그리고 고객의 정보를 지적 자산으로 전환하는 일에서 고객별 점수화된 정보를 얻을 수 있다.
- 관계 모니터링: 고객만족조사, 전화응답시스템, 비공식적인 감사카드, 기념일 카드, 특별할인 안내 등의 형태로 고객과의 관계를 강화함과 동시에 고객으로 하여금 기업이 당신과의 관계를 유지하기 원한다는 것을 알 수 있게 한다. 고객관계 관리는 off-line CRM과 e-CRM으로 구분될 수 있는데 양자 모두 고객을 바라보는 관점, 고객대응에 대한 방향성, 그리고 활동은 동일하나 고객정보 수집방법과 커뮤니케이션 수단에서 차이가 있다. off-line CRM의 경우, 점포, 우편, 전화 등의 비인터넷을 이용하여 고객정보를 수집하여 DM, 텔레마케팅 등울 이용하여 고객과 커뮤니케이션을 수행한다. 반면, e-CRM은 인터넷을 이용하여 구매이력 등의 고객정보를 수집하며 e-mail을 통해 고객과 커뮤니케이션을 한다. 고객에 대응할 때는 한 가지 방법이 아닌 통합된 형식의 CRM이 필요하다.

[도약하는 금융산업] 신한카드 '페이판'으로 디지털금융 판 바꾼다

신한카드는 디지털 시대를 맞아 '초연결 리더'가 되겠다는 경영전략을 새롭게 수립했다. 고객과 가맹점, 제휴 파트너와의 경계를 초월한 초연결을 통해 차별화 가치를 창출하는 기업으로 거듭나겠다는 목표다. 이를 위해 내·외부 자원 연결, 확장을 기반으로 디지털 역량을 강화하는 데 집중하고 있다.

임영진 신한카드 사장은 지난 1일 창립 11주년 기념식에서 "지금은 새로운 변화를 주도하면서 차별화되는 기업이 성장의 열매를 독식하는 디지털 시대"라며 "디지털 역량을 키워 초개인화 수준의 상품과 서비스를 제공하는 게 중요하다"고 강조했다.

임 사장은 이날 창립기념식에서 차별화에 나설 무기로 새로운 모바일 앱(응용프로그램)인 신한페이판(PayFAN)을 공개했다. 신한페이판은 결제·금융 서비스에 초점을 맞추고 인공지능(AI), 빅데이터 등 디지털 솔루션을 기반으로 고객 개인별 맞춤 혜택을 연결해주는 기능을 갖췄다. 이용자의 결제 성향을 빅데이터로 분석해 자주 결제하는 분야에는 할인 쿠폰을 주는 식이다. 이 앱은 11일부터 기존 모바일 앱인 신한판(FAN)을 대체하게 된다.

신한카드는 이 앱을 초개인화 기반의 국내 소비·금융 플랫폼으로 키울 계획이다. 정보통신기술(ICT), 유통 등 다른 업종 사업자와 결제 관련 협력도 추진 중이다. 지난해 10월 지급·결제 플랫폼인 페이팔, 올해엔 차량공유 플랫폼인 우버, 숙박공유 플랫폼 에어비앤비, 여행예약 플랫폼 호텔스닷컴 등과 제휴했다.

이 밖에 신한카드는 올해 사내벤처를 확대해 스타트업(신생 벤처기업)과 결제 인증, 보안 등을 아우르는 사업 아이디어를 논의하고 있다. 바이오, 사물인터넷(IoT) 같은 새로운 결제 기술도 연구하고 있다. 빅데이터 분석 역량을 통해 사회적 가치를 창출하는 방안도 추진 중이다. 소상공인에게 상권 빅데이터 분석을 토대로 마케팅 솔루션을 제공해주는 '마이샵'이 대표적인 예다. 신한카드 관계자는 "디지털 역량 강화에 초점을 맞춘 변신이 중요하다고 보고 관련 대응을 강화할 것"이라고 말했다.

마이샵은 시간대, 성별, 연령별 이용 패턴과 매출 현황을 실시간으로 확인할 수 있다. 상권 유형 분석도 제공한다. 마이샵을 이용하는 가맹점은 신한카드로부터 마케팅 솔루션을 받아 쿠폰 발행이나 홍보 이벤트, 멤버십 서비스 등을 제공할 수 있게 된다. 마케팅 여력이 없거나 사업 확장을 추진하는 소상공인에게 도움이 될 것이라는 게 신한카드 측 설명이다.

자료: http://news.hankyung.com/article/2018100952201

3) 고객의 불만족 관리

불평이란 어떤 상태가 기대를 충족시키지 못할 때 불만을 토로하는 행위이다. 그러나 서비스를 제공하는 직원이나 기업의 입장에서는 보다 적극적인 의미에서 불평을 인식해야 한다. 불만을 토로하는 고객은 우리에게 관심을 가져주는 고객이며 따라서 고객이 용기를 내어 불만을 말했을 때 먼저 고객의 관심을 감사해 하며 받아들이는 마

음이 바로 고객불만 해결의 시작이 될 수 있다. 또한 고객이 불만을 말해 주지 않는다면 우리는 우리의 문제점이 무엇인지, 고객이 겪는 불편이 어떤 것인지 알아내기 어렵다. 불만을 말하는 고객은 바로 그들의 존재를 알려주고 우리에게 어떤 요구사항이 있는지, 그들의 기대가 무엇인지 알려주는 중요한 고객이다. 불만을 말하는 고객의 마음 속에는 '내가 말하는 내용만 개선된다면 계속 찾아올 생각이 있다.'라는 메시지를 담고 있기에 우리에게 개선할 수 있는 기회를 제공하는 고객들이 불만을 말할 때 우리는 고객의 마음이 상하지 않도록 배려해야 하며 또한 관심을 갖고 적극적으로 해결하려는 모습을 보여야 한다. 그런 모습을 경험한 고객들은 반드시 우리에게 돌아와 충성고객이 된다.

이와 같이 불평고객을 잘 관리함으로써 고객유지율을 증가시킬 수 있고 고객이 어느 정도 합리적인 근거를 가지고 불만을 얘기할 때 이를 무시하거나 외면하지 않고 적극적으로 성실히 대처한다면 오히려 고객들은 더욱 만족하고 단골고객이 될 수 있다.

고객이 불만족하는 요인은 까다롭고 다양하다. 그러나 이러한 요인들은 고객과의 관계를 회복하는 데도 영향을 미칠 수 있음으로 고객의 불만요인을 피드백하여 서비스 개선자료로 이용하는 일이 중요하다. 또한, 고객과의 일회적 거래를 중시하지 않고 구매 후 지속적인 관계를 유지, 발전시키는 것이 강조되며 불평고객을 지속적인 고객으로 끌어들이는 것이 매우 중요하다. 따라서 불평고객이 기업에 직접적으로 불평을 제기하도록 유도하는 것이 중요하다.

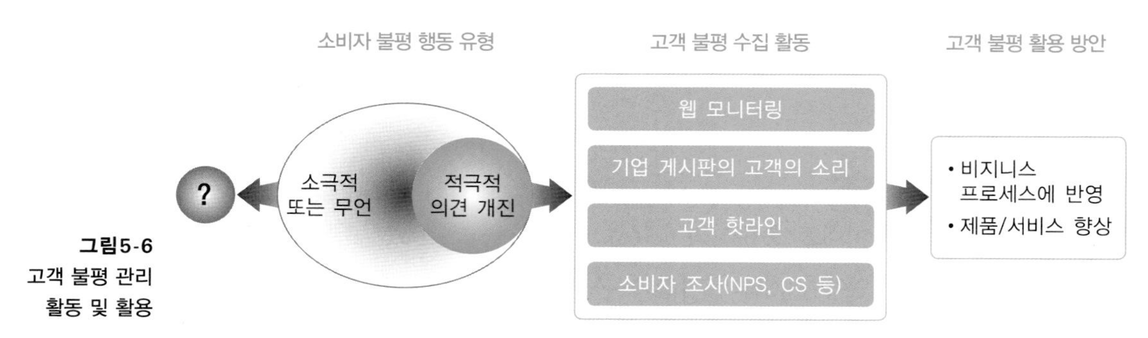

그림5-6
고객 불평 관리 활동 및 활용

자료 : http://www.lgeri.com/report/view.do?idx=15877

4) 서비스 회복

기업과 서비스 요원은 고객불만을 해소하고 충성도를 높이기 위한 서비스 회복(Service Recovery) 전략을 터득함으로써 고객의 불만을 고객만족으로 전환시켜 평생고객으로 만들 수 있다. 고객불만의 효과적인 관리를 위한 서비스 회복 전략을 단계별로 살펴보면 다음과 같다.

- 1단계 경청한다: 고객의 항의에 겸허하고 공손한 자세로 인내심을 갖고 끝까지 경청한다. 고객 자신이 스스로 불평을 모두 말하도록 한다. 고객의 불평을 충실히 듣는 것만으로도 불만의 상당 부분은 해소된다.
- 2단계 고객에게 공감하고 감사의 인사를 한다: 감정이입을 통해 상대를 이해하고 배려하는 마음을 보여 준다. 고객의 항의에 공감한다는 것을 적극 표현하며, 고객의 심정을 충분히 이해할 수 있음을 인정한다.
- 3단계 진심어린 사과를 한다: 사과없는 변명은 고객을 더욱 불쾌하게 할 수 있음으로 진심어린 사과를 통해 고객의 마음을 가라앉히고 호감을 갖게 만든다. 고객의 의견을 경청한 후 문제점을 인정하고 잘못된 부분에 대해 당사자가 재빨리 정중히 사과한다.
- 4단계 설명하고 해결을 약속한다: 고객이 납득할 만한 해결방안을 제시하고 문제를 시정하기 위해 어떤 조치를 취할 것인지 설명하고 해결을 약속한다.
- 5단계 정보를 정확히 파악한다: 문제해결을 위해 꼭 필요한 질문만 하여 해결정보를 얻는다.

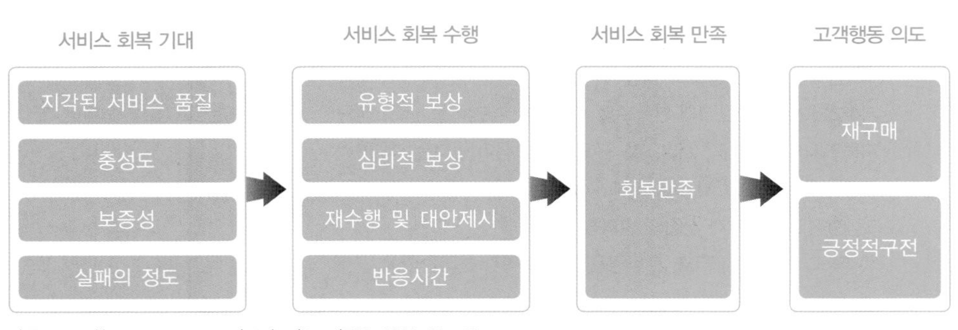

자료: http://img.shinhan.com/cib/ko/data/FSB_0903_01.pdf

그림5-7
서비스회복 성과와 관련된 인과관계

• 6단계 신속히 처리를 한다: 일의 우선순위를 세워 신속하고 완벽하게 한시라도 빨리 사태를 회복시키기 위하여 최대한 노력한다.

• 7단계 처리를 확인한 후 다시 한 번 사과한다: 불만사항을 처리한 후 고객에게 결과를 알리고 만족 여부를 확인한다.

• 8단계 재발방지책을 마련한다: 고객불만사례를 회사 및 전 직원에게 알려 재발방지책을 수립하고 새로운 고객응대방안 등을 마련하여 같은 문제가 재발되지 않도록 한다.

서비스 수익 체인(Service Profit Chain): 이익, 고객충성, 직원의 만족도, 직원의 능력, 생산성의 관계

• 이익과 자산의 성장은 고객의 충성도에서 얻는다.
• 만족하고, 능력 있고, 생산성 있는 직원들은 서비스의 가치를 만든다.
• 만족되고 충성도 강한 직원의 선발과 교육훈련은 매우 중요함을 나타낸다.

① internal quality drives employee satisfaction
  • 내부 서비스의 품질은 종사원들의 만족에 영향

② Employee satisfaction drives retention and productivity
  • 종사원 만족은 종사원 유지와 생산성 증대

③ Employee retention and productivity drives service value
  • 종사원 유지와 생산성 증대는 서비스 가치를 높임
  (사우스 웨스트 항공사의 단골고객이 많은 이유는 고품질의 서비스보다는 잦은 운항, 시간엄수, 친절한 종사원, 저렴한 가격 때문이다. 사우스웨스트 항공사는 다양한 업무를 소화해 낼 수 있는 숙련된 종사원들로 구성되어 있다.)

④ Service Value drives customer satisfaction
  • 서비스 가치인식은 고객만족으로(고객의 가치는 구매한 서비스의 총비용과 비교되어 산출됨)

⑤ Customer satisfaction drives customer loyalty
  • 고객만족은 고객충성도와 직결
  (지록스(Xerox)사는 고객 만족도를 평가: '매우 만족을 한' 고객들은 그냥 '만족한' 고객보다 6배나 더 지록스사의 물건이나 서비스를 구매할 가능성이 높다는 결과)

⑥ Customer loyalty drive profitability and growth
  • 고객충성도는 이익과 성장의 결과를 가져온다.
  (5%의 고객만족이 올라가면 이익은 25~85%가 올라간다.)

자료: Lazer, W., & Loyton R.(1999). Contemporary Hospitality Marketing. Education Institute of the AH&MA.

PART 3

환대산업서비스 전략

CHAPTER 6 서비스 품질관리

CHAPTER 7 서비스 마케팅

CHAPTER 6

서비스 품질관리

서비스 품질은 서비스의 우수성과 관련하여 고객의 판단이나 태도로 서비스 제공자가 서비스를 제공할 때마다 서비스 품질이 인지되기 때문에 서비스 제공자와 고객의 만남, 즉 서비스 접점(service encounter)에서 고객이 느끼는 서비스 품질이 무엇보다 중요하다고 할 수 있다.

1. 서비스 품질의 개념

서비스 품질은 기대(expectation)와 성과(performance)를 비교함으로써 결정된다. 즉, 고객들이 인식한 서비스 품질은 고객에게 서비스 기업이 제공해야 한다고 느끼는 고객의 기대와 서비스를 제공한 기업의 성과에 대한 고객의 인식을 비교함으로써 나타난다. 그러므로 기대되는 서비스(expected service)와 인지된 서비스(perceived service)를 비교함으로써 서비스 품질이 인식되므로 서비스 품질은 고객의 기대와 인지 사이의 불일치 정도와 방향으로 표현될 수 있다. 이는 서비스 품질에서 상당히 중요한 개념으로 서비스 품질에 대한 모형설계의 기초개념으로 이용된다.

Westbrook와 Oliver(1991)는 "고객만족이란 고객이 서비스를 경험하고 난 후 제공받은 품질과 성과에 대해 주관적인 감정의 결과"라고 하였다. 서비스를 제공받기 전의 기대한 수준과 실제 인지된 서비스와의 비교를 통해 기대에 부합한 경우 만족하게 되고, 그렇지 못할 경우 불만족하게 된다. 따라서 고객 기대에 맞는 품질의 서비스를 제공하기 위해서는 고객의 기대 수준을 파악하는 것이 필수적이다.

Lewis와 Booms(1983)는 "서비스 품질은 제공된 서비스 수준이 고객의 기대를 얼마나 만족시키는지를 측정하는 것으로, 고객의 기대를 일치시키는 것을 의미한다."라고 하였다.

Grönroos(1984)는 실제 서비스 성과에 대한 고객의 인지와 서비스에 대한 고객의 사전 기대치를 비교하여 고객이 주관적으로 인식하는 품질, 즉 '인지된 서비스 품질'의 의미로 결정된다고 하였다.

Rust 등(1994)은 "고객만족도와 기쁨 모두 고객의 기대치에 크게 영향을 받으며, 기대치는 주어진 모든 정보를 기반으로 하여 예상할 수 있는 품질의 평균 수준을 의미한다"고 하였다.

그러나 각 학문 영역마다 품질에 대한 관점에 따라 품질 정의는 다소 차이를 나타내고 있다. Garvin(1988)은 이러한 차이에 관해서 선험적 접근, 제품 중심적 접근, 사용자 중심적 접근, 제조 중심적 접근, 가치 중심적 접근으로 구분하여 정의하였다.

품질에 대한 5가지 정의는 각각의 유용성이 있으나 서비스 품질의 연구에 있어서는 사용자 중심적 정의를 기초로 한 서비스 품질의 개념이 가장 일반적인 방법으로 인식되고 있다.

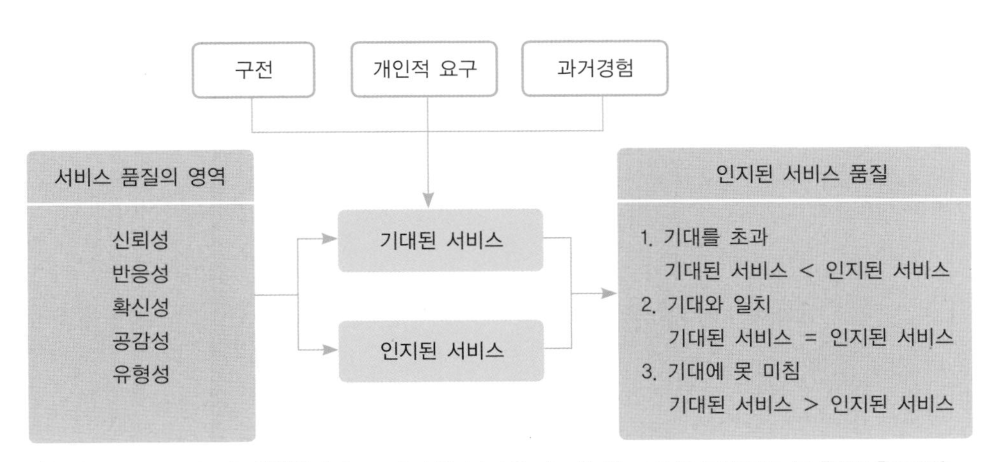

그림6-1
서비스 품질의 영역과 인지된 서비스 품질

자료: Parasuraman, A., et al.(1985). A Conceptual Model of Service Quality and Its Implication for Future Research. Journal of Marketing, 49(Fall), 48.

Garvin의 품질의 5가지 접근방법

- **선험적 접근**(transcendent approach): 품질은 정신도 물질도 아닌 본질적인 탁월성을 의미하며, 경험에 의해서만 인지 가능하다. 반복하여 노출됨으로써 사람들이 품질을 인식하게 된다고 볼 수 있으므로 분석 불가능한 개념이다.
- **사용자 중심적 접근**(user-based approach): "품질은 보는 사람의 눈에 달렸다."라는 가정하에 고객 개개인의 관점에서 품질을 정의하기 때문에 주관적이고 수요자 지향적인 관점으로 고객들의 다양한 욕구를 반영한다. 개별 소비자들은 서로 다른 욕구와 필요를 가지고 있으므로 그들의 선호를 가장 잘 만족시켜 주는 상품이 가장 높은 품질을 가진 것으로 간주한다. 마케팅 측면에서 이 접근법은 특정 소비자에게 최대의 만족을 제공하는 이상점(ideal point)의 개념을 도출할 수 있다.
- **가치 중심적 접근**(value-based approach): 품질은 가치와 가격으로 정의된다. 만족스러운 가격으로 양질의 상품을 제공하는 것이라 할 수 있다. 즉, 품질은 고객에게 적합성 혹은 제품성능과 적당한 가격과의 균형으로 정의된다.
- **제품 중심적 접근**(product-based approach): 품질을 정밀하고 측정 가능한 변수로 보는 것으로, 품질의 차이는 상품의 내용물의 차이나 속성의 차이 때문이라고 본다. 품질의 객관적 평가가 가능하나 상품 중심적 정의는 모든 고객이 동일한 속성을 원한다고 가정하고 있어 개인적 취향, 욕구, 선호를 잘 설명하지 못하는 단점이 있다.
- **제조 중심적 접근**(manufacturing-based approach): 공급자 지향적으로 주로 엔지니어링과 제조에서 관심을 가진다. 즉, 품질은 엔지니어 및 생산과정의 산물로서 규격에의 일치 정도로 일단 상품의 설계와 규격이 결정되면 기준에 벗어나는 것은 품질의 저하를 의미한다. 예를 들면, 항공서비스가 원래 일정의 15분 이내에 도착한다고 명시하였다면, 여기서의 품질 수준은 실제 비행 도착시간을 원래 스케줄과 비교하여 쉽게 판단할 수 있다. 그러나 고객의 필요성과 선호도를 기준으로 하지 않을 경우, 품질은 단순히 생산관리에는 도움이 되겠지만, 고객들이 원하는 것을 제공하지 못하는 내부적인 문제를 만든다.

2. 서비스 품질의 특성

서비스 품질의 특성은 첫째, 서비스 품질은 제품의 품질보다 평가하기가 어렵다. 서비스의 무형성으로 인해 고객이 어떻게 서비스 품질에 대한 평가나 인식을 하고 있느냐를 이해하기 어렵다. 따라서 색상, 모양, 포장, 스타일 등 유형적 단서가 있는 제품의 품질보다 평가가 어렵다.

둘째, 서비스 품질의 수준은 고객의 기대 수준과 서비스 제공자에 의해 제공받은 서비스의 인지와의 차이를 비교함으로써 일치 또는 불일치의 정도와 방향에 의해 결정된다.

셋째, 서비스 품질은 서비스 자체의 결과뿐만 아니라 서비스가 어떻게 전달되었느냐는 전달과정도 서비스의 품질에 대한 고객의 인지에 영향을 준다.

넷째, 주 서비스보다 부가 서비스가 서비스 품질에 더 많은 영향을 미칠 수 있다. 예를 들어, 경쟁업체와 비슷한 수준의 서비스가 제공될 때 예약처리나 시설 또는 서비스 요원의 태도 등에서 차별화된 부가 서비스가 제공된다면 고객이 느끼는 서비스 품질에 대한 만족은 높아질 수 있다.

3. 서비스 품질의 평가

고객의 인지(perception)는 서비스 경험에 대한 주관적 평가라고 할 수 있다. 그리고 고객기대는 서비스 경험을 비교, 평가하는 기준점으로 고객이 예상하는 서비스이다. 예를 들어, 패스트푸드점을 방문할 때와 고급 레스토랑을 방문할 때 기대하는 서비스 수준이 다를 것이다. 이런 고객기대는 고객의 구전 커뮤니케이션, 개인적 요구, 과거 경험이나 기업의 외부 커뮤니케이션 활동에 의해 영향을 받는다.

이상적인 서비스는 고객이 받을 수 있고 받아야 한다고 생각하는 것을 받았다고 지각하는, 즉 기대와 인지가 동일할 때이다. 그러나 실제로 고객기대와 인지는 어느 정도의 차이가 발생하므로 서비스 마케팅의 목표는 이런 차이의 원인을 찾아 그것을 메우려는 것이라고 볼 수 있다.

1) 서비스 품질 모형(Gap)

Parasuraman 등(1985)은 고객의 기대와 만족을 충족시킬 수 있는 서비스를 제공하기 위해서는 서비스 제공자가 고객이 인지한 서비스 품질의 부족을 줄여야 한다고 하였다.

서비스 제공자는 고객의 기대와 고객이 실제로 받은 서비스 사이의 차이로 나타나는 다음과 같은 각 4가지 Gap의 원인들을 밝혀내고 그 Gap을 줄일 수 있는 전략을 개발하여 품질을 개선하여야 한다고 하였다.

- Gap1 : 서비스 제공자가 고객이 기대하는 바를 모를 때
- Gap2 : 고객의 기대를 반영한 적절한 서비스 표준을 정하지 못하였을 때
- Gap3 : 서비스 표준을 제대로 제공하지 못하였을 때
- Gap4 : 서비스 성과가 마케팅 커뮤니케이션에서 약속한 수준을 따르지 못할 때

마지막으로 Gap5는 서비스 전달 과정에서 발생하는 4가지 Gap의 크기와 방향에 따라 영향을 받는다.

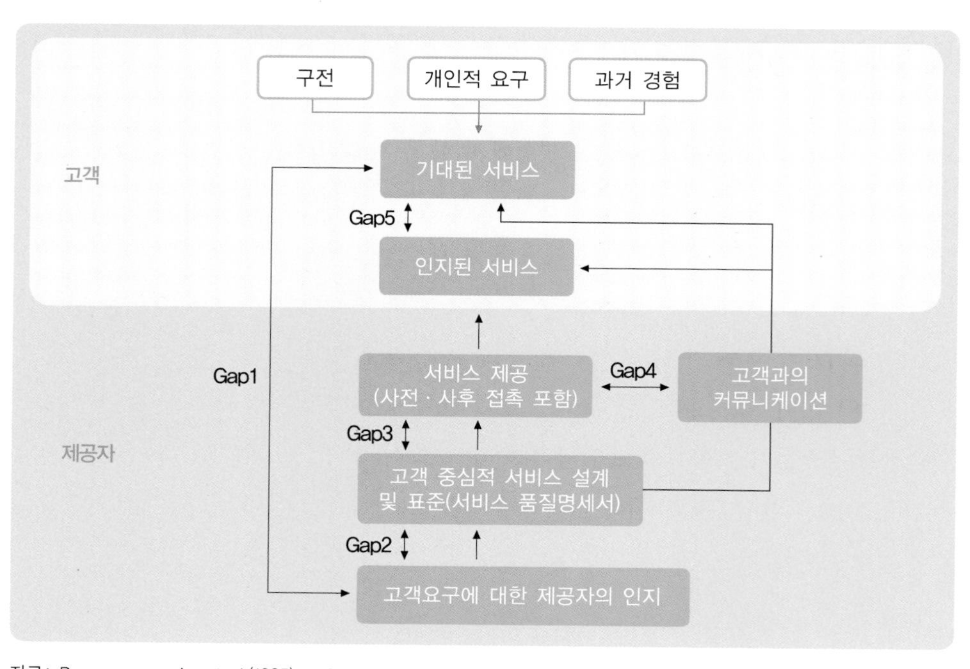

그림6-2
서비스 품질 갭 모형

자료: Parasuraman, A., et al.(1985) A Conceptual Model of Service Quality and Its Implication for Future Research. Journal of Marketing, 49(Fall), 44.

(1) Gap1 : 고객의 기대와 서비스 제공자의 인식 차이

고객이 기대하는 바를 모르는 것은 고객이 기대하는 바를 제공하지 못하는 근본 원인들 중 하나다. Gap1은 서비스 기업의 경영자들이 서비스의 어떤 특성들이 고객들에게 높은 품질로 인식되는지, 고객의 욕구를 만족시키기 위해서는 서비스가 어떤 특성을 지녀야 하는지, 그러한 서비스의 특성들을 어느 수준까지 수행해야 고객들이 서비스의 품질이 좋다고 느끼는지 잘 알지 못하는 것을 말한다.

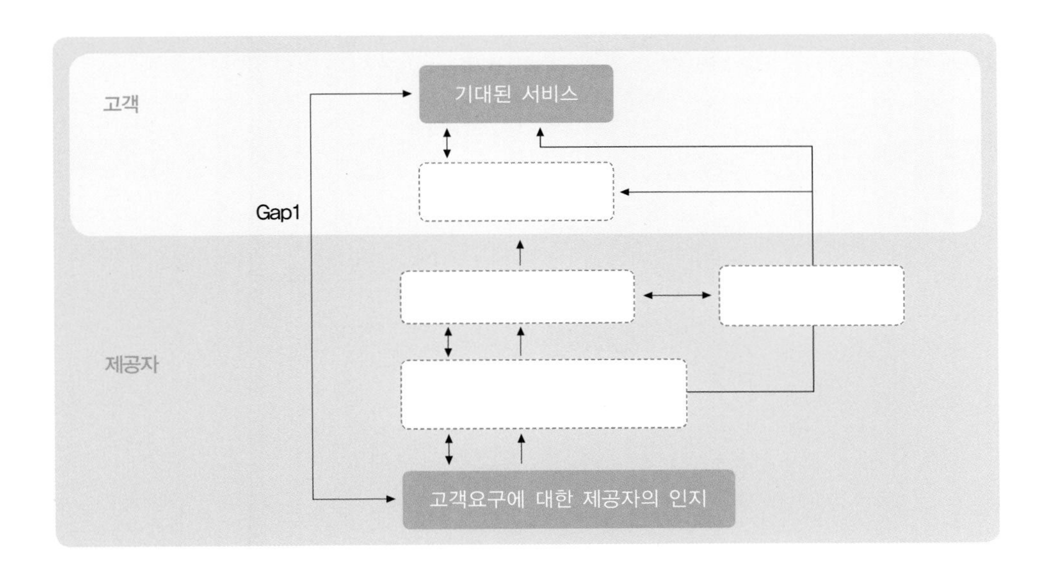

표6-1 Gap1의 주요 원인과 개선 방향

주요 원인	개선 방향
1. 마케팅 조사의 중요성에 대한 이해 부족 1) 불충분한 마케팅 조사 2) 서비스 품질에 대한 초점을 맞추지 않은 조사 3) 마케팅 조사 결과의 부적절한 사용 2. 상향 커뮤니케이션 부족 1) 관리자와 고객 간의 상호작용 부족 2) 접점 직원과 관리자 간의 커뮤니케이션 부족 3) 접점 직원과 최고경영자 간에 너무 많은 계층 3. '관계'에 초점을 맞추지 못함 1) 시장 세분화 부족 2) 관계보다는 거래에 초점 3) 단골고객보다는 신규고객에 초점	• 관리자 또는 담당팀이 고객기대에 관한 정보 수집(고객방문조사, 불만처리시스템, 고객패널 조사, 브레인스토밍, 고객 모니터링 등) • 최고경영자는 고객과 접촉하는 직원과의 커뮤니케이션 필요 • 상향적 커뮤니케이션 활성화 • 관리계층 축소 • 단골 고객우대 프로그램 등 기존 고객과의 유대강화

(2) Gap2 : 서비스 제공자 인지와 서비스 품질명세서의 차이

Gap2는 고객기대치에 대한 서비스 제공자의 인지와 서비스를 위해 설정된 서비스 설계 및 표준이 불일치할 때 발생할 수 있다. 즉, 고객들의 기대를 잘 알고 있다 해도 이러한 기대를 충족시키는 수단을 알아내기가 어렵기 때문에 서비스 기업의 경영자들이 고객의 기대를 충족시키는 것이 결코 쉬운 일은 아니다.

단기이익 지향성, 시장상황, 경영자의 무관심 등과 같은 많은 요인들 때문에 고객기대에 대한 경영자의 인지와 실제 서비스 품질명세서 사이에 차이가 발생한다. 이러한 차이의 정도에 따라 서비스 품질에 대한 고객들의 평가가 달라진다.

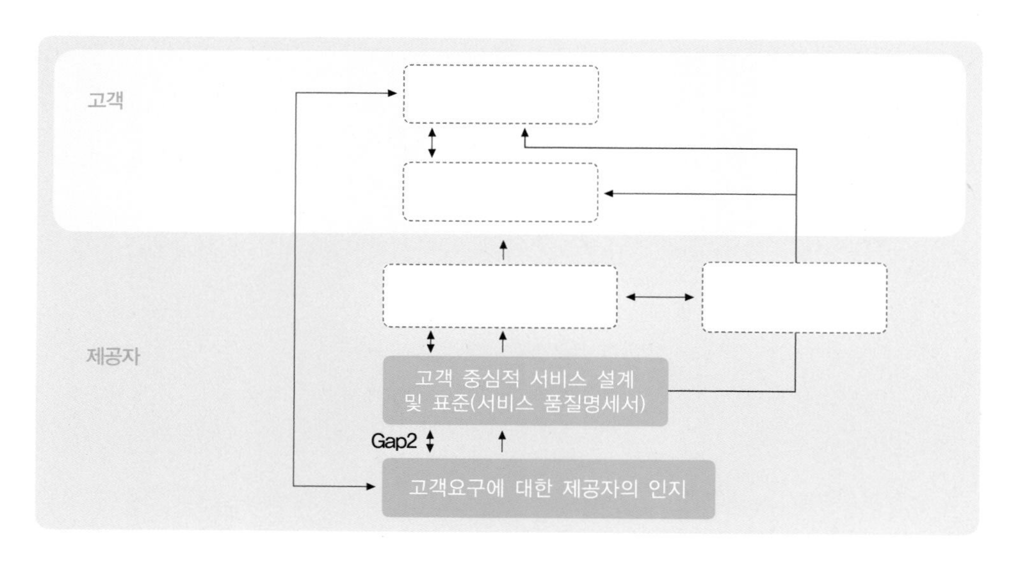

표6-2 Gap2의 주요 원인과 개선 방향

주요 원인	개선 방향
1. 고객 중심적 표준의 부재 1) 고객 중심적 서비스 표준의 부재 2) 고객에 초점을 맞춘 프로세스 부재 3) 서비스 품질 설정을 위한 공식 과정의 부재 2. 부적절한 서비스 리더십 1) 서비스 리더십이 불가능하다고 생각 2) 부적절한 경영자의 서비스에 대한 인식 3. 어설픈 서비스 설계 1) 체계적이지 못한 서비스 개발 과정 2) 모호한 서비스 설계 3) 서비스 설계를 서비스 포지셔닝에 연결시키지 못함	• 경영자의 서비스 품질에 대한 헌신 • 뚜렷한 목표 설정 • 고객과의 접점에 있는 종사원의 평가와 보상 시스템 마련 • 업무의 표준화 • 고객의 기대 충족 가능성을 인식

(3) Gap3 : 서비스 품질명세서와 실제 제공 서비스의 차이

실제로 서비스 업체가 제공하는 서비스와 서비스 품질명세서의 차이는 서비스 성과의 차이로 불린다. 이는 경영자가 기대하는 서비스 수준을 직원이 실행하지 못하는 정도를 나타내며, 서비스 품질의 평가에 큰 영향을 미치지만 관리하기가 어렵고 표준화되기도 어렵다. Gap3는 조직 구성원 간의 협력, 종사원-직무 간 적합성, 기술-직무 간 적합성, 통제의 정도, 경영자의 통제시스템, 역할갈등, 역할모호성 등으로 나타난다.

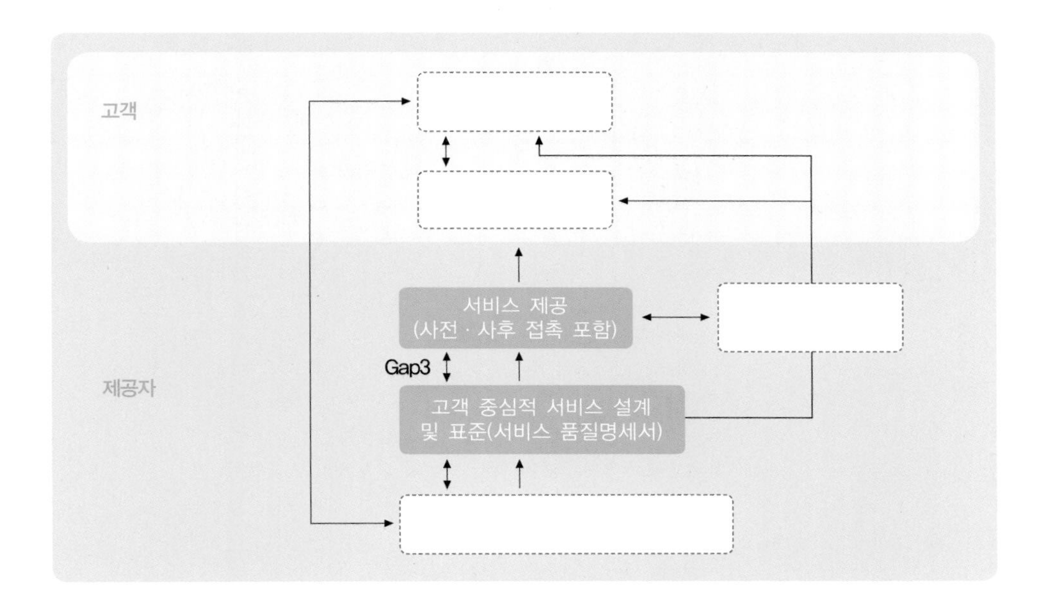

표6-3 Gap3의 주요 원인과 개선 방향

주요 원인	개선 방향
1. 인사정책에 결함 1) 효과적이지 못한 채용 2) 역할 모호성과 역할 갈등 3) 직원의 업무지식 부족 4) 부적절한 평가 및 보상 시스템 5) 권한 이양, 지각된 통제 및 팀워크의 부재 2. 공급과 수요를 일치시키는 데 실패 1) 수요의 정점과 저점을 완만하게 하지 못함 2) 조화롭지 못한 고객 믹스 3) 일정한 수요를 유지하기 위해 가격에 지나치게 의존 3. 역할을 제대로 수행하지 못하는 종사원 1) 그들의 역할과 책임에 대해 잘 모름 2) 서로에게 부정적인 영향을 미침	• 조직구성원 간의 긴밀한 협력 • 언어능력, 고객을 대하는 기술, 서비스 기술 등 철저한 교육 실시 • 직원의 직무수행에 적합한 도구나 기술 제공 • 문제 해결을 위한 통제 권한 부여 • 고객의 협력을 통한 효율성과 효과성을 높이기 위한 교육전략 개발 • 하향적 의사소통, 교육훈련 등을 통한 직원의 역할 명료성 확립

(4) Gap4 : 실제 서비스 제공과 고객과의 커뮤니케이션 차이

광고, 가격 또는 서비스와 관련된 유형적인 것 등 외부 커뮤니케이션을 통해 서비스 제공자가 약속한 서비스 수준은 고객의 기대 수준을 형성시킬 수 있다. 따라서 약속된 서비스와 실제 서비스 간의 차이는 고객과의 Gap을 넓힌다.

과대약속이나 수평적 커뮤니케이션 등이 조직내에서 Gap4에 영향을 미칠 수 있다.

실제 제공되는 서비스와 과대약속 등으로 인한 외부 커뮤니케이션의 불일치로 약속이 이행되지 않았을 경우 서비스 품질에 대한 고객의 인식은 낮아지게 된다.

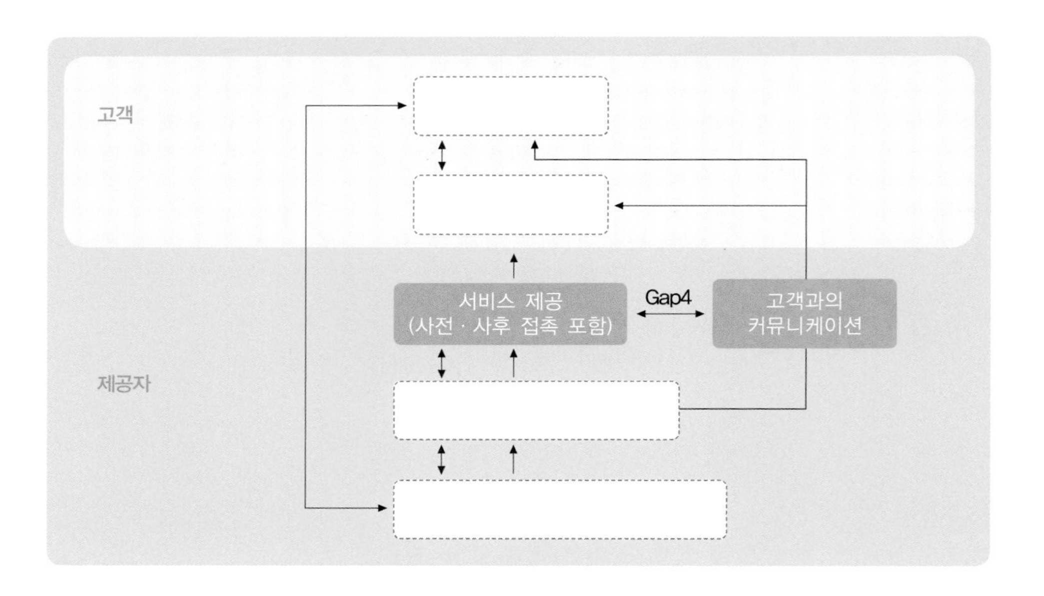

표6-4 Gap4의 주요 원인과 개선 방향

주요 원인	개선 방향
1. 고객 기대를 효과적으로 관리하지 못함 1) 여러 커뮤니케이션 방식으로 고객 기대를 관리하는 데 실패 2) 고객을 충분히 교육하는 데 실패 2. 과잉 약속 1) 광고로 과잉 약속 2) 인적 판매로 과잉 약속 3) 물리적 증거 단서로 과잉 약속 3. 수평적 커뮤니케이션의 부족 1) 영업부서와 타 부서 간의 커뮤니케이션 부족 2) 광고부서와 타 부서 간의 커뮤니케이션 부족 3) 유통점 간의 절차나 정책의 차이	• 서비스에 대한 커뮤니케이션과 실제 서비스 제공 간의 일치 • 수평적 커뮤니케이션 증대

수평적 커뮤니케이션은 조직에서 구성원 간 또는 부서 간의 의사소통을 의미하는 것으로 상호적인 커뮤니케이션이라고도 한다.

종사원이 서비스 제공의 실제를 완전히 이해하지 못할 때 지키지 못할 약속을 하거나, 보다 나은 서비스를 제대로 전하지 못하게 되면 고객은 서비스 품질을 낮게 인지하게 된다. 따라서 지키지 못할 약속을 하지 않고, 커뮤니케이션을 정확하고 적절하게 하는 것은 고객 서비스 제공 수준을 높게 인지하게 하는 데 필수적인 요소이다.

특히 서비스 기업 커뮤니케이션의 성공은 마케팅과 운영부서 양쪽에 책임이 달려 있다. 마케팅 부서는 실제 서비스 제공과정에서 일어나는 것을 정확히 반영해야 하고, 운영부서는 광고 등에서 약속한 바를 반드시 전달해야 한다.

커뮤니케이션과 관련된 또 다른 부서는 인적자원 관리부서이다. 종사원들로 하여금 탁월한 고객 서비스를 제공하도록 하기 위해 기업은 교육, 동기부여, 보상, 인정 등을 통해 종사원을 지원해야 한다.

결론적으로 서비스 제공을 향상시키는 것과 더불어 과장된 약속으로 보다 높은 기대를 하지 않도록 고객에 대한 모든 커뮤니케이션을 관리할 필요가 있다.

(5) Gap5 : 서비스 기대와 서비스 인지의 차이

고객이 인지한 서비스 품질은 기대된 서비스와 인지된 서비스의 차이, 즉 Gap5의 크

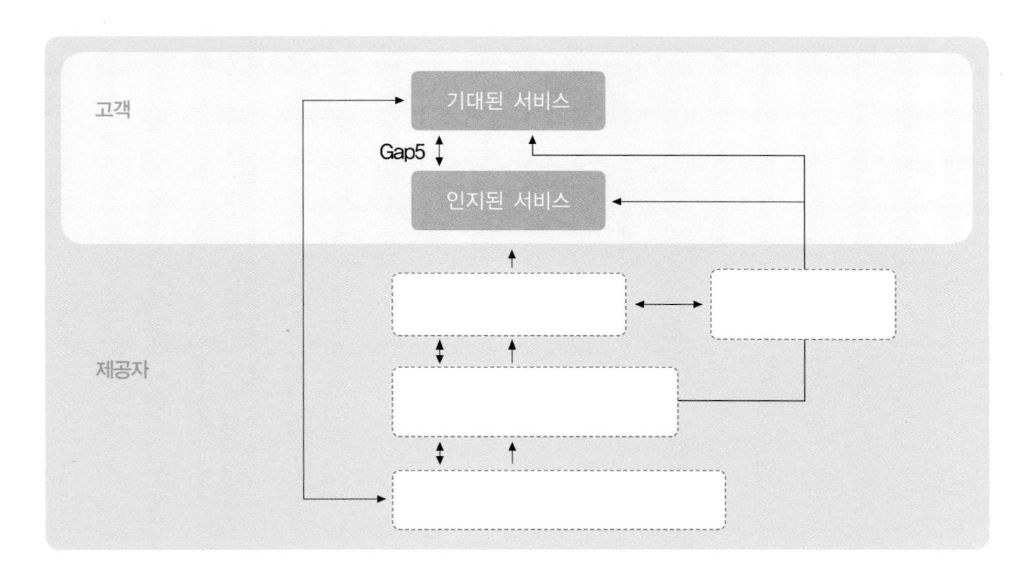

기와 방향에 의존하며, 이것은 다시 기업경영자의 측면에서 서비스 제공과 관련된 위의 4가지 Gap의 크기와 방향에 의해 결정된다. 즉, Gap5의 방향과 크기는 Gap1~4의 함수로 표현할 수 있다.

Gap5 = f (Gap1, Gap2, Gap3, Gap4)

2) 서비스 품질 측정 도구

서비스 질이 중요한 것은 조직의 성과와 이를 통한 조직의 경쟁력 확보를 위해 주요한 결정요소이기 때문이다. 그러나 서비스는 제품과 달리 품질을 측정하고 평가하는 데 어려움이 많다. 그 이유는 서비스가 갖고 있는 특성 때문인데 서비스는 사전에 보여줄 수 없고 감지할 수도 없으며, 서비스 제공자와 고객 그리고 서비스 제공 시점 등에 따라 다르게 나타난다. 즉, 동일한 서비스라도 서비스를 누가, 언제, 어디서 받는지 또는 어떤 고객인지에 따라 제공된 서비스의 질이나 성과가 다르게 평가되기 때문이다.

서비스 질을 측정하기 위해 사용되어 온 대표적인 측정도구로 서비스에 대한 인지와 기대 간 차이의 방향과 정도를 측정하는 SERVQUAL이 있다. 또한 서비스의 질을 제공된 서비스에 대한 인지만으로 평가하는 SERVPERF, 숙박업체에 적합하게 수정한 LODGSERV와 외식업체에 적합하게 수정한 DINESERV의 개발 등 SERVQUAL 척도를 다양한 업종에 적합하게 세분화하여 개발하는 추세이다. 그리고 QFD는 계량화하기 어려운 고객의 주관적 요구를 구체적인 설계 목표로 전환하기 위한 기법으로 개발되었다.

(1) SERVQUAL

서비스 품질은 제품품질과 달라 불량률이나 내구성과 같은 객관적인 척도로 측정하기 어렵다. Parasuraman 등(1985)은 고객의 인식을 측정하기 위해 서비스 품질을 기대치-성과 간 차이의 함수라는 개념으로 인식하였으며, 서비스 품질의 다양한 측면에 대한 측정을 위해 표 6-5와 같이 10가지 요소의 SERVQUAL이라는 측정도구를 개발하였다.

서비스 품질을 평가하는 10가지 요소 중에서 능력과 신용도를 제외하고는 모두 서비스 품질의 과정 차원과 관련되어 있는 만큼 품질의 과정적 측면, 즉 기능적 품질 측면이 중요하다는 사실을 확인할 수 있다. 그러나 10개 차원이 모두 독립적인 것은 아니고 다소 중복될 수 있어, 10개의 평가기준들 가운데 능력, 예절, 신용도, 안전성을 확신성으로 통합하고 나머지 접근가능성, 커뮤니케이션, 고객의 이해를 공감성으로 통합하여 신뢰성, 반응성, 확신성, 공감성, 유형성이라는 5개 차원으로 수정하게 되었다.

표6-5 고객이 서비스 품질을 평가하는 10가지 요소

차원	정의
유형성	• 서비스의 평가를 위한 외형적인 단서 • 물적 시설, 장비, 종사원 외모, 서비스 시설 내의 다른 고객, 의사소통도구의 외형
신뢰성	• 약속된 서비스를 정확하게 수행하는 능력 • 서비스 수행의 철저함, 청구서 정확도, 정확한 기록, 약속시간 엄수
반응성	• 고객을 돕고 즉각적인 서비스를 제공하려는 의지 • 서비스의 적시성, 고객의 문의나 요구에 즉시 응답, 신속한 서비스 제공
능력	• 서비스를 수행하는 데 필요한 기술과 지식의 소유 • 조직의 연구개발력, 담당직원과 지원인력의 지식과 기술
예절	• 고객과 접촉하는 종사원의 친절과 배려, 공손함 • 고객의 재산과 시간에 대한 배려, 담당 종사원의 정중한 태도
신용도	• 서비스 제공자의 진실성, 정직성 • 기업 평판, 기업명, 종사원의 정직성, 강매의 정도
안전성	• 위험, 의심으로부터의 자유 • 물리적 안전, 금전적 안전, 비밀보장
접근가능성	• 접근가능성과 접촉용이성 • 전화예약, 대기시간, 서비스 제공시간 및 장소의 편리성
커뮤니케이션	• 고객의 말에 귀를 기울이고, 고객에게 쉬운 말로 알림 • 서비스에 대한 설명, 서비스 비용의 설명, 문제해결 보증
고객의 이해	• 고객과 그들의 욕구를 알려는 노력 • 고객의 구체적 요구사항 학습, 개별적 관심 제공, 사용 · 우량고객 인정

자료 : 신우성(2010). 환대산업서비스(p.207). 대왕사.

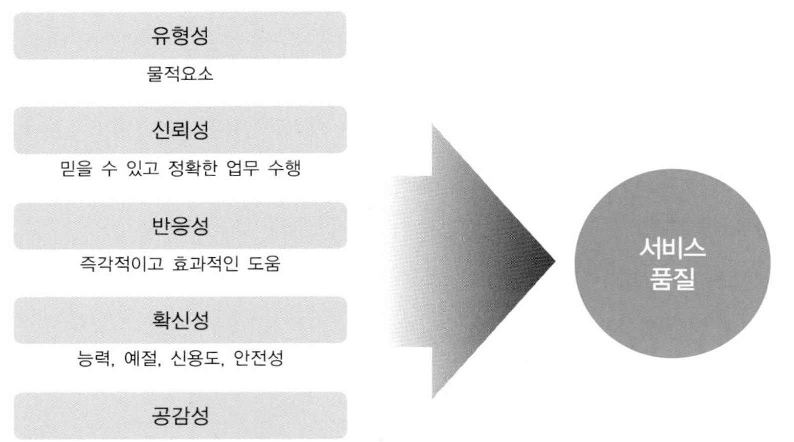

그림6-3
SERVQUAL 모델

표6-6 서비스 품질 결정요인에 관한 항목(SERVQUAL 모형)

요인	정의	항목
신뢰성 (reliability)	약속한 서비스를 신뢰할 수 있고 정확하게 수행하는 능력	• 서비스의 약속시간 준수 • 고객이 문제에 부딪쳤을 때 성심성의를 다 보임 • 첫 번에 제대로 서비스를 수행함 • 약속시간에 서비스를 제공함 • 작은 실수조차 없는 완벽함
반응성 (responsiveness)	즉각적인 서비스를 제공하고 고객을 도우려는 의지	• 서비스 제공 시간의 정확한 약속 • 종사원들의 신속한 서비스 제공 자세 • 종사원들의 언제나 행동하는 고객 지원 자세 • 아무리 바빠도 고객의 요청에 응하는 종사원
확신성 (assurance)	지식, 예절, 믿음과 자신감을 보이는 종사원의 자질	• 고객에게 확신을 주는 종사원들의 행동 • 고객에게 주는 거래의 안정성 • 항상 고객에게 친절한 종사원 • 고객의 어떤 문의에도 대답 가능한 종사원
공감성 (empathy)	고객에게 제공되는 배려와 고객 기호에 대한 관심	• 고객 개인에 대한 관심 • 고객에게 편리하게 시간대 조절 • 고객에게 개인적인 관심을 보이려는 종사원의 태도 • 고객에게 최대한 이익을 주려는 노력 • 고객 욕구에 대한 종사원들의 이해
유형성 (tangibles)	물리적 시설, 설비, 종사원의 외모	• 현대적 시설 • 설비의 외관 • 종사원의 깔끔하고 단정함 • 서비스와 관련된 제반 자료(설명서, 팸플릿의 외형)

자료: Parasuraman, et al.(1988). SERVQUAL: A Multiple Item Scale for Measuring Consumer Perception of Service Quality. Journal of Retailing, 64(spring).

표6-7 서비스 품질평가 요소별 사례

서비스 업체	신뢰성	반응성	확실성	공감성	유형성
항공사	정시 출발 도착	발매, 수하물, 탑승에 대한 신속한 대응	안전기록, 유능한 승무원	고객의 특별한 요구에 대한 이해	항공기 자체 발매 카운터와 유니폼 용모
호텔	예약 및 주문에 대한 이행, 정확한 계산, 고객문제 해결	요구사항에 대한 신속한 응대, 자발적인 지원	안전한 객실, 맛있는 음식, 종사원에 대한 믿음	고객의 특별한 요구에 대한 이해, 개별적인 관심과 배려	호텔 외관, 시설, 주변경관, 실내 인테리어, 유니폼 및 용모
여행업	정확한 서비스 제공과 여행 일정 실시, 문제해결 능력	팸플릿 등 효과적인 정보 제공, 고객 요구에 대한 적절한 대응	관광지에 대한 정보 및 여행 제공, 관광객 간의 자유로운 의견교환이나 친근감 증진, 종사원의 유능함과 전문성	고객의 특별한 요구에 대한 이해, 결점 없는 서비스 유지, 관광객에 대한 개인적 관심	서비스 제공을 위한 시설, 설비, 종사원의 용모
병원	예약의 이행, 정확한 진찰과 치료	대기시간, 환자의 질문에 대한 응대	의료 기술, 평판, 지식	환자에 대한 이해	검사실, 첨단의료장비, 병원 청결
은행	정확한 출납거래	신속한 업무 처리, 질문에 대한 응대 및 상담	안전한 거래의 보장장치 및 신용도	고객의 특별한 요구에 대한 이해	창구, 실내 및 대기공간의 편의성
백화점	상품의 품질	신속, 정확한 판매	교환, 환불	고객의 특별한 요구에 대한 이해	실내외 인테리어, 상품의 진열, 종사원의 용모
자동차 정비	정비고장에 대한 정확한 진단	질문에 대한 응대	지식 및 기술 보유	고장 부분 이외에 다른 부분도 무상으로 점검해 주는 태도	수리시설 및 장비, 정리, 정돈, 유니폼, 용모

(2) SERVPERF

Cronin과 Taylor(1992)는 서비스 품질의 측정에서 성과만이 중요하다는 SERVPERF를 개발하였다. 즉, 고객들의 기대와 성과를 비교하여 서비스 품질의 측정을 산술적으로 계산은 가능하나 측정이 어렵고, 관련된 성과 차원을 계량화시키기가 어려워 SERVQUAL 식의 개념적 정의는 고객만족 차원에서 만족/불만족 패러다임의 범위를 벗어나지 못한다고 지적하였다.

고객이 서비스에 대해 기대하는 것 자체가 이전의 경험을 토대로 기대를 가지기 때문에, 서비스에 대한 인지된 성과는 서비스 제공자가 제공하는 서비스 품질에 대해

표6-8 SERVQUAL과 SERVPERF 비교

구분	SERVQUAL	SERVPERF
주요 연구자	Parasuraman, Zeithaml과 Berry(1985)	Cronin과 Taylor(1992)
개념	서비스에 대한 인지된 성과 평가와 이전에 갖고 있던 기대와의 차이로 서비스 품질 측정	서비스 성과만을 측정
측정방법	22개 항목을 기대 서비스와 인지된 서비스로 측정(총 44항목 측정)	22개 항목을 서비스 성과로 측정 (총 22항목 측정)
특성	• 서비스 질의 진단과 진단한 결과에서 서비스 질이 낮은 차원을 개선하기 위한 도구로 효과적임 • 기대 수준과 인지 수준을 동시에 측정할 때 설문문항이 많아 응답자의 어려움 발생 • 기대와 인지 간의 차이를 이용한 서비스 질 측정 자체가 낮은 신뢰성과 타당성을 나타냄	• SERVQUAL에 비해 설문조사 항목이 간단함 • 측정하기 어려운 기대의 측정 없이 서비스 질 평가

고객의 인지를 가장 잘 반영하는 것이라는 주장이다. 따라서 성과에 대한 인지만을 측정함으로써 서비스 품질을 평가하는 것이 더 타당하다는 결론을 내렸다.

일반적으로 서비스 품질은 고객에게 가장 큰 만족을 줄 수 있는 상품, 특정 서비스의 우수성에 관한 개인의 전반적 판단 혹은 태도라고 할 수 있다.

(3) DINESERV와 LODGSERV

Stevens 등(1995)은 레스토랑의 품질에 대한 고객의 인지를 측정하고자 DINESERV라는 측정 척도를 개발하였다. DINESERV는 SERVQUAL과 마찬가지로 그 차원을 5가지로 정하고 확인적 요인 분석을 통해 29개 항목으로 구성되었다. 고급 레스토랑에서부터 캐주얼 레스토랑, 퀵서비스 레스토랑 등 다양한 콘셉트의 레스토랑 고객 598명을 대상으로 레스토랑 서비스 품질을 측정한 결과 DINESERV는 레스토랑 서비스 품질 측정뿐만 아니라 주기적인 조사를 통해 서비스 품질 차원의 변화 추이 및 점포 간 서비스 품질 비교 및 관리를 하는데 유용한 도구임을 밝혀냈다.

한편 Knutson 등(1991)은 SERVQUAL을 응용하여 호텔의 서비스 질에 대한 고객의 기대를 측정하기 위하여 26개 항목으로 구성된 LODGSERV를 개발하였다.

표6-9 DINESERV의 다섯 차원에 따른 구성변수

유형성	• 현대적 외관 및 시설 • 단정한 직원 • 쉬운 메뉴 • 이동하기 편리하고 안락한 내부공간 • 깨끗한 내부공간	• 매력적인 내부 공간 • 이미지와 가격의 조화 • 이미지를 반영한 차림 • 깨끗한 화장실 • 편리한 의자
신뢰성	• 약속한 시간 내에 음식 및 필요한 서비스 제공 • 잘못된 것을 신속하게 수정 • 신뢰할 수 있고 일관적인 음식 및 서비스 • 정확한 계산서 • 정확한 주문음식 제공	
반응성	• 바쁜 시간 동안에 직원의 질 높은 서비스 제공 • 신속한 서비스 • 특별한 요구를 위한 헌신적으로 노력	
확신성	• 고객의 모든 질문에 명확하게 대답할 수 있는 직원 • 고객을 편안하게 하고 확신을 주는 직원 • 메뉴 아이템, 재료, 준비 방법에 대해 정보를 알려줄 수 있는 직원 • 개인적으로 편안하게 해 주는 직원 • 잘 훈련되고, 경험이 많은 직원 • 직원들의 직무를 잘 수행할 수 있도록 지원	
공감성	• 고객의 욕구와 필요에 민감한 직원 • 개인적인 욕구와 필요를 미리 예측 • 고객의 최우선 관심사	• 당신을 특별하게 느끼도록 함 • 잘못되었다면 동정하고 확인하려는 직원

자료 : Parasuraman et al.(1988), Knuston et al.(1991)

표6-10 DINESERV 및 LODGSERV 5차원 순위의 요약

연구자	차원별 순서	적용분야	측정척도
Stevens, Knutson and Patton(1995)	① 신뢰성 ② 유형성 ③ 확신성 ④ 반응성 ⑤ 공감성	외식 • Fine-Dining • Casual/Theme • Quick-Service Restaurant	DINESERV
이미옥, 조윤식(2003)	① 신뢰성 ② 유형성 ③ 반응성 ④ 확신성 ⑤ 공감성	패스트푸드 • 맥도날드 • 롯데리아	DINESERV
조윤식(2003)	① 신뢰성 ② 반응성 ③ 확신성 ④ 유형성 ⑤ 공감성	패밀리레스토랑	DINESERV
Knutson, Stevens Wullaert, Patton and Yokoyoma(1991)	① 신뢰성 ② 확신성 ③ 반응성 ④ 유형성 ⑤ 공감성	숙박업	LODGSERV
Knutson, Stevens and Patton and Thompson(1992)	① 신뢰성 ② 확신성 ③ 반응성 ④ 유형성 ⑤ 공감성	호텔 • 저가(economy) • 중가(mid-price) • 고급(luxury)	LODGSERV

자료 : 조윤식(2004). LODGSERV 5차원의 순위구조에 관한 탐색적 연구. 관광경영학연구, 8(3), 335-352.

(4) QFD

품질기능전개(QFD : Quality Function Deployment)는 1966년 일본의 아카오 요지(Akao Yoji)에 의해 주장된 이론으로, 계량화가 어려운 고객의 주관적 요구를 구체적인 설계목표로 전환하기 위한 기법이다. 1972년 미쓰비시중공업에서 원양어선 제작을 위해 정부의 엄격한 규제 조항과 고객의 요구사항을 설계과정에서 동시에 고려하기 위한 수단으로 기술자들이 사용했던 행렬 형태의 도표가 시작이었다.

QFD는 주로 제조업계에서 수행되었으나 고객의 욕구가 다양해지고 빠르게 변화함은 물론 고객이 요구하는 품질 특성이 주관적이고 정성적인 언어로 표현되기 때문에 이를 반영하기 어렵다. 따라서 이러한 고객의 일차적인 요구를 설계에 반영할 수 있는 정량적인 특성으로 전환하여 고객의 만족도를 극대화하고자 1980년대 후반부터 행정 분야뿐만 아니라 서비스업 분야까지 응용범위를 확대하여 적용되고 있다.

고객의 의견을 듣고, 고객이 요구하는 것(what)과 고객의 요구를 충족시키기 위해 제품이나 서비스를 어떻게(how)할 것인가를 설계하여 생산과 서로 관련지어 나타내는 메트릭스를 이용하는 것이 QFD의 핵심이다.

QFD의 장점은 첫째, 고객의 요구를 정확하게 파악하는 것이다. 둘째는 고객의 요구를 제품이나 서비스에 효과적으로 반영할 수 있는 것이다.

QFD의 대표적인 도구인 품질집(HOQ : House of Quality)은 고객의 요구사항을 나타내는 고객 특성과 서비스 혹은 제품의 설계 요구사항을 나타내는 기술적 특성, 설계상의 목표, 제품과 서비스의 경쟁력 평가 등 내용이 포함되어 있는 시각적 도표이다.

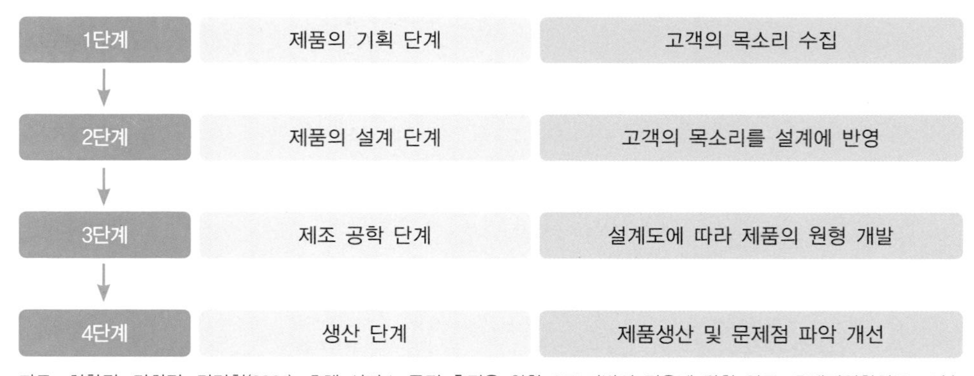

그림6-4
QFD기법의 4단계

자료: 허향진, 김희철, 김민철(2001). 호텔 서비스 품질 측정을 위한 QFD기법의 적용에 관한 연구. 호텔경영학연구, 10(1), 316. 일부수정

HOQ를 구성하는 요소들은 순서대로 필요한 정보를 입력해야 하는데 가장 중요한 사항은 고객의 소리(VOC : Voice of Customer)로 시장조사, 설문조사, 고객불만, 인터뷰 등을 통해 얻은 정보가 얼마나 자세하고 다양하며 사실적인가에 따라 품질집의 내실성이 결정된다고 할 수 있다. HOQ의 작성 순서는 다음과 같다.

① 1단계 : 고객의 요구사항

고객의 요구사항(Customer Attributes)은 고객 불만, 의견 등 고객의 소리를 유형별로 묶어 정리하고 구체적으로 기술한다. 설문조사, 개별면담, 전시회 참가, 계획된 실험 등을 통하여 얻을 수 있다.

② 2단계 : 기술적 대용특성

기술적 대용특성(Engineering Characteristics)은 고객의 요구사항에 직접적인 영향을 미치는 제품 또는 서비스의 설계와 운영에 필요한 기술적 특성으로 QFD에서는 대용특성이라고 한다. "WHAT's에 대한 HOW's"의 역할로 해당 제품이나 서비스를 만들어 내기 위해 필요한 모든 기술적인 요구사항을 파악하여 제시한다. 제품이 완성된 후 정량적으로 측정될 수 있어야 하며 제품에 대한 고객의 인식에 직접적인 영향을 줄 수 있는 것이어야 한다.

③ 3단계 : 연관성 평가

고객의 요구사항과 기술적 대용 특성과의 상관성 정도를 기호나 숫자를 이용하여 표시한다. 이 부분을 CRM(Central Relationship Matrix)이라고 부르며 품질집의 핵심이 된다. 이 단계는 고객의 요구사항과 기술 특성의 설정이 적절한가를 점검하는 기회를 제공한다.

④ 4단계 : 대고객 경쟁력 우선순위

고객의 요구사항들에 대한 중요도에 따라 우선순위를 정하고 경쟁관계에 있는 대상과 항목별로 비교하여 경쟁력을 평가한다. 고객의 평가로 이루어져야 하므로 설문이나 개별면담, 벤치마킹 등을 통해 사실적이고 근거 있는 평가를 실시하여야 한다. 이

것은 제품의 포지션을 파악하기 위해 활용되며 제품의 품질을 기업의 전략과 연결할 수 있는 척도로도 활용될 수 있다.

⑤ 5단계: 기술특성 우선순위

기술적 요구사항과 고객의 요구사항 간의 연관성 여부를 조사하여 그 결과에 대한 우선 순위를 결정한다. 이것은 고객요구사항을 충족시키기 위해 어떤 기술적 요구사항이 우선적으로 중요한가를 나타내는 것으로 획기적인 품질향상에 기여하기 위한 잠재적인 연구개발의 기회가 될 수 있다.

⑥ 6단계: 기술특성 상관성 평가

기술적 요구사항들 간의 연관성을 분석하는 단계로 해당 서비스 혹은 제품의 설계와 개발 과정에서 관련된 기술적 요구사항들을 어떻게 연결시킬 것인가에 대한 아이디어를 제공해 줄 수 있다.

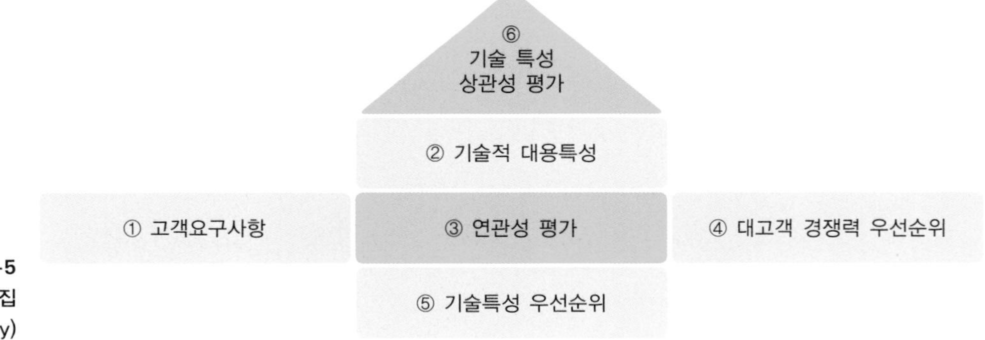

그림6-5
품질집
(House of Quality)

자료: Costa, A. I. A., Dekker, M., & Jongen, W. M. F. (2000). Quality function deployment in the food industry: a review. Trends in Food Science & Technology, 11, 306.

3) 서비스품질 인증제

서비스품질의 수준은 고객이 서비스에 대한 만족 정도를 평가함에 따라 결정된다. 많은 국가들은 급속한 서비스 경제화에 따라 다양한 고객의 요구에 부응할 수 있는 품질을 향상하고자 우수한 품질의 서비스를 객관적으로 평가하여 이를 인증함으로써 서비스 산업의 경쟁력 제고와 국가의 경쟁력 향상을 도모하고자 하고 있다.

(1) 국내의 고객만족도 관련 평가모델

우리나라는 제조업, 서비스업 및 공공부문에서 서비스품질지수(Korea Standard Service Quality Index: KS-SQI), 한국 산업의 고객만족지수(Korea Customer Satisfaction Index: KCSI), 국가고객만족도(National Customer Satisfaction Index: NCSI) 등 평가모델에 의해 매년 전 산업에 걸쳐 서비스품질과 기업성과 또는 고객만족과 기업성과 평가를 통하여 기업의 서비스 경쟁력 향상뿐만 아니라 국가 경제발전과 삶의 질 향상 및 궁극적으로 국민행복을 추구하는 데 기여한다는 취지로 지수를 발표하고 있다.

① 한국서비스품질지수(Korean Standard Service Quality Index: KS-SQI)

2000년 한국표준협회와 서울대 경영연구소가 공동개발한 것으로 해당 기업의 제품 및 서비스를 구매하여 이용해 본 고객을 대상으로 서비스에 대한 만족도 정도를 조사 발표하는 서비스 산업 전반의 품질 수준을 나타내는 종합지표이다.

글로벌 경쟁 환경 하에서 급격한 변화에 대응하여 기업의 경쟁력 향상을 통한 국가 경쟁력 제고를 추구하고, 서비스를 이용하는 국민 및 고객에게는 고품질 서비스 제공으로 고객의 삶의 질 향상을 통한 국민 행복을 추구하는데 목적을 두고 개발되었다.

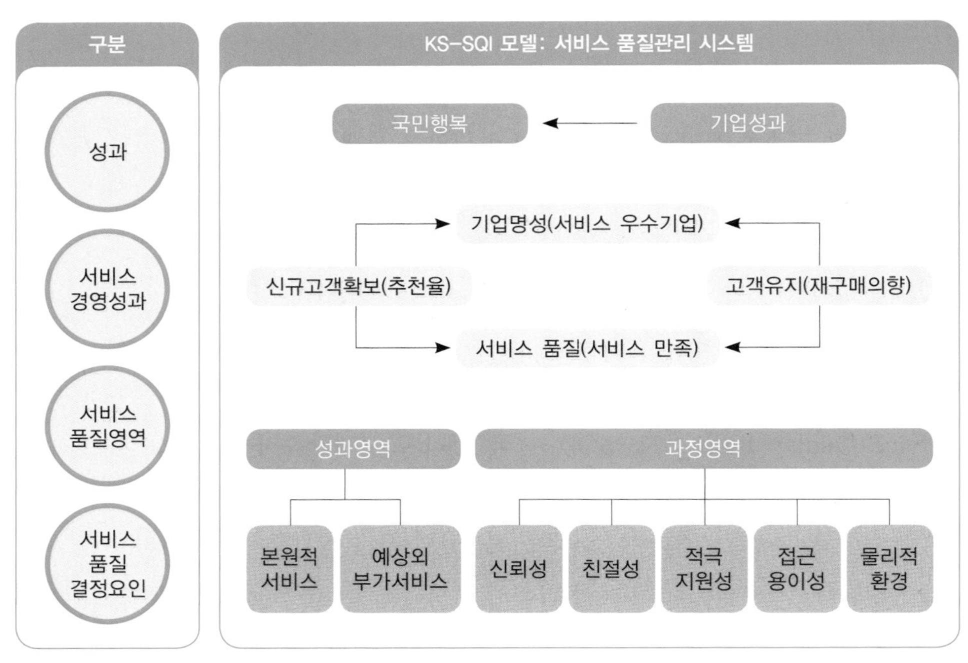

그림6-6
한국서비스품질지수
(KS-SQI) 모델

자료 : http://ks-sqi.ksa.or.kr/ks-sqi/3363/subview.do

표6-11 2017년 국내 서비스 산업 KS-SQI 업종별 1위 기업

업종별	1위 기업	업종별	1위 기업
호텔	롯데호텔	**테마파크**	에버랜드
종합병원	서울성모병원	**제과점**	파리바게뜨
비즈니스호텔	롯데시티호텔	**신용카드**	삼성카드
항공사	아시아나항공	**대형할인점**	홈플러스
고속버스	금호고속	**프리미엄아울렛**	롯데프리미엄아울렛
리조트(제주)	해비치리조트	**편의점**	GS25
백화점	롯데백화점	**저비용항공사**	에어부산, 이스타항공
커피전문점	스타벅스	**씨푸드레스토랑**	드마리스
TV홈쇼핑	GS SHOP	**패스트푸드**	버거킹
여행사	레드캡투어	**대형슈퍼마켓**	GS수퍼마켓
리조트	금호리조트	**공연장**	LG아트센터
영화관	롯데시네마	**워터파크**	캐리비안베이
패밀리레스토랑	빕스		

② 한국산업의 고객만족도(Korean Customer Satisfaction Index: KCSI)

1992년 한국산업의 특성을 감안하여 한국능률협회컨설팅이 우리나라 산업의 질적 성장을 유도하고 각 산업 또는 기업들이 경쟁력을 확보할 수 있도록 개발하였다.

한국산업의 고객만족도(KCSI)는 각 산업별 상품, 서비스에 대한 고객의 만족 정도를 나타내는 지수로서 미래의 질적인 성장을 보여주는 지표이다. 시장에서의 자사 경쟁력 파악은 물론 고객의 불만을 야기하는 상품이나 서비스의 문제점들을 개선함으로써 고객지향적인 경영활동의 전개와 자사의 성장 가능성을 예측하고 이를 통해 미래에 대한 대비를 할 수 있게 한다.

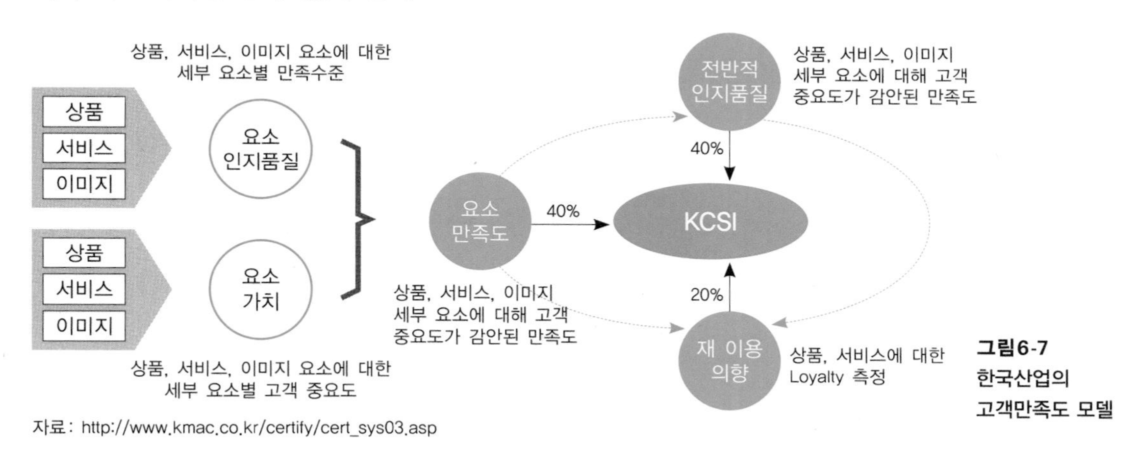

그림6-7 한국산업의 고객만족도 모델

표6-12 2017 KCSI 일반 서비스업 부문 1위 기업

산업	1위 기업	산업	1위 기업
대형마트	롯데마트	**프리미엄아웃렛**	롯데프리미엄아울렛
대형슈퍼마켓	GS수퍼마켓, 롯데슈퍼	**피자전문점**	도미노피자
면세점	신라면세점	**고속버스**	금호고속
백화점	롯데백화점	**스키장**	휘닉스평창
영화관	롯데시네마	**여행사(해외여행)**	하나투어
제과/제빵점	파리크라상(파리바게뜨)	**워터파크**	캐리비안베이
치킨프랜차이즈	비에이치씨(BHC치킨)	**저비용항공**	에어부산
커피전문점	엔제리너스	**종합레저시설**	에버랜드
패밀리레스토랑	빕스(VIPS)	**콘도미니엄**	한화리조트
패스트푸드점	롯데리아	**항공**	아시아나항공

③ 한국산업의 서비스품질지수(KSQI)-고객접점 부문

한국능률협회컨설팅에서 2004년부터 비대면 채널인 '콜센터 부문'의 서비스 품질을 평가하여 매년 조사 결과를 발표해오다가 2010년부터 고객센터, 지점, 매장 등 고객과 직접 대면하며 서비스가 전달되는 '고객접점 부문'으로 조사영역을 확대하였다.

기존 고객만족도 조사가 상품, 이미지, 서비스 등 종합적으로 반영한 평가인 반면 KSQI는 기업이 제공하고자 하는 가치가 고객 접점에서 잘 전달되고 있는지를 측정한 지수로 서비스 이행과정에서 고객들이 체감하는 서비스의 현 수준을 객관적으로 파악할 수 있으며 서비스 경쟁력 강화를 위한 방향을 모색할 수 있다.

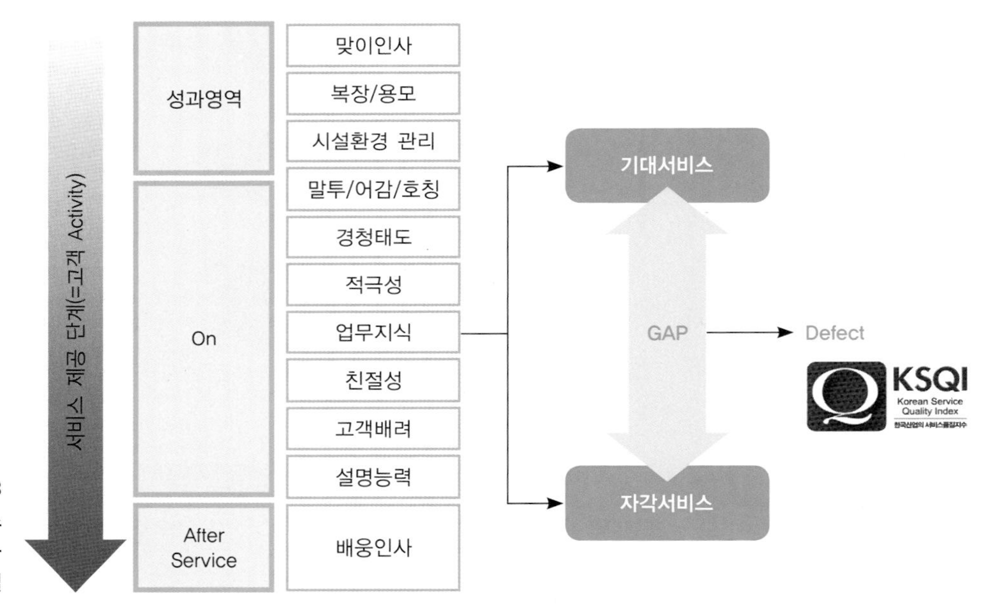

그림 6-8 한국산업의 서비스 품질지수(KSQI)-고객접점 부문 모델

자료: http://www.kmac.co.kr/certify/cert_sys02_2.asp

표6-13 2017년 KSQI 고객접점 부문 1위 기업

산업	1위 기업	조사기업
대형마트	롯데마트, 홈플러스	롯데마트(91), 홈플러스(91), 이마트(90)
대형슈퍼마켓	롯데슈퍼,GS리테일(GS수퍼마켓)	롯데슈퍼(83), GS리테일(GS수퍼마켓)(83), 이마트 에브리데이(82), 홈플러스(홈플러스 익스프레스)(81)
백화점	롯데백화점,신세계(신세계백화점)	롯데백화점(92), 신세계(신세계백화점)(92), 현대백화점(91), 애경(AK플라자)(90), 한화갤러리아(갤러리아백화점)(90)
제과제빵점	파리크라상(파리바게뜨)	파리크라상(파리바게뜨)(89), CJ푸드빌(뚜레쥬르)(88)
커피전문점	커피빈코리아	커피빈코리아(93), 스타벅스커피코리아(92), 롯데리아(엔제리너스커피)(92), 카페베네(89)
패스트푸드점	BKR(버거킹)	BKR(버거킹)(90), 한국맥도날드(89), SRS코리아(KFC)(89), 롯데리아(88)
편의점	BGF리테일(CU)	BGF리테일(CU)(84), GS리테일(GS25)(83),코리아세븐(세븐일레븐)(82), 한국미니스톱(81)

④ 국가고객만족지수(National Customer Satisfaction Index: NCSI)

1998년 한국생산성본부가 미국고객만족지수(ACSI)를 개발한 미시간대학교와 공동으로 개발하여 품질에 관한 기업, 산업, 경제부문, 국가단위의 유용한 정보를 제공할 목적으로 첫 도입한 새로운 개념의 고객만족지수이다.

국가고객만족지수(NCSI)는 국내외에서 생산, 국내 최종소비자에게 판매되고 있는 제품 및 서비스에 대해 해당제품을 직접 사용한 경험이 있는 고객이 직접 평가한 만족 수준의 정도를 측정, 계량화한 지표이다.

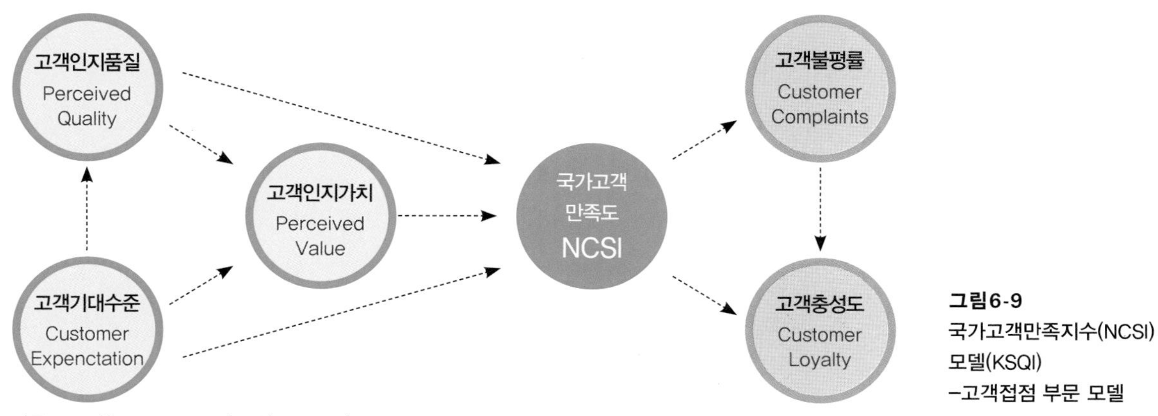

자료 : http://www.ncsi.or.kr/ncsi/ncsi_new/ncsi_intro.asp

그림6-9 국가고객만족지수(NCSI) 모델(KSQI) –고객접점 부문 모델

(2) 국제서비스품질인증

고객에게 품질에 대한 가시적 평가기준으로 공인된 품질평가기관으로부터 인증을 받거나 상을 받는 것은 서비스의 무형성 때문에 필요하다.

① ISO 국제품질표준

ISO는 국제표준화기구(International Organization for Standardization)의 약어로서 재화 및 서비스와 관련된 제반설비와 활동의 표준화를 통하여 국제교역을 촉진하고 지적, 학문적, 기술적, 경제적 활동 분야에서의 협력증진을 하기 위한 목적으로 1947년에 창설된 국제기구이다.

ISO 9000은 품질관리와 주된 관련이 있는 품질경영시스템에 대한 국제규격이다. 고객만족을 증가시켜 계속적인 성과개선을 달성하고자 할 때 조직으로 하여금 품질경영시스템 요구사항을 표준화하여 국제적인 통상의 편리함을 도모하자는 데 목적이 있다. 제조, 건설, 서비스뿐만 아니라, 학교 및 지방자치 단체와 같은 공공서비스 분야 등 모든 산업 분야에 걸쳐 모든 규모의 조직에 적용될 수 있다.

ISO 14000은 환경관리와 주된 관련이 있는 환경경영시스템에 대한 국제규격으로 ISO 9000과 함께 조직의 경영시스템 인증 분야의 대표적인 규격 중의 하나이다.

ISO 22000은 안전한 식품을 지속적으로 제공하기 위하여 식품안전 방침을 수립하고 식품안전위해요소를 체계적으로 관리하고 식품안전경영을 실현하는데 적합하도록 구축된 식품안전경영시스템이다.

② 말콤 볼드리지 품질대상

미국에서 유명한 상 중 하나인 말콤 볼드리지 품질대상(Malcolm Baldridge National Quality Award)은 말콤 볼드리지가 제안하여 기업의 '품질중시 경영'을 자극할 목적으로 1987년 8월 제정되었다. 이 상은 어떤 특정한 상품이나 서비스가 아니라 미국의 대통령이 일곱 가지 범주, 즉 리더십, 전략 기획, 고객 중시 및 시장, 측정, 분석 및 지식경영, 인적자원, 프로세스, 경영성과에서 뛰어나다고 판단된 생산과 서비스, 중소기업 및 대기업들과 교육과 의료 조직들에게 수여된다. 초기에는 모토롤라, 제록스, IBM

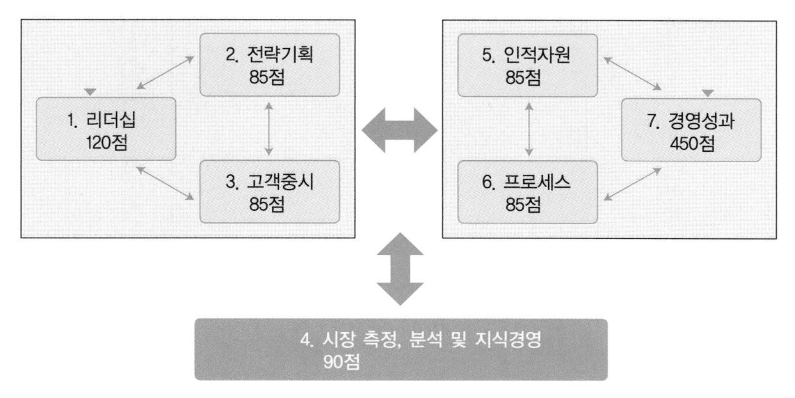

자료: 신완선 외 (2009). 말콤 볼드리지 MB모델 워크북(p.14). 고즈윈.

그림 6-10 말콤 볼드리지 모형의 구조

등 우량제조업체가 수상하였으며, 그 후 서비스업이 추가되어 현재는 제조업, 서비스업 그리고 중소기업 부문으로 나누어 시상하고 있다.

③ 데밍상

데밍(William Edwards Deming)은 일본에 품질관리 방법을 통계학적 방법으로 전수하였는데 이를 기리기 위해 데밍상(Deming Prize)을 제정하였다. 데밍상은 1950년 일본에서 가장 권위 있는 상으로 인정되고 있으며, 일본과학자들과 엔지니어들의 연합인 일본과학기술자연합(JUSE)이 운영하고 있다. 제2차 세계대전 이후 1950년대까지 'Made in Japan'이란 표시는 싸고 품질이 나쁜 제품이라는 이미지를 갖고 있었는데 일본의 기업가들이 데밍의 조언을 따른 후 5년도 채 되기 전에 'Made in Japan'은 '고품질'을 연상시키는 말이 되었다.

오늘날 데밍상은 미국의 말콤 볼드리지상과 ISO 9000 시리즈와 함께 'TQM Tricology'로 경영에 새로운 지표로 중요한 역할을 하고 있다.

CHAPTER 7

서비스 마케팅

서비스 산업의 확대와 서비스 산업이 경제에서 차지하는 비중의 증가에 따라 서비스 마케팅 연구의 필요성이 증가하고 있다. 이에 더하여 제품을 중심으로 연구되어 온 기존의 마케팅 이론이 서비스 부문에 그대로 적용될 수 없다는 점에서 서비스 산업을 위한 새로운 마케팅 접근법이 필요하다.

1. 서비스 마케팅의 개요

서비스 마케팅 연구의 중요성이 더욱 커지는 가운데 서비스 마케팅 환경은 변화하고 있다.

첫째, 국내 경제 및 세계 경제에서 차지하고 있는 서비스 산업의 성장과 경제적 공헌이 커지는 데 비례하여 서비스 부문이 안고 있는 문제 또한 커지고 있다. 이러한 문제의 해결방안으로 제품을 중심으로 개발된 기존의 마케팅 이론이나 전략을 서비스 산업에 그대로 적용하는 것은 서비스의 본질적 특성인 무형성, 비분리성, 이질성, 소멸성 등으로 인해 한계가 있다.

둘째, 서비스 산업 발전 초기에는 여행, 의료와 같이 산업 자체가 서비스인 서비스 산업이 연구의 초점이 된 반면 오늘날에는 자동차, 컴퓨터와 같은 제품도 경쟁 우위를 위해 고객에게 서비스를 제공할 필요가 있게 됨에 따라 서비스 마케팅은 이제 모든 기업의 과제가 되고 있다.

셋째, 우리나라는 물론 선진국에서 최근 20년간 주요 서비스 산업인 금융, 통신, 전력, 항공 부문에서 민간 기업의 참여는 더욱 활발해졌다. 즉, 정부에 의해 규제되고 통제되던 마케팅 의사결정이 민간 기업에 의해 이루어지게 된 것이다. 따라서 서비스 마케팅의 중요성은 이러한 주요 서비스 산업을 운영하고 있는 민간 기업에게는 더욱 중요해졌다.

넷째, 서비스 기업의 양적 증가와 서비스업의 다양화는 결국 경쟁의 심화로 귀착된다. 또한 정보기술의 발달은 신개념의 서비스가 지속적으로 출현하는 결과를 가져왔다. 따라서 서비스 마케팅에 있어서 새로운 개념과 접근법이 필요하게 되었다.

다섯째, 현대사회는 역사적으로 가장 풍요롭고 부유한 시대이며 사람들은 더 많은 자유시간을 갖고 있는데도 서비스가 악화되는 현상을 '서비스 패러독스'라고 하는데, 이에 대한 원인과 탈피방안을 모색하기 위한 연구가 필요하게 되었다.

1980년대 이전의 서비스 마케팅 연구는 주로 서비스의 무형성, 비분리성, 이질성, 소멸성 등 서비스의 특징에 대한 연구로 이를 통하여 기존 제품 마케팅과는 다른 접근 방법이 서비스 마케팅에 필요함을 밝히는 연구가 이루어졌다. 1980년대 이후에는 제품과 서비스 간의 비교보다는 '서비스 분류체계', '서비스 접점과 고객만족에 대한 연구', '관계 마케팅', '내부 마케팅' 등의 문제들이 다루어졌다. 예로, Lovelock(1983)은 서비스 분류체계를 제시하였고, Parasuraman 등(1985)은 'GAP' 모델을 개발했다. 또한 제품, 가격, 촉진, 유통이라는 4P의 서비스 마케팅 믹스와 서비스의 특성을 고려한 확장된 마케팅 믹스도 개발되었다. 1986년 이후에는 보다 구체적인 마케팅 문제, 즉 서비스의 특성에 따른 서비스 문제에 초점을 둔 연구가 활발하게 진행되었는데, 예를 들면 서비스의 이질성과 관련된 서비스 품질관리, 무형성과 관련된 설계와 통제 문제, 수요공급관리, 내부 마케팅 콘셉트와 관련된 조직관리 등이다.

서비스 패러독스(service paradox)

개념　현대사회는 과거에 비해 풍요롭고 경제적인 부를 누리며 사람들은 더 많은 자유시간을 갖고 있는데도 서비스가 악화되는 현상

원인　서비스 공업화의 한계

서비스 공업화는 패스트푸드의 프랜차이즈체인, 슈퍼마켓, 자동판매기 등과 같이 효율성 제고 및 비용 절감을 위해서 서비스 활동의 노동집약적 부분을 기계로 대체하고 자동차 생산 공장에서와 같이 계획화, 조직, 훈련, 통제 및 관리를 서비스 활동의 전개에도 적용한다는 것을 의미한다. 서비스 공업화는 인간이 아니라 장치나 시스템이 매개가 된다는 특징을 갖는다. 서비스 공업화에는 효율성뿐만 아니라 한계점도 있다.

한계

- **서비스의 표준화**: 서비스를 제공하는 사람의 자유재량이나 인간적 서비스가 결여된다.
- **서비스의 동질화**: 획일적 서비스 제공으로 생산성 증대나 품질의 일관성에는 기여하나, 상황에 따른 유연성이 떨어지고 경직적이 되는 위험을 지니게 된다.
- **서비스의 인간성 상실**: 인건비 상승 등으로 인해 제한된 종사원 수와 폭등하는 서비스 수요에 의해 종사원들은 육체적 정신적으로 피곤해지며 무수히 많은 고객을 상대하다 보면 기계적으로 되는 것이 불가피해진다. 종사원의 사기 저하나 정신적 피로는 즉각적으로 서비스 품질에 반영된다.
- **기술의 복잡화**: 제품이 너무나 복잡해져서 소비자나 종사원이 기술의 진보를 따라가지 못함으로 인해 서비스 품질이 떨어지게 된다.
- **일선 종사원 확보의 악순환**: 기업에서 점차 인력 확보가 힘들어짐에 따라 고객과 접하는 최일선 종사원에 대해 단순 업무로 설계하고 이직한 경우에도 최소의 교육훈련 프로그램으로 손쉽게 채용하려고 한다. 결국 종사원의 실수는 줄일 수 있겠지만, 종사원 사기가 저하되고, 문제 대처 능력이 떨어지게 되며 이에 따라 서비스 품질이 저하되고 만다. 게다가 일을 잘해 승진하게 되면 고객과 직접 대하지 않는 후방부서로 옮겨 가게 되기 때문에 고객 접점에는 들어온 지 얼마 안 되어 미숙하거나 경험은 있으나 능력이 없어 승진하지 못한 사람만 남게 되어 서비스 품질은 저하된다.

탈피 방안

서비스 패러독스(paradox)를 탈피하고 높은 수준의 서비스를 제공하기 위해서는 서비스 공업화, 기계화와 아울러 다음과 같은 포인트에 초점을 두어야 한다.

- S(sincerity, speed & smile): 이는 오랫동안 판매의 3S' 로 중시되어 온 것으로, 서비스는 성의있고 신속하게 제공되는 것이 중요할 뿐만 아니라 상냥한 미소가 좋은 서비스를 결정하게 된다.
- E(energy): 서비스에는 활기찬 힘이 느껴져야 한다. 종사원의 걸음걸이나 밝은 표정, 고객과의 활기찬 대화나 접촉 등이 고객의 인상에 큰 영향을 미친다.
- R(revolutionary): 서비스는 신선하고 혁신적이어야 한다. 획일적인 서비스라 할지라도 언제나 조금씩이라도 신선하고 혁신적인 요소가 부가되는 것이 중요하다.
- V(valuable): 서비스는 가치 있는 것이어야 한다. 한쪽에는 가치 있고 다른 쪽에는 일방적 희생을 강요하는 것이 아니라 서로에게 이익이 되고 가치 있는 것이 되어야 한다.
- I(impressive): 서비스는 감명 깊은 것이어야 한다. 기쁨과 감동을 주는 서비스여야 한다.
- C(communication): 서비스의 경우 일방적으로 하는 것은 허용되지 않고 상호 커뮤니케이션이 필요하다.
- E(entertainment): 서비스는 고객을 환대하는 것이어야 한다. 이는 겉으로만 번지르한 인사치레나 예절 수준이 아니라 진심으로 언제나 고객을 맞이하는 것이어야 한다.

2. 서비스 마케팅 전략

생산과 소비의 분리를 전제하고 있는 전통적 마케팅에서는 마케팅이 생산과 소비를 이어주는 역할을 한다. 즉, 소비 측면에서는 마케팅 조사에 기초한 수요분석 및 구매 행동 분석 등을 통해 생산에 반영하고, 생산 측면으로는 마케팅 믹스 활동의 계획 및 실행을 통해 소비가 이루어지도록 한다. 서비스 마케팅에서는 생산과 소비가 동시에 이루어지고, 그 과정에서 기업과 소비자 간의 상호작용이 발생하므로 이러한 전통적 마케팅 이론이 직접 적용되기 힘들다. 전통적 마케팅이 기업과 소비자 사이의 거래를 형성시키는 것에 중점을 둔 거래 마케팅(transaction marketing) 중심이었다면 서비스 마케팅에서는 기업과 소비자 간의 상호작용 및 접점을 관리하는 것이 중요하며 이는 고객과의 지속적인 거래를 중요시하는 관계 마케팅(relationship marketing)이 중심이 된다. 관계 마케팅에서는 전통적 마케팅 믹스 활동도 수행되지만 상대적으로 상호작용적 마케팅 기능, 즉 기업의 고객 지향적 사고, 참여자로서 소비자의 역할, 마케팅 접점의 물리적 환경 등이 중요한 요소가 된다.

서비스 마케팅 전략은 기업-고객-종사원이라는 세 꼭지점을 갖는 삼각형으로 나타낼 수 있다. 기업-고객 측면은 외부 마케팅 전략으로 기업이 고객에게 고객이 원하는 서비스를 제공하기를 약속하는 것이다.

고객-종사원 측면의 마케팅 전략은 상호작용 마케팅으로, 서비스 기업의 종사원들이 직접적으로 고객들과 접촉하는 시점에 이루어지므로 고객접점 마케팅 또는 실시간 마케팅이라고도 한다.

기업-종사원 측면의 마케팅 전략은 내부 마케팅 전략으로 종업원들이 대 고객 약속을 지킬 수 있도록 하는 종업원들의 교육, 동기부여, 보상 등에 관한 마케팅 전략이다. 이러한 내부 마케팅 전략의 기본적 전제는 종업원 만족과 고객 만족이 밀접하게 연결되어 있다는 것이다.

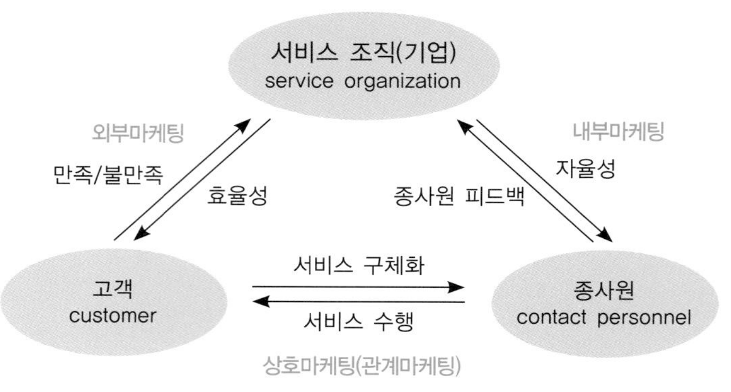

그림7-1
접점서비스 삼각형

자료: Wasner, D. J., Bruner, I. I., & Gordon, C.(1991). Using Organizational Culture to Design Internal Marketing Strategies. Journal of Service Marketing, 5(1), 35–46.

1) 서비스 STP 전략

서비스 STP 전략이란 시장 세분화(S), 목표시장 선정(T), 포지셔닝(P)을 의미한다.

(1) 시장 세분화

시장은 많은 형태의 고객과 제품 및 욕구로 이루어져 있으므로 마케터들은 어떠한 세분 시장이 최상의 기회를 제공할지 판단해야 한다. 시장 세분화(market segmentation)란 고객의 욕구, 특성, 행동에 따라 유사한 동질적 집단으로 구분하여 이들에게 맞는 제품을 공급하고자 하는 것이다. 즉, 큰 규모의 이질적 시장을 작은 규모의 동질적 시장으로 나누는 것을 말한다.

(2) 목표시장 선정

목표시장(target market) 선정이란 시장 세분화로 얻어진 정보를 토대로 세분 시장별로 사업성을 검토하여 진입할 세분시장을 선정하는 것이다. 세분시장을 표적화하여 그 안에서 이익을 줄 수 있는 최대 고객 가치를 창출하고 지속적으로 유지해야 한다. 일반적으로 하나의 세분시장을 통하여 새로운 시장에 진입하고 이것이 성공하면 새로운 세분시장을 목표시장에 추가한다.

표7-1 STP 3단계 전략과 단계별 주요활동

STP 전략	단계별 주요활동
1단계 시장 세분화	• 소비시장의 세분화 • 시장의 구조분석 • 필요 시 새로운 세분시장 개발 등 시장보완 전략 수립
2단계 목표시장 선정	• 세분 시장별 사업성 검토 • 목표시장 선정
3단계 포지셔닝	• 포지셔닝 목표 수립 • 포지셔닝을 통한 마케팅 전략 수립 • 마케팅 차별화 전략 수행 및 목표 달성

(3) 포지셔닝

포지셔닝(positioning)이란 시장 내 고객들의 마음에 위치 잡기라는 의미를 갖는다. 포지셔닝 전략은 시장 세분화를 기초로 정해진 표적시장 내에서 시장분석, 고객분석, 경쟁분석 등 마케팅 조사를 통해 고객들의 마음에 전략적 위치를 계획한다는 의미를 갖는다. 즉, 포지셔닝이란 시장에 대한 기업의 의사결정을 종합적으로 반영한다. 기업의 고객은 누구이며(표적 시장), 그들에게 어떤 이미지를(서비스 콘셉트), 어떤 방법으로(마케팅 믹스 전략) 인식시키려고 노력하는가를 포지셔닝 전략으로 나타낼 수 있다.

2) 서비스 경쟁 전략

Shostack에 의하면 서비스는 프로세스로 규정되며 이는 프로세스의 복잡성과 다양성으로 정의될 수 있다고 한다. 복잡성이란 서비스를 수행하는 데 필요한 단계들의 수 또는 프로세스를 구성하는 단계와 절차가 얼마나 많고 까다로운지를 의미하며, 다양성이란 서비스 프로세스 각 단계에서 허용되는 자유도 또는 프로세스상 각 단계의 절차의 범위 및 가변성이 얼마나 넓고 자유로운지를 의미한다. 서비스 프로세스를 설명하는 복잡성과 다양성은 서비스 경쟁전략을 선택하는 기준이 될 수 있다.

서비스 기업들이 택할 수 있는 경쟁 전략의 기본 유형은 원가 효율성(cost efficiency) 전략, 개별화(customization) 전략, 서비스 품질(service quality) 전략의 세 가지이며 기업이 지속적으로 경쟁우위를 점하기 위한 경쟁우위 전략과 시장방어 전략은 서비스 경쟁 전략의 시장 적용 모형으로 볼 수 있다.

표7-2 서비스 경쟁 전략

복잡성/다양성에 따른 경쟁전략		복잡성	
		높음	낮음
다양성	높음	개별화 전략	기능적 서비스 품질 전략
	낮음	기술적 서비스 품질 전략	원가 효율성 전략

자료 : 이유재(2013). 서비스마케팅(p.420). 학현사.

(1) 원가효율성 전략

기업들은 비용을 줄이고 능률적인 운영을 통하여 경쟁업체보다 더 낮은 가격으로 서비스를 제공하는 목표를 달성하고자 한다. 수익은 규모의 경제로 획득되며, 이것의 좋은 예로 패스트푸드 업계를 들 수 있다.

(2) 개별화 전략

컨설팅 서비스와 같이 각각의 컨설팅 프로젝트는 고객의 특정 니즈를 충족시켜야 하며, 고급 의료 서비스의 경우에도 환자들의 상황에 따른 진료, 처방이 필요하다.

(3) 서비스 품질 전략

경쟁기업보다 높은 품질의 서비스를 제공하는 전략으로, 우수한 품질은 기능적 품질(functional quality)이나 기술적 품질(technical quality)에 의해 나타낼 수 있다. 기능적 품질은 호텔이나 의료기관에서처럼 서비스의 반응성, 확신성, 공감성의 관점에서 고객을 만족시키는 프로세스를 강조하며, 기술적 품질은 서비스의 결과, 유형성, 신뢰성과 같은 서비스 품질을 강조한다.

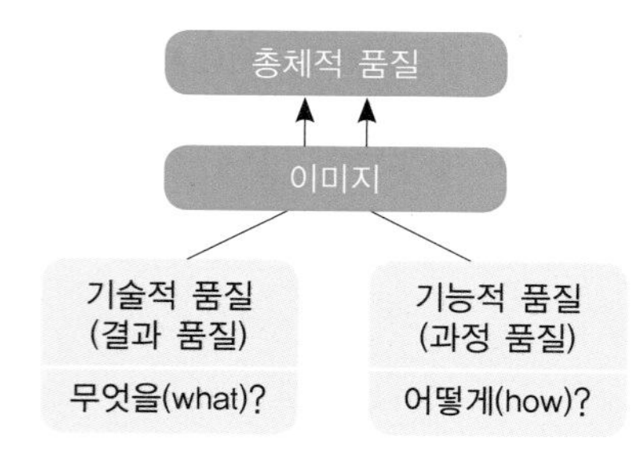

그림7-2
기술적 품질과 기능적 품질

(4) 경쟁우위 전략

서비스 기업의 지속적 경쟁우위(sustainable competitive advantage)는 경쟁기업과는 다른 독특하고 우수한 서비스를 말하는데, 이런 지속적인 경쟁우위를 가질 때 시장 점유율을 유지하거나 확장할 수 있다. 경쟁우위가 있으려면 고객에 의해서 서비스 가치에 대한 평가가 있어야 하고, 서비스 기업의 자원과 능력이 뒷받침되어야 하며, 경쟁 기업이 쉽게 모방할 수 없는 시간·비용·규모 등의 장벽이 존재해야 한다.

이러한 지속적 경쟁우위는 장기간 형성된 브랜드 자산이나 기업 자산, 대 고객관계, 규모의 경제효과, 공간선점, 정보기술 등 우수한 자원이나 독특한 기술을 가진 기업에 의해 구축되며 기업의 장기적인 성공을 가능하게 한다.

(5) 시장방어 전략

기존 경쟁자나 신규 진입자로부터 현재 시장 점유율을 방어하는 전략으로 신규 진입을 막는 것은 수익 확보를 위해 중요하다.

표7-3 시장방어 전략

전략 유형	내용	방법
저지 전략 (blocking strategy)	새로운 진입자의 시장진출을 막는 전략으로, 진입 비용을 증가시키거나 예상 수익을 감소시킴	서비스 보증, 집중적 광고, 입지나 유통 통제, 높은 전환비용, 고객 만족
보복 전략 (retaliation strategy)	새로운 진입자의 예상 수익 확보 기회를 막는 전략	고객과의 장기간 공식적 계약 체결, 공격적 보복 전략
적응 전략 (adaptaion strategy)	새로운 진입자가 시장에 있다는 사실을 인정한 상태의 전략	새로운 진입자의 서비스를 능가하도록 새로운 서비스 추가 또는 현재 서비스 수정, 서비스 패키지 확장 또는 틈새시장 공략, 지속가능 경쟁 우위 개발

3. 서비스 마케팅 믹스

회사의 전반적인 마케팅 전략이 결정되면 전략적 마케팅을 수행하기 위한 마케팅 믹스의 세부적인 계획을 결정해야 한다. 마케팅 믹스는 전략적 마케팅 과정인 시장 조사, 시장 세분화 및 표적 시장 선정, 포지셔닝을 지원하기 위한 구체적인 실행 수단이다.

1) 기본적 마케팅 믹스

기본적 마케팅 믹스는 고객과 의사소통을 하거나 고객을 만족시키기 위해 기업이 관리하는 주요 요소로 제품(product), 가격(price), 유통(place), 촉진(promotion) 등 4P로 구성되어 있다. 기본적 마케팅 믹스는 마케팅 계획에 있어 핵심적 변수이며, 요소들 간 상호의존성이 매우 높다. 최적화된 4P전략은 성공적인 서비스 마케팅에 필수적이라고 할 수 있다. 시장의 판매자 관점의 4P는 구매자의 관점에서 보면 4C로 설명할 수 있다.

마케터들은 제품을 판매한다고 보는 반면, 고객들은 스스로의 가치 또는 문제의 해결을 구매한다고 생각한다. 또한 고객들은 가격 이상의 것, 즉 제품을 획득하고 이용하고 폐기하는 총체적인 비용에 관심이 있으며, 제품과 서비스를 가능한 한 편리하게 이용할 수 있길 원한다. 마지막으로 고객들은 양방향 의사소통을 원한다. 마케터들은 4C의 토대 위에 4P를 구축해야 한다.

표7-4 판매자 관점과 구매자 관점

4P	4C
제품(product)	고객 문제 해결(customer solution)
가격(price)	고객 비용(customer cost)
유통(place)	편의성(convenience)
촉진(promotion)	의사소통(communication)

(1) 서비스 제품(product)

제품이란 '관심, 획득, 사용 또는 소비의 목적으로 하나의 욕구나 욕망을 충족시키기 위하여 시장에 제공될 수 있는 모든 것' 또는 '사람들이 교환해서 얻게 되는 호의적, 비호의적인 모든 것을 포함하며 기능적, 사회적, 심리적 효용이나 이익 등을 포함한 유형, 무형의 속성들이 복합되어 있는 것'으로 정의된다. 서비스 제품은 핵심 서비스와 다양한 보조 서비스로 나눌 수 있다.

표7-5 서비스 제품의 구성

서비스 제품	정의	예
핵심 서비스	고객의 본질적 욕구를 충족시키는 서비스	핸드폰으로 통화를 하는 것
보조 서비스	핵심 서비스의 이용을 편하게 하거나 그 내용을 확장시킨 것	문자메시지, 음성사서함, 무선인터넷 등

① 서비스 제품의 분류

서비스 제품은 고객의 만족이나 품질 평가가 중요하므로 서비스를 소비하는 주체인 고객 관점에서 분류해 보면 다음과 같다.

표7-6 서비스 제품의 분류

구분	인식된 위험의 정도	구매 노력의 정도	고객의 관여 정도	대표적인 예
편의 서비스	낮음	낮음	매우 낮음	우편 서비스, 필름 현상소
선매 서비스	높음	중간	높음	미용실, 치과
전문 서비스	높음	높음	매우 높음	변호사의 법률 상담, 좋아하는 가수의 콘서트

자료: 이유재(2013). 서비스마케팅(p.90). 학현사.

② 서비스 제품의 수명주기

제품 수명주기(product life cycle)란 시간에 따른 매출을 기준으로 제품 개발단계, 도입기, 성장기, 성숙기, 쇠퇴기로 파악하여 각 단계에 따른 특성과 전략을 구상하는 것이다.

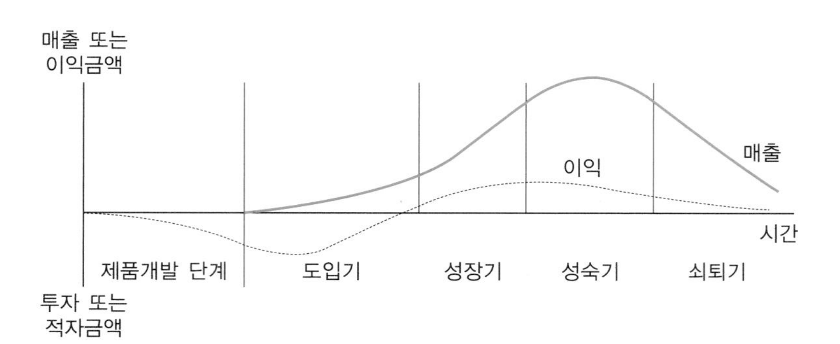

그림7-3
제품 수명주기에 따른 매출과 이익

표7-7 서비스 수명주기별 특성과 전략

구분	도입기	성장기	성숙기	쇠퇴기
특성	• 경쟁 – 적거나 없음 • 마진 – 낮음 • 현금흐름 – 적자 • 세분시장 – 미구분	• 경쟁 – 급격한 증가 • 마진 – 높음 • 현금흐름 – 흑자 • 세분시장 – 명확한 구분 • 시장 성장속도 – 빠름 • 신규기업 – 진입쇄도	• 경쟁 – 극심해짐 • 세분시장 – 명확한 구분 • 시장 성장속도 – 둔화 • 부실기업 – 퇴출 • 브랜드 – 평준화	• 경쟁 – 감소 • 현금흐름 – 적용 • 이윤 – 감소 • 시장 성장속도 – 감소
전략	• 서비스 설계 시 고객 참여 유도 • 초기수용자 확인 • 초기수용자의 반응 확인 • 산업 전체의 수요 형성 • 촉진 유인물 제공 • 긍정적 구전의 자극	• 경쟁우위 전략 개발 • 브랜드 선호 유도 • 서비스 충성 제고 • 반복 구매 유도	• 경쟁우위 전략 개발 • 영업비용 감소 • 특정 세분시장에 집중 • 보조서비스의 추가 • 설득형 광고의 사용	• 철수 • 수확 • 제거 • 비용 절감 • 재활성화

자료 : 이유재(2013). 서비스마케팅(p.92). 학현사.

③ 서비스 브랜드

서비스 브랜드의 본질적인 목적은 기업의 서비스를 다른 기업의 것과 구별하기 위한 것으로, 브랜드는 상품명, 슬로건, 심벌 등의 요소로 구성된다. 서비스는 개별 제품처럼 외형적 실체를 가지고 있지 않으므로 제품 브랜드(product brand)보다는 기업 브랜드(company brand)가 중요하며, 소비자들의 브랜드 전환에 있어서도 제품보다 서비스의 전환비용이 커지므로 높은 수준의 서비스 브랜드 충성도(brand loyalty)를 보이는 경향이 있다.

자료 : http://www.ivips.co.kr

그림7-4
외식 브랜드의 예 : 빕스

(2) 서비스 가격(price)

소비자는 자신의 필요와 욕구 충족을 위해 제품을 구매하려 할 때 그에 상응하는 대가를 지불하게 되는데, 이러한 금전적 대가가 가격이라고 할 수 있다. 가격은 시장에서 제품의 교환가치라기보다 구체적으로는 구매자들이 특정 제품을 구매함으로써 얻게 되는 효용에 부여된 가치라고 할 수 있다.

① 서비스 가격의 특성

불명확 준거 가격	준거 가격(reference price)이란 소비자가 제품의 실제 가격을 평가하기 위하여 그 기준으로 삼는 가격을 통칭하는 것으로 공정 가격(fair and just price), 빈번 지불 가격(price frequently charged), 최근 지불 가격(last price paid) 등이 사용된다. 제품의 준거 가격은 명확하지만 서비스의 준거 가격은 상황에 따라 다르기 때문에 소비자들은 서비스에 대한 준거 가격을 부정확하게 알고 있거나 제한적 정보만을 가지고 있다.
품질의 지표가 되는 가격	서비스 구매자들은 브랜드 명성이나 광고 등을 통해 서비스 품질을 평가하지만, 품질을 명확히 인식하기 어렵거나 상황에 따라 가격이나 품질이 심하게 변하는 경우, 구매와 관련된 위험이 큰 경우 등에는 가격이 품질의 지표가 되기도 한다.
금전적 가격 외에 포함되는 원가 항목	서비스에는 금전적 가격뿐만 아니라 시간, 물리적 노력, 감각적 원가, 심리적 원가 등도 구매에 중요한 역할을 한다. 따라서 서비스 기업은 이를 고려하여 가격 결정 전략을 세워야 한다.

② 가격 결정 요소

서비스 가격은 기업이 추구하는 목표, 서비스 상품의 원가, 서비스에 부여하는 고객의 가치, 경쟁사의 가격에 의해 결정된다. 기업이 추구하는 목표에는 기업 생존, 이익 극대화, 시장 점유율 극대화, 품질 선도 등이 있으며 기업이 처한 상황에 따라 달라질 수 있다. 이에 따라 가격 결정도 영향을 받게 되므로 일률적으로 규정할 수 없다. 따라서 일반적인 가격 결정 요소는 다음 3가지로 정리할 수 있다.

가격 결정 요소	가격 결정	가격 결정 방법
원가(cost)	가격 하한	원가 가산 가격 결정법, 목표 수익률 가격 결정법
고객(customer)	가격 상한	고객지각 가치 가격 결정법, 수요조정 가격 결정법
경쟁사(competitor)	상한과 하한 범위 중에서 가격 결정	상대적 고가격 전략, 대등가격 전략, 상대적 저가격 전략

- 원가: 원가는 고정원가와 변동원가로 나눌 수 있다.

구분		내용
고정원가		서비스를 제공하지 않더라도 단기에 일정하게 발생
변동원가	준 변동원가	일정하게 발생하는 고정원가와 서비스 양의 변화에 따라 발생하는 변동원가 두 부분으로 나눌 수 있으며, 계단식으로 발생하는 원가를 예로 들 수 있음
	변동원가	제공하는 서비스 양과 비례하여 증감

서비스 결정에 필요한 원가를 추정하는 것은 일반 제품과 달리 매우 어려운 문제이다. 왜냐하면 서비스는 최종 생산물을 기준하는 것이 아니라 그것을 얻기 위해 투입되는 것을 기준으로 하며, 서비스 제공에 기여하는 것은 비교적 명확한 제품 재료가 아니라 종업원의 시간이므로 종업원의 숙련도에 따라 서비스 품질이 달라질 수 있기 때문이다.

- 고객: 고객이 금전적 대가를 지불하고 서비스를 구매하는 경우, 고객 입장에서 부여하는 서비스의 가치는 고객의 가치 판단에 따라 달라지게 된다. 즉, 고객은 지불한 금전적 가격만을 서비스의 가치로 부여할 수도 있고 비금전적 요소까지도 고려하여 가치를 판단하기도 하며, 고객이 지불한 가격에 대해 얻은 품질로 서비스 가치를 판단할 수도 있다. 따라서 가치는 고객이 서비스를 통해 얻는 것과 그것을 위해 희생하는 것과의 관계로 파악된다.
- 경쟁사: 서비스 분야는 시장 경쟁이 치열하므로 경쟁 기업들의 가격이 서비스 가격 결정요소가 된다. 이러한 경쟁 중심의 가격 결정 방법은 다음과 같다.

가격 결정 방법	내용
상대적 고가격 전략	상품의 품질 수준이 비슷하나 자사 상품의 명성, 상표인지도가 높은 경우 채택할 수 있다.
대등 가격 전략	경쟁 기업과 비슷한 수준으로 가격을 결정하는 전략으로, 선도 가격에 추종하는 전략이다.
상대적 저가격 전략	경쟁기업보다 상품가격을 저렴하게 경쟁하는 전략으로, 원가구조상 우위에 있거나 시장 점유율을 극대화하기 위한 전략이다.

- 가격 차별화 전략: 서비스 가격 차별화 전략은 동일한 상품에 대하여 세분시장마다 다른 가격을 설정하는 전략이다. 서비스 가격 차별화 전략을 실행하기 위해서는 세분시장이 분리 가능하고, 세분시장 고객들이 차별화된 가격에 다른 반응을 보여야 하고, 전매나 재판매와 같은 재정거래에 따른 이익이 없어야 하며, 가격 차별에 대한 소비자 혼란이 없어야 하며, 법적인 하자가 없어야 한다.

이러한 가격 차별화 전략에는 시간에 따른 차별화, 구매자의 소득수준이나 나이 등에 따른 차별화, 구매방법에 따른 차별화 전략 등이 있다.

차별화 전략	내용
시간에 따른 가격 차별화	• 이용시간에 따른 가격 차별화: 성수기와 비수기의 호텔 객실요금, 주·야간 놀이공원 요금 • 구매시간에 따른 가격 차별화: 사전 예약 할인, 잔여 항공권 탑승 직전 할인
구매자에 따른 가격 차별화	• 단체 고객 특별 할인 • 단골 고객 특별 할인
구매방법에 따른 가격 차별화	• 유통업체를 통한 예약 할인 • 인터넷 예약 할인

(3) 서비스 촉진(promotion)

촉진은 고객들에게 기업의 상품을 알리고 상품을 선택하게 하는 마케팅 커뮤니케이션이라 할 수 있다. 촉진의 목적은 정보 제공(inform), 호의적 태도를 가지도록 설득(persuade), 최종적으로 소비자 행동에 영향(influence)을 주어 구매하도록 하는 것 등이다. 일반적인 광고매체, 판촉, 홍보, 인적 판매 등과 같은 마케팅 수단 외에 서비스가 수행되는 장소인 호텔, 병원, 은행 등과 같은 건물의 디자인, 분위기 등 물리적 환경도 마케팅 수단이 된다.

일반적인 서비스 촉진 마케팅을 대별하면 광고, 판매촉진, 인적판매, 홍보 및 스폰서십으로 나눌 수 있다. 각 촉진 수단들은 상이한 효과를 가지고 있으므로 제한된 촉진 예산으로 가장 효과적인 영향을 나타낼 수 있도록 각 수단을 결합하는 것이 촉진 믹스 관리의 주된 목표이다.

표7-8 촉진 수단의 비교

구분	도달 범위	비용	장점	단점
광고	광범위	보통	신속, 메시지 통제 가능	효과 측정 어려움, 정보의 양 제한
판매촉진	광범위	고비용	인지도 향상, 빠른 효과	경쟁사 모방 용이
인적판매	개별고객	고비용	정보의 양과 질이 탁월, 즉각적 피드백 효과	고비용, 저속도
홍보 및 스폰서십	광범위	무료/유료	높은 신뢰성	통제 어려움, 간접 효과/고비용

① 광고

광고는 고객에게 서비스에 관한 정보 제공, 고객 설득, 상품 회상, 구매 행동 유도 등의 역할을 하며 부가적으로 구매 위험 감소, 서비스 포지셔닝 확립, 브랜드 로열티 증가, 재구매 행동 유도 등의 역할도 한다. 이러한 광고의 역할은 서비스 기업에 있어서 서비스 상품의 특성 측면에서 중요한 역할을 한다.

표7-9 서비스 특성별 광고의 역할

서비스 특성	광고의 역할
무형성	고객들은 구매에 위험을 느낀다. 광고에서 구체적이며 유형적 단서를 제공함으로써 이러한 구매 위험을 감소시킬 수 있다.
소멸성	고객에게 성수기와 비수기에 대한 정보 제공으로 소멸성을 줄일 수 있다.
비분리성	서비스의 비분리성으로 서비스 접점이 중요하다. 즉, 고객은 기업과 접하는 첫인상으로 서비스의 질과 만족을 평가하기도 한다. 광고는 고객의 첫인상을 형성하는 데 중요한 역할을 한다.
이질성	표준화를 필요로 하는 서비스에서 광고는 고객들이 기대할 수 있는 것이 무엇인지 알게 하며, 종사원에게는 고객에게 제공해야 하는 것이 어떤 것인지 알게 하여 이질성을 줄일 수 있다.

② 판촉

판촉은 단기적인 촉진으로 즉각적인 고객 반응을 자극하는 것으로 보통 가격할인 형태로 고객을 유인한다. 최근 기업들은 브랜드 간 차이 감소와 판촉에 민감한 소비자의 증가로 인해, 단기적 매출 증대 효과가 커지고 광고 역할이 감소하면서, 광고일변도에서 벗어나 판촉을 병행하고 있다.

표7-10 판촉의 유형

가격 지향		비가격 지향	
• 가격 할인	• 환불/상환	• 샘플 • 프리미엄 • 단골고객 프로그램	• 쿠폰 • 경연대회/경품

그림7-5
판촉 : CGV 영화 쿠폰 이벤트
자료 : www.cgv.co.kr

③ 인적 판매

인적 판매는 판매원이 목표 고객과 직접 대면하여 서비스를 구매하도록 설득하는 촉진 수단이다. 인적 판매는 촉진의 속도가 느리고 고객 1인당 비용이 높기 때문에 일반 대중을 대상으로 하는 서비스 상품에는 적합하지 않지만, 우리나라의 경우 인간관계를 통해 구매 성공률을 높이고 비교적 비용이 절감되는 효과를 가지고 있어서 촉진 수단으로 많이 이용되고 있다.

④ 홍보 및 스폰서십

홍보는 대가를 지불하지 않고 TV, 라디오, 신문, 잡지 등 비인적 매체를 이용하여 서비스에 관한 소식을 고객에게 제공하는 커뮤니케이션 활동이며, 스폰서십은 기업이 스포츠, 문화, 사회, 환경 분야 등에 관련 있는 사람, 단체, 행사 등을 현금, 물품, 서비스 등으로 지원하여 마케팅 커뮤니케이션의 여러 목표를 달성하는 행동으로 정의할 수 있다. 스폰서십은 문화, 예술, 사회 분야에 대한 대가 없는 지원 또는 후원과는 달리 마케팅 커뮤니케이션을 주요 목적으로 한다는 점이 특징이다. 이러한 홍보 및 스폰서십은 소비자들에게 신뢰를 형성하고 기업의 긍정적 이미지를 구축하기 위한 마케팅 커뮤니케이션 방법이다.

(4) 서비스 유통(place)

생산과 소비가 동시에 일어나는 서비스의 성격 때문에 서비스의 유통 경로에는 중간상이 존재하지 않는 경우가 많다. 중간상이 존재하는 경우에도 순수한 의미의 중간상이 아니라 생산자 대신 서비스를 생산하여 제공하는 프랜차이즈 형태이거나 전자유통 경로, 에이전트나 브로커와 같이 단순히 서비스를 전달하는 매체로 역할을 하는 경우가 많다.

① 프랜차이징

프랜차이징이란 상품 판매와 서비스에 대한 권한을 가지고 있는 프랜차이즈 본부에서 시장 확대를 위해 체인을 구성하고 여기에 가입하는 프랜차이즈 가맹점들과 일정한 계약을 맺고 특정 지역에서 판매를 독점할 수 있는 권한을 주어 브랜드, 표준화된 상품 및 서비스, 판매 기술, 마케팅 노하우 등을 제공하고 그 대가로 일정한 로열티, 보증금, 가맹비 등을 받는 마케팅 시스템을 말한다.

그림7-6
Gold Coast의 맥도날드

표7-11 프랜차이징의 장단점

구분	고객	본부	가맹점
장점	• 장소 제약 없는 표준화되고 일관된 서비스 이용 가능 • 낮은 가격으로 높은 수준의 서비스 이용	• 사업확장 용이성 • 재무 위험 공유와 안정된 수익 보장 • 일관적인 이미지 유지 • 지역시장에서 밀착경영 가능 • 유연한 유통망 확보	• 소자본 창업 가능 • 표준화된 사업 형태 취득 • 본부의 경영 지원 • 인지도 있는 브랜드 취득
단점	• 본부의 횡포로 인한 불합리한 가격과 서비스 • 본부와 가맹점 사이의 책임 소재 불분명	• 유통경로 통제력 낮음(가맹점과의 갈등) • 투자수익률 저하 • 가맹점의 일관성 없는 서비스로 인한 명성 훼손 • 가맹점을 통해 고객 접촉	• 본부의 지나친 통제와 엄격한 관리(본부와의 갈등) • 시장 잠식과 포화 • 높은 보증금과 가입금

자료: 이유재(2013). 서비스마케팅(pp.382-383). 학현사.

② 전자유통경로

전자유통경로란 미리 설계된 정보, 교육, 엔터테인먼트 등 기업이 제공하는 서비스가 전자 매체를 통해 전달되는 것이다.

표7-12 전자유통경로의 장 · 단점

장점	단점
• 저비용, 광범위한 유통 • 고객의 선택 폭 증대	• 전자 환경에 대한 통제력 부족 • 고객화 불가능 • 보안 문제

③ 에이전트와 브로커

에이전트와 브로커는 거래의 대상이 되는 서비스에 대해 소유권을 갖지 않고 단지 거래를 촉진시키는 역할을 수행하는 중간상이다. 에이전트는 서비스 제공자나 고객 중 어느 한쪽을 대표하여 거래를 수행하며 이들과 지속적 관계를 갖는 중간상이며, 브로커는 에이전트와 달리 1회의 거래로 끝나는 단기적 관계이며 거래에 대한 위험 부담은 지지 않고 거래가 성립하면 일정액의 수수료를 받는 중간상이다.

2) 확장된 마케팅 믹스

서비스는 생산과 소비가 동시에 발생하며, 고객이 서비스 생산과정에 종사원 및 다른 고객과 함께 참여하게 되고, 고객들이 서비스를 경험하기 전에 무형적인 서비스를 유형화하는 것이 중요해진다. 따라서 고객과 의사소통하고 고객을 만족시키기 위해 기본적 마케팅 믹스에 프로세스(process), 물리적 증거(physical evidence), 사람(people = employee & customer)의 추가적 변수를 포함시켜 확장된 마케팅 믹스인 7P를 활용하고 있다.

표7-13 확장된 서비스 마케팅 믹스

제품	프로세스	물리적 증거	사람	가격	촉진	유통
• 물리적 특성 • 품질 • 보조서비스 • 상품계열 • 브랜드	• 서비스 활동의 흐름 (표준화/개별화) • 서비스 제공 단계 (단순/복잡) • 고객의 참여수준	• 시설 • 장비/설비 • 건물 • 직원 복장 • 명함 • 팸플릿 • 계산서 등	• 직원의 선발, 교육, 동기부여 • 고객 관계 관리	• 유연성 • 가격 수준 • 거래조건 • 차별화 • 할인	• 인적판매 • 광고 • 판촉 • 홍보 • DM	• 채널 유형 • 중간상 • 매장 위치 • 채널 관리

자료: 이유재(2013). 서비스마케팅(p.54). 학현사.

(1) 서비스 프로세스(process)

서비스 프로세스란 서비스가 전달되는 과정이나 메커니즘 또는 서비스 제공 활동들의 흐름을 말하는데, 서비스는 동시성과 비분리성이라는 고유의 특성으로 인해 고객은 서비스 프로세스 안에서 일정한 역할을 수행하게 된다. 따라서 서비스 생산의 흐름과 과정에 고객이 필수적으로 참여하게 되며, 서비스 프로세스가 고객에게 가시적으로 보이게 된다. 따라서 서비스 프로세스는 고객이 서비스 품질을 평가하는 데 중요한 역할을 하게 되며, 구매 후 고객 만족과 재구매 의사에 결정적 영향을 미칠 수 있다.

(2) 서비스 물리적 증거(physical evidence)

물리적 증거란 서비스가 전달되고 서비스 기업과 고객이 상호작용하는 환경을 구성하는 것을 말한다.

표7-14 서비스 물리적 증거의 예

물리적 환경	• 외부 환경 : 시설의 외형, 간판, 안내 표지판, 주차장, 주변 환경 등 • 내부 환경 : 내부 장식, 표지판, 벽의 색상, 가구, 시설물, 공기의 질과 온도 등
기타 유형적 요소	• 종사원 유니폼, 광고 팸플릿, 메모지, 입장 티켓, 영수증 등

그림7-7
서비스 물리적 증거: 메뉴 소개판 안내판

물리적 증거는 서비스 품질에 대한 단서로서 고객의 구매 의사 결정에 영향을 미칠 뿐만 아니라 서비스 종업원의 태도와 생산성에 영향을 주는 환경으로 작용한다.

(3) 사람(people)

서비스 기업은 두 종류의 고객을 갖고 있다. 하나는 통상적 의미에서의 고객으로 외부 고객이며, 다른 하나는 기업의 종사원인 내부고객이다. 서비스 기업은 외부고객에게는 서비스 상품을 제공하고, 내부 고객에게는 업무를 판매한다. 서비스 기업이 성공적으로 운영되려면 고객에 대한 외부 마케팅과 종사원을 대상으로 하는 내부 마케팅 모두를 잘 관리해야 한다. 내부 마케팅은 종사원을 최초 고객으로 보고 그들에게 서비스 마인드나 고객지향적 사고를 심어 주며 더 좋은 성과를 낼 수 있도록 동기부여 하는 활동을 말한다.

표7-15 서비스 마케팅 믹스 전략개념

서비스의 마케팅 믹스		전략 개념
전통적 믹스(4P)	신개념 믹스(4C)	
제품 (product)	고객가치 (custom value)	• 핵심 서비스 및 부가 서비스 개발 • 패키지 개발 • 브랜드 관리 • 서비스 품질관리
가격 (price)	고객비용 (cost to customer)	• 가격 대비 가치 부여 • 가격차별화
촉진 (promotion)	의사소통 (communication)	• 통합적 커뮤니케이션 구축 • 광고, 인적판매, 판매촉진, 홍보전략
유통 (place)	편의성 (convenience)	• 위치선정과 주차시설 및 부대시설 • 유통경로 설계 • 예약 및 홈페이지의 편리성
프로세스 (process)		• 원활한 서비스 흐름의 관리 • 대기시간 관리 • 표준화 및 고객화 프로세스의 전략적 선택
물리적 환경 및 증거 (Physical environment & evicence)		• 서비스의 무형성을 유형화 • 건물, 인테리어, 가구, 비품, 인쇄물, 간판, 조명, 음악. 음악 등의 관리
서비스 인력 (people)		• 인적 서비스 품질관리 • 내부 마케팅의 전개(동기 부여 및 교육 등)

4. 서비스 마케팅의 최근 동향

1) 관계 마케팅

관계 마케팅(relationship marketing)은 기존 고객과의 유대관계를 강화하여 고객과의 거래가 장기적으로 지속되도록 관리하는 마케팅이다. 기존의 마케팅이 신규 고객 창출에 초점이 있었다면 관계 마케팅은 기존 고객 유지와 향상에 중점을 두는 것이 다른 점이다.

관계 마케팅의 성공을 위해서는 고객과 관계 구축을 위한 상호 커뮤니케이션이 필요하고, 맞춤 서비스가 전제되어야 한다.

관계 마케팅의 중요성은 한국 경제가 저성장기로 접어들고 생산 과정이 지능화 및 고도화되면서 더욱 높아지고 있다. 브랜드의 부가가치를 높이는 것은 결국 사람과 사람이 만나는 대면서비스이기 때문이다.

2) 데이터베이스 마케팅

데이터베이스 마케팅(database marketing)은 개별 마케팅을 위해 데이터베이스를 이용하여 마케팅에 활용하는 방법이다. 고객 개인의 구매이력, 라이프 스타일, 취향 등을 자료화하여 맞춤식으로 서비스를 제공하는 것이다. 방대한 자료의 축적을 통해 시장 세분화와 포지셔닝의 기초자료로 활용한다. 다국적 체인형 호텔 리츠칼튼 호텔이 실시하는 'Guest preference' 프로그램의 경우 고객 데이터베이스를 공유하여 특정 고객에 대한 맞춤 서비스를 제공하고 있다.

3) 인터넷 마케팅

인터넷 마케팅(internet marketing)은 세계적인 추세로 광고에서 전달하기 힘든 정보를 관심 있는 사람들에게 상세하게 전달할 수 있다. 또한 고객의 의견이나 불만사항 접수, 상품판매 신청 등 양방향 통신이 가능하다. 인터넷은 시공간의 제약 없이 활용 가능한 마케팅 수단이며 유통비용이 발생되지 않으므로 온라인 상담과 접수 등이 활발하게 이루어지고 있다.

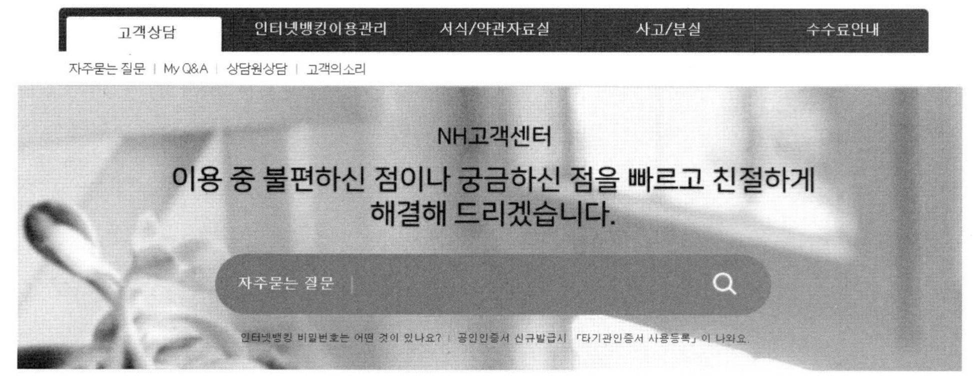

그림7-8
인터넷 마케팅 : 농협은행 홈페이지의 고객센터

자료 : https://banking.nonghyup.com/servlet/content/ip/ec/IPEC0001M.thtml

4) 체험 마케팅

체험 마케팅(experiential marketing)은 고객이 제품을 직접 체험하게 하는 서비스를 통해 긍정적 이미지를 주어 고객을 유치하는 마케팅이다. 체험은 상품의 단순한 기능을 넘어 기업과 브랜드를 고객의 라이프스타일과 연결시키므로 인상적인 체험을 하면 고객은 구매 행동에 영향을 받는다. 항공사, 호텔, 쇼핑몰, 식당 등에서 체험 마케팅이 이용되고 있으며, 극적인 효과가 있는 체험이 이루어질 때 고객 만족을 이루게 된다.

자료: www.istarbucks.co.kr

그림7-9
체험 마케팅: 스타벅스 커피(시청점)

자료: http://m.newsway.co.kr/news/view?tp=1&ud=2016042117504846603&adtbrdg=e#_adtReady

그림7-10
체험 마케팅: 제주항공 VR체험관

체험 마케팅은 감각, 감성, 인지, 행동, 관계라는 다섯 가지 유형으로 구분할 수 있다. 이에 따르면 관계 마케팅과 감성 마케팅도 모두 체험 마케팅에 포함되는 것으로 볼 수 있다.

체험마케팅의 대표적인 성공 사례로 스타벅스가 있다. 스타벅스는 단순히 커피만 팔지 않고 커피와 함께 이국적 분위기, 친절한 서비스, 재즈음악을 제공하여 독특한 체험을 제공하고 있다.

최근에는 과학기술의 발전에 힘입어 VR체험을 활용한 마케팅도 활발하게 나타나고 있다. 특히 여행업계 및 항공사에서 적극 활용하고 있다(김난도 외, 2016). 제주항공은 백화점에 VR 체험관을 설치하여 항공노선을 체험할 수 있도록 하기도 하였다.

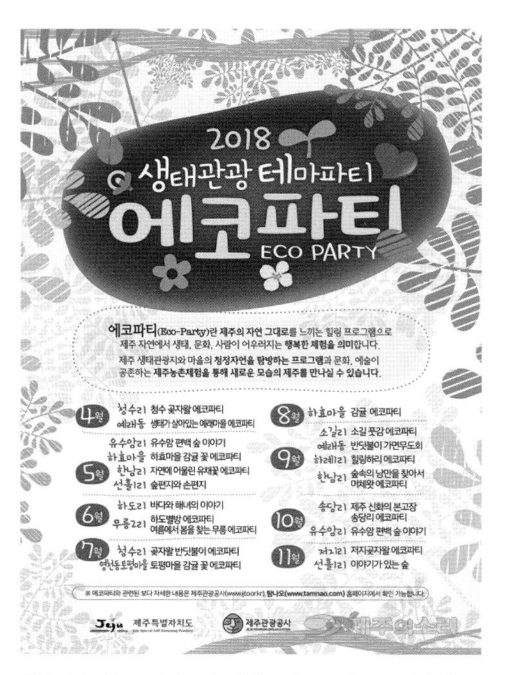

그림7-11
그린 마케팅 : 제주 관광상품 '에코파티'

자료 : http://www.jejusori.net/?mod=news&act=articleView&idxno=202423

5) 그린 마케팅

관광과 환경은 개발과 보존이라는 갈등 관계에 있다고 볼 수 있지만 관광이 환경지향적이어야 양자가 공존할 수 있다. 따라서 최근에는 친환경 상품이 인기를 끌고 있으며, 환경을 강조하는 그린 마케팅(Green Marketing)이 하나의 대세가 되고 있다. 녹색관광, 생태관광 등이 전원지역의 환경과 문화를 관광 상품으로 활용하는 사례라고 볼 수 있다.

6) 감성 마케팅

감성 마케팅(Emotional Marketing)이란 감정이나 정서적 느낌 등을 마케팅에 이용하는 것이다. 고객은 좋은 감정을 느끼는 제품과 기업을 선호하게 되므로, 서비스 경험 과정에서 개인접촉이나 물리적 환경과의 상호작용에서 좋은 감정을 갖게 되면 기업에 대한 호감이 발생한다. 호텔 방안에 놓여 있는 환영 카드와 꽃다발이나, 기다리는 동안 음료수를 제공하는 식당, 즐거운 음악을 제공하는 놀이 공원 등이 모두 그 예가 될 수 있다.

7) 웰빙 마케팅

웰빙은 심신의 행복한 상태를 유지하기 위한 노력이며, 수명이 늘어나면서 삶의 질이 중요해진 현 세대에서는 중요한 이슈이다. 행복한 삶을 위해서는 좋은 음식과 육체

CHAPTER 8 대인관계 관리

CHAPTER 9 서비스 요원의 기본예절

CHAPTER 10 서비스 요원의 교육훈련

CHAPTER 8

대인관계 관리

인간관계는 사람들 간의 상호 관계로써 동질 목적을 갖는 직장의 부서 내에서나 업무적으로 연관이 있는 협력부서, 또는 그 조직원들 간의 원활한 관계를 말하며 인적 서비스에 대한 의존성이 높은 업종일수록 기업의 경영 성패를 가름하는 중요한 요소가 된다.

그러므로 조직원들은 직장 내·외에서 솔선수범하는 서비스 정신을 함양하려고 하는 마음가짐을 가져야 함은 물론 조직의 공동 목표달성을 위해 협동하고자 하는 자세와 타인에 대한 호감과 관심을 갖고 적극적으로 감사의 표현을 하여야 하며, 먼저 타인을 배려하는 생활습관을 익혀야 한다. 또한 자신의 감정을 억제할 수 있어야 하며, 자신이나 타인에 대한 불평불만을 해소할 수 있는 능력 등을 배양하여 원활한 인간관계를 형성하도록 노력해야 한다.

1. 대인 커뮤니케이션

커뮤니케이션(communication)의 어원은 공통(common) 또는 공유한다(share)라는 뜻의 라틴어 'communis'가 유래로 영어의 'community'라는 공동체 또는 지역사회라는 단어와 유사하다.

커뮤니케이션은 인간관계의 기본으로 두 사람 또는 그 이상의 사람들과 언어, 비언어 등의 수단을 통해 각종 정보를 교류하고, 상호간 긴밀한 관계형성을 통해 이미지 형성과 신뢰관계가 이루어져서 서로의 의사, 감정, 정보를 주고받는 과정이라고 말할 수 있다.

대인간의 커뮤니케이션에는 직접대면이나 영상 또는 전화에 의한 정보, 의사전달 방법과 전달내용이 중요하거나 기록으로 남아야 할 때 편지, 공람, 회람, 이메일 등에 의한 방법, 구두 혹은 문서화된 언어를 사용하지 않고 몸짓, 자세 등과 같은 신체언어나 제스처로 메시지를 전달하는 방법 등이 있다.

이중 가장 기본이 되며 빈번히 사용되는 구전에 의한 커뮤니케이션은 "가는 말이 고와야 오는 말도 곱다"라는 속담에도 있듯이 인간관계를 성공적으로 이끌어갈 수 있는 사회적 기술로 진정성 있는 커뮤니케이션을 이끌어 내기 위해서는 진실된 마음을 갖고 표현하며 이를 행동으로 옮기고 공감적 교감이 이루어져야 한다. 이를 위해서는 신뢰와 믿음을 얻기 위한 끊임없는 노력이 필요한 것이다.

표8-1 커뮤니케이션의 영역

언어/음성(verbal–vocal)	송신자와 수신자 상호 간의 커뮤니케이션으로 이루어질 때 선택되고 사용되는 단어 또는 상징으로 구성
언어/비음성(verbal–nonvocal)	언어와 같은 문법체계와 구조화된 상징체계 이용(예: 수화)
비언어/음성(nonverbal–vocal)	말의 뉘앙스, 크기, 속도, 목소리의 특징
비언어/비음성(nonverbal–nonvocal)	신체의 생김새, 크기, 자세, 말할 때의 제스처나 표정, 공간의 이용, 신체 접촉 등 메시지를 전달하는 데 사용된 모든 행위

자료 : 최윤희(2000). 비언어행위와 사회적 영향에 관한 일 고찰. 한국커뮤니케이션학, 8(12), 98–117.

미국의 심리학자 알버트 메리비안(Albert Mehrabian)에 의하면 흥분하였을 때 두 사람의 대화에서 의도하는 메시지의 55%는 얼굴이나 다른 신체의 암시 등 시각적 요소로 나타나고, 38%는 음성의 톤, 크기, 억양, 어조인 청각적 요소로, 7%만이 실제 사용한 언어에서 나타난다고 하였다.

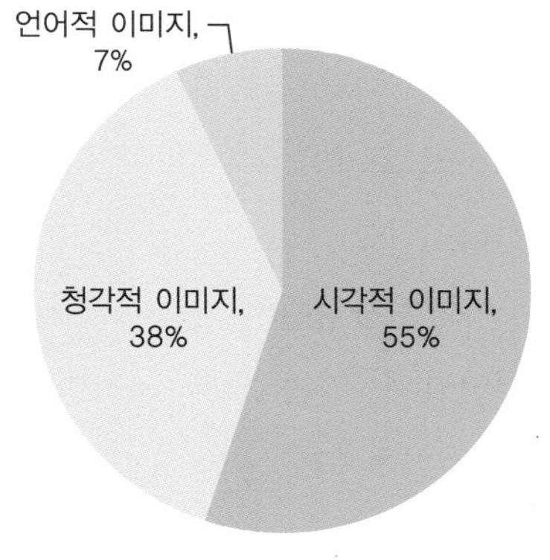

그림8-1
감정의 의사소통
자료 : 박혜정(2011). 고객서비스실무(p.199). 백산출판사.

그러나 비언어적 신호가 강한 메시지를 전달할 수 있다고 하여도 인간의 행동은 예측하기 어렵다. 즉, 비언어적 신호에 대한 이해가 사람에 따라 자라온 배경, 문화 등에 따라 주관적일 수 있음으로 너무 비언어적인 신호를 중요시할 경우 의사소통이 잘못되거나 의도되지 않은 서비스의 실패를 가져올 수 있다.

따라서 커뮤니케이션은 언어적인 것과 비언어적인 것을 적절히 활용하여야 한다. 마케팅 관점에서 언어 뿐만 아니라 몸동작, 자세, 얼굴표정 등 비언어적 메시지로 이루어지는 고객과의 커뮤니케이션은 기업의 인지도 및 선호도를 높여 기업에 대한 신뢰도가 상승하며, 결정적으로 구매를 결정하는 요인으로도 작용할 수 있다.

1) 언어 커뮤니케이션

인간의 사상이나 감정을 다른 사람에게 전달하기 위해 사용되는 메시지 기호 중 사회적으로 제정된 기호 체계인 언어는 '의미의 전달과 표현'이라는 커뮤니케이션의 가장 근본적인 수단으로, 이를 통해 자신의 의사를 명확히 전달하고 타인의 의사를 전달받을 수 있다.

언어 커뮤니케이션은 전달 속도가 빠르고 즉각적인 피드백을 받을 수 있는 장점이 있다. 따라서 목소리의 높낮이, 깊이나 크기, 말하는 속도, 어조나 말투 등 감정이나 느낌을 표현하는 톤, 발음 등 언어적 메시지를 상대방에게 효과적으로 전달할 수 있도록 정확한 발음과 긍정적인 표현을 하고 특히 상대방의 말을 경청하는 것이 중요하다.

상대방의 말을 귀담아 들어야 하는 경청은 커뮤니케이션의 효과를 극대화할 수 있다. 특히 고객과의 대화에서 말을 하기보다는 듣는 입장에 있어야 하고, 고객이 더 많은 말을 하도록 유도하는 것이 바람직하다. 경청을 할 때는 상대방과 눈을 맞추고 몸을 굽혀 귀를 기울여 기꺼이 듣고 있음을 보여 주어야 한다. 또한 상대방의 입장을 존중하고 고개를 끄덕이거나 맞장구를 치는 등 많은 관심을 갖고 있음을 보여 주어야 한다.

마케팅관점에서 커뮤니케이션은 단순히 말과 글을 통한 의사소통이 아니라 감정을 전달할 수 있는 모든 수단인 광고, PR, 판매촉진, 구전, 인적판매 등을 포함하는데 서비스 관련 광고는 서비스를 유형화시키는 가장 중요한 요소로 불확실성을 감소시키고, 구매 가능성을 증가시킨다. 그러나 서비스 평가에 어려움이 있는 서비스산업은 광고나 판매촉진보다는 대면 커뮤니케이션인 구전이 직접 경험을 통한 확실한 정보를 얻게 해 주기 때문에 더욱 큰 효과를 나타낸다.

이와 같이 언어 커뮤니케이션은 마케팅 활동에 있어 상대방에 대한 신뢰 형성에 중요한 영향을 미치며, 특히 고객관계관리에서 고객의 설득에 있어 매우 중요하다. 서비스 제공자의 효과적인 언어 커뮤니케이션은 고객으로 하여금 자신의 요구를 정확히 설명하도록 하고 더 많은 고객의 관심을 유도할 수 있다. 고객에 대한 인사, 제품이나 서비스에 대한 설명, 감사의 말, 고객의 말에 동의하는 표현 등을 통해 고객으로 하여금 긍정적 감정이나 행동을 유발할 수 있다. 또한 고객과의 언어적 접촉을 통해 친근한 감정이 싹트게 되어 서로의 이해와 정보의 전달 속도가 빠르며 신속한 피드백을 받을 수 있다는 장점을 지닌다.

효과적 메시지 전달을 위해서는 메시지 내용, 전달방법, 전달태도가 고객의 관점에서 고객에게 맞추어 이루어져야 한다.

2) 비언어 커뮤니케이션

비언어 커뮤니케이션은 언어가 아닌 몸짓이나 표정 등을 통해 의사를 표현하는 것으로 감정과 느낌을 정확하고 쉽게 전달할 수 있다.

일반적인 의사소통에 있어 언어표현만으로 의사전달이 충분할 경우도 있지만 감정의 전달을 충분히 할 수 없을 경우나 단시간에 많은 정보를 얻고자 하는 상황에서는 언어 커뮤니케이션만으로 전달하고자 하는 의미를 완전하게 표현할 수 없다. 비언어 커뮤니케이션은 언어적 표현을 하지 않고도 생각이나 감정을 전달할 수 있는 커뮤니케이션 방법이기 때문에 대체로 언어보다 더 많은 의미를 신속하게 전달하고 느낌이나 감정을 더 정확하게 전달할 수 있다.

Sundaram과 Webster(2000)는 비언어 커뮤니케이션을 신체적 언어, 공간적 행위, 의사언어, 신체적 외형으로 구분하였다.

신체적 언어(kinesics)란 얼굴 표정, 눈의 움직임, 몸짓, 자세 등 의사를 표현하는 행위이고, 공간적 행위(proxemics)는 커뮤니케이션을 하기 위해 필요한 공간으로 상대

표8-2 의사소통의 거리

친근 거리	intimate distance	30~60cm	말하는 사람과 듣는 사람이 손이 닿을 정도로 친구 사이나 잘 아는 남녀, 부모 자식 간의 다정한 대화를 위해 유지되는 거리
개인적 거리	personal distance	60~80cm	주로 사무실 안이나 거리에서 이루어지는 보통 사이의 사람들이 유지하는 거리
사회적 거리	social distance	1~2m	개인적 사무로 만난 사람들이 유지하는 거리, 취직을 위한 면접 시 이루어지는 거리
공적인 거리	public distance	3m 이상	공식적인 스피치를 위한 거리

자료: 정승혜, 문금현(2000). 대학생을 위한 화법 강의(p.238). 태학사.

에 대한 친밀감, 신뢰도, 관심이나 흥미 및 태도가 반영될 수 있는 공간적 거리를 의미한다.

상대방의 기분을 좋게 하는 대화의 거리는 60~70cm 정도가 이상적이다. 45cm 이내의 거리는 자신의 친척, 형제, 부모, 애인, 오랜 친구, 부부 등 아주 가까운 사이의 거리이므로 대화의 상대에 따라 또는 대화 상황에 맞추어 의사소통의 거리를 적절하게 조절하는 지혜가 필요하다.

의사언어(paralanguage)는 실제적인 대화가 아닌 대화 중 사람의 다양한 소리, 즉 음조의 범위, 입술의 조절, 리듬의 조절, 템포 등에 의한 음질(voice quality), 웃음, 울음, 하품과 같은 발성인자(vocal character), 응, 아하 등과 같은 동의나 만족감, 경멸이나 불신을 나타내는 소리와 대화 중 짧은 침묵 등을 말한다.

신체적 외형(physical appearance)은 신체적 용모나 복장 등을 말하며 대인 커뮤니케이션의 중요한 비언어적 요소가 된다.

따라서 고객과 서비스 제공자 간의 인적 상호작용으로 눈맞추기, 얼굴표정, 바른 자세와 동작, 인사, 용모와 복장, 위생과 청결 등 비언어 커뮤니케이션은 언어 커뮤니케이션과 함께 고객과의 의사소통에 중요한 요소가 된다.

표8-3 비언어적 커뮤니케이션의 메시지

긍정적 메시지	부정적 메시지
인사	
• 안녕하세요? 김사장님. 어떻게 도와 드릴까요? • 기다려 주셔서 감사합니다.	• 성의 없이 고개만 끄덕임 • 다음 손님~
자세	
• 양발로 서 있음 • 전신에 몸무게를 실어서 똑바로 서 있음 • 목을 똑바로 하고 서 있음 • 긴장된 모습으로 서 있음 • 정열적이고 활동적인 모습으로 서 있음	• 구부정한 자세로 서 있음 • 한 발로 비스듬히 서 있음 • 벽에 기대 서 있음 • 팔짱을 끼고 서 있음
얼굴 표정	
• Eye Contact • 똑바고 봄 • 웃는 눈 • 미소 • 가까이 하기 쉬운 표정 • 즐겁고 행복한 표정 • 자신감 있는 표정	• No Eye Contact • 눈을 굴리며 위쪽으로 보는 또는 노려보는 눈 • 엄숙한 표정 • 눈살을 찌푸리는 표정 • 거리감 있는 표정 • 슬픈 표정 • 걱정스러운 표정
몸 동작, 움직임	
• 부드럽고 유연함 • 자신감 있는 태도 • 자연스러운 동작 • 손가락으로 지적하거나 흔들지 않음 • 액세서리나 머리카락으로 인한 산만함이 없음 • 침묵을 잘 견딤 • 적절한 거리 • 부적절한 터치가 없음	• 갑자기 움직이며 빠른 동작 • 부끄러워하고 불안정한, 서두르는 듯한 태도 • 동작이 강하고 기계적인 동작 • 손가락으로 지적하며 흔듦 • 액세서리나 머리카락으로 장난침 • 한숨지음 • 너무 가깝거나 너무 멀리 서 있음 • 부적절한 터치
주변 환경	
• 정리가 잘된 서류 • 보관되어 있는 깨끗한 기물 • 버려질 곳에 버려진 쓰레기 • 냄새가 없는 쾌적한 환경 • 마음을 산란하게 하는 잡음이 없음	• 여기저기 흩어진 어수선한 서류 • 아무데나 널려 있는 닳고 더러운 기물 • 아무데나 버려져 있는 쓰레기 • 담배, 심한 향수, 음식 냄새 등과 같은 불쾌한 냄새 • 마음을 산란하게 하는 잡음이 많음

자료 : 박혜정(2011). 고객서비스실무(p.267). 백산출판사.

효과적인 커뮤니케이션 10단계

1. 상대방의 입장에서 말한다.
2. 간단명료하게 말한다.
3. 전문용어를 피한다.
4. 일방적인 메시지의 전달보다는 쌍방 간의 공감대를 형성해 나간다.
5. 설득적인 메시지 전달에 초점을 맞춘다.
6. 말의 내용보다는 말하는 사람의 태도가 더 중요하다는 사실에 주목한다.
7. 신뢰를 형성한다.
8. 상대방의 반응을 관찰한다.
9. 청취자가 되어 상대방이 자유롭게 말하도록 돕는다.
10. 언어에만 의존하지 않고 보디랭귀지(Body language)를 활용한다.

자료 : 임붕영(2006). 고객을 춤추게 하는 서비스 리더십(p.33). 백산출판사.

2. 성희롱 예방

직장 내 성희롱이란 사업주, 상급자 또는 근로자가 직장 내의 지위를 이용하거나 업무와 관련하여 다른 근로자에게 성적 언동 등 성적 굴욕감 또는 혐오감을 느끼게 하거나 성적 언동 또는 그 밖의 요구 등에 따르지 아니하였다는 이유로 근로조건 및 고용에서 불이익을 주는 것을 말한다(남녀고용평등과 일·가정양립 지원에 관한 법률 제2조 제2호).

직장 내 성희롱은 첫째로 사업주, 상급자 또는 근로자가 직장 내의 지위를 이용하거나 업무와 관련하여 이루어질 때, 즉 사업장 내부 및 근무시간뿐만 아니라 출장 중이거나 업무와 관련 있는 회식, 야유회 등 근무 시간 이외에도 성립된다. 또한 성적 언동이나 성적 요구의 불응을 이유로 고용성 불이익을 줄 때로 채용 탈락, 감봉, 승진 탈락, 전직, 정직, 휴직, 해고 등과 같은 채용 또는 근로조건을 일방적으로 불리하게 하는 경우(조건형 성희롱)를 말한다.

성적인 언동 등으로 성적 굴욕감 또는 혐오감을 유발하여 고용환경을 악화시킬 때(환경형 성희롱)로 상대방이 원하지 않는 성적인 언어나 행동이 반드시 반복적이어야 하는 것은 아니고, 한 번의 성적 언동이라도 그 정도가 심한 경우에는 직장 내 성희롱이 될 수 있다.

성희롱의 판단 기준은 피해자의 주관적인 사정을 고려하되 피해자와 비슷한 조건과 상황에 있는 사람이 피해자의 입장이라면 어떻게 반응했을까를 함께 고려하여야 하며 결과적으로 위협적이고 적대적인 환경을 형성해 업무능률을 저하시키게 되는지를 검토한다.

'성적 수치심이나 혐오감'이란 성적언동 등으로 인해 피해자가 느끼는 성적 굴욕감이나 혐오감 등 불쾌한 감정으로 그 느낌은 행위자가 아닌 피해자의 관점을 기초로

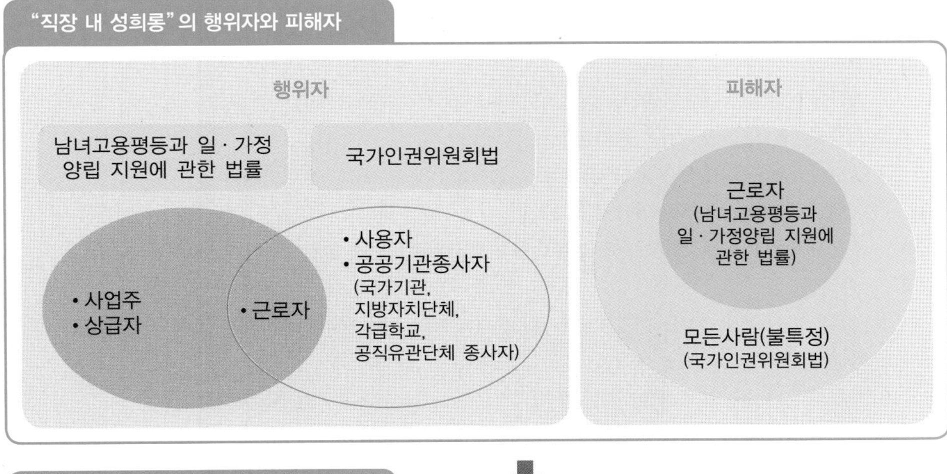

업무관련성 있는 성적 언동 등

- 업무관련성
  성희롱 행위가 직장 내 지위를 이용하거나 업무와 관련하여 이루어질 것
- 상대방이 원하지 않는 성적 언동 또는 그 밖의 요구
  *양성평등기본법: 성적 언동 또는 그 밖의 요구 또는 그에 따르는 것을 조건으로 이익공여의 의사표시를 하는 행위 포함

직장 내 성희롱 행위로 인한 피해의 내용

- 피해자의 성적 굴욕감이나 혐오감
- 피해자의 근로조건 및 고용에서 불이익

그림8-2
성희롱 판단 기준

자료: 고용노동부(2018). 직장 내 성희롱 예방 · 대응 매뉴얼

판단되며 그 행위는 피해자 원하지 않은 즉 행위자가 상대방으로부터 동의를 구하지 않은 행동을 말한다.

'성적언동 및 요구'는 신체의 접촉이나 성적인 의사표현 뿐만 아니라 성적 함의가 담긴 모든 언행과 요구를 말하며 상대방이 이를 어떻게 받아들였는지가 매우 중요하다. 따라서 행위자의 의도와는 무관하며 설사 행위자가 성적의도를 가지고 한 행동이 아니었다고 하더라도 성희롱으로 인정될 수 있다.

직장 내 성희롱을 판단하기 위한 기준의 예시

1. 성적인 언동의 예시

1) 육체적 행위

(1) 입맞춤, 포옹 또는 뒤에서 껴안는 등의 신체적 접촉행위

(2) 가슴·엉덩이 등 특정 신체부위를 만지는 행위

(3) 안마나 애무를 강요하는 행위

2) 언어적 행위

(1) 음란한 농담을 하거나 음탕하고 상스러운 이야기를 하는 행위(전화통화를 포함한다)

(2) 외모에 대한 성적인 비유나 평가를 하는 행위

(3) 성적인 사실 관계를 묻거나 성적인 내용의 정보를 의도적으로 퍼뜨리는 행위

(4) 성적인 관계를 강요하거나 회유하는 행위

(5) 회식자리 등에서 무리하게 옆에 앉혀 술을 따르도록 강요하는 행위

3) 시각적 행위

(1) 음란한 사진·그림·낙서·출판물 등을 게시하거나 보여 주는 행위(컴퓨터통신이나 팩시밀리 등을 이용하는 경우를 포함한다)

(2) 성과 관련된 자신의 특정 신체부위를 고의적으로 노출하거나 만지는 행위

(3) 그 밖에 사회통념상 성적 굴욕감 또는 혐오감을 느끼게 하는 것으로 인정되는 언어나 행동

2. 고용에서 불이익을 주는 것의 예시

채용탈락, 감봉, 승진탈락, 전직(轉職), 정직(停職), 휴직, 해고 등과 같이 채용 또는 근로조건을 일방적으로 불리하게 하는 것

비고) 성희롱 여부를 판단할 때에는 피해자의 주관적 사정을 고려하되, 사회통념상 합리적인 사람이 피해자의 입장이라면 문제가 되는 행동에 대하여 어떻게 판단하고 대응하였을 것인가를 함께 고려하여야 하며, 결과적으로 위협적·적대적인 고용환경을 형성하여 업무능률을 떨어뜨리게 되는지를 검토하여야 한다.

자료 : 남녀고용평등과 일 · 가정 양립 지원에 관한 법률 시행규칙 제2조 관련

1) 성희롱 예방 대처 방안

(1) 피해자가 가져야 할 인식과 태도

- 직장 내 성희롱은 행위자의 잘못이지 피해자의 탓이 아니라는 인식이 필요하다.
- 직장 내 성희롱뿐만 아니라 직장 내 성희롱인지 여부가 애매한 언행에 대해서도 불쾌감을 느낀다면 문제제기를 하는 것이 바람직하다.
- 직장 내 성희롱은 피해자 인권을 침해하는 불법행위로서 기본적으로 법적 문제라는 점을 인식해야 한다.

(2) 성희롱 피해를 당했을 때 대처 방안

- 직장 내 성희롱을 당하면 단호하게 거부의 의사표현을 한다. 최초의 직장 내 성희롱에 대해서 거부와 불쾌감의 의사표현을 하는 것은 더 심각한 수준의 직장 내 성희롱 발생을 예방할 수 있다.
- 성희롱 발생 당시 바로 의사 표현을 하지 못했다하더라도 빠른 시일 내에 그 행위에 대한 자신의 의사를 표현하는 것이 바람직하다.
- 직장 내 성희롱 행위의 정도와 제반 사정 등을 고려하여 어떠한 대응을 하는 것이 나에게 바람직한지에 대한 진지한 고민이 필요하다. 외부전문기관에 상담해 보는 등 문제해결을 시도하는 것이 중요하다.
- 직장 내 성희롱을 당했다고 하여 바로 사직하는 것은 바람직하지 않으며 우선, 직장 내 성희롱으로 인한 피해를 회복하는 것이 중요하며, 그 방법을 충분히 알아본 후에 결정해도 늦지 않다.

(3) 행위자가 되지 않기 위한 대처 방안

- 공사를 구분하여 행동하고, 자신의 지위를 이용하여 사적인 만남이나 사적 업무 등을 지시하거나 강요하지 않는다.
- 음담패설이나 음란물 보기 등 성적인 행동을 유희로 하는 것을 자제한다.
- 타인의 신체, 외모, 사생활을 침해하거나 간섭하지 않는다.

- 상대방이 불쾌감이나 거부의사를 표현했을 때 즉각 중지하고 상대방의 감정이 이해되지 않더라도 그 감정 자체를 존중하여 사과하고 이해하려고 노력한다.
- 상대방이 원치 않는 구애행위는 범죄행위가 될 수 있다는 점, 상대방이 명시적인 거부의사를 표현하지 않는 것이 곧 동의는 아닐 수 있다는 점을 명심한다.
- 타인에게 특정 행동을 요구하거나 강요하지 않는다.
- 다른 직원이 직장 내 성희롱을 하는 경우 이에 동조하지 않는 것은 물론이고 이에 이의를 제기한다.
- 자신이 지위나 권한을 남용하고 있지 않은지 항상 유의하고 점검한다.
- 동료근로자, 상사 등과의 관계에서 예의는 지키되, 인간적으로 대등하다는 생각을 가지고 서로 존중하는 태도를 가진다.
- 직장 내 성희롱 행위자가 되었을 때 받게 될 법적, 사회적, 개인적 불이익을 인지한다.

(4) 행위자로 지목되었을 때 대처 방안

- 직장 내 성희롱 의도가 없었더라도 자신의 행위로 인하여 상대방이 불쾌감을 느꼈다면 이를 받아들이고 즉시 사과한다.
- 평소에 직장 내 성희롱으로 의심될만한 언행은 하지 않는 것이 바람직하다.
- 직장 내 성희롱 행위자로 지목되는 경우 무조건 직장 내 성희롱 행위를 부인할 것이 아니라 문제해결을 위해 협조하면서 자신의 입장을 소명하도록 한다.
- 피해자에 대한 비난, 다른 구성원과 함께 집단 괴롭힘, 폭언, 명예훼손 등 무고 등은 직장 내 성희롱 행위와 별개의 2차 가해행위로서 또 다른 징계 혐의가 되므로 이러한 행위는 절대로 해서는 아니된다.

2) 성희롱 피해 발생 시 처리 절차

직장 내 성희롱 예방 교육은 연 1회 이상 하여야 하고 직장 내 성희롱에 관한 법령, 해당 사업장의 직장 내 성희롱 발생 시의 처리 절차와 조치 기준, 해당 사업장의 직장 내 성희롱 피해 근로자의 고충상담 및 구제 절차 등이 포함되어야 한다.

(1) 성희롱 발생 시

- 성희롱은 전적으로 행위자의 잘못이지 피해자의 탓이 아니라는 인식이 필요하며 인권과 근로권을 침해하는 불법행위이기 때문에 성희롱 문제는 헌법과 법률에 위반하는 행위를 규율하고 근절해야 하는 문제임을 인식해야 한다.
- 성희롱 행위에 대한 거부의사의 전달은 이후 법적, 제도적 절차 시 도움이 된다.
- 사건에 대한 객관적 사실을 6하 원칙에 의거하여 기록하고 문자, 이메일, 전화통화 내역, 목격자 등 관련 자료들을 확보한다.

(2) 사내 절차를 통한 해결

- 사내 고충처리 절차 등 성희롱 문제의 해결 절차를 숙지하고 지원단체를 살펴본 후 적절한 해결방법을 모색한다.
- 사내 절차를 통해 해결책을 모색할 경우 행위자의 사과와 재발방지 약속 등을 전제로 합의할 것인지, 행위자에 대한 처벌 내지 손해배상을 원하는지 등을 생각하여 자신이 원하는 해결방법을 강구한다.
- 사내 성희롱 고충상담 부서 담당자에게 연락을 취하고 신고하거나 인사부서에 피해를 알린다. 이때는 행위자의 행위에 대하여 자세하게 진술한다.
- 본인에 대한 보호조치와 피해구제를 위한 해결책을 요구한다.
- 해결절차가 진행되는 동안 행위자와 접촉을 하지 않을 수 있도록 업무 공간 및 시간 등의 변동을 요청한다.

(3) 외부 기관을 통한 대응

사내 제도에 의해 제대로 해결되지 않는 경우 국가인권위원회 진정(국번없이 1331), 지방고용노동관서에 진정, 검찰에 고소·고발, 민사소송 등 외부기관을 이용한다.

(4) 그 밖의 유의사항

- 피해자가 행위자의 언행을 사내 게시판에 글을 올리는 경우 법적으로 문제가 발생할 수 있으므로 유의해야 한다. 성희롱 피해를 입은 경우 신뢰할 수 있는 상급자나 상담기관 등과 상의하여야 한다.

표8-4 행정 · 사법기관을 통한 직장 내 성희롱 피해자 구제

구분	이의제기 방법	대상(행위)	대상자	관련법규	결과
비사법적 권리구제	노동위원회 구제신청	직장 내 성희롱 피해자(또는 가해자)에 대한 부당해고, 휴직, 정직, 전직, 감봉 기타 징벌	직장내 성희롱 피해자 또는 가해자에게 왼쪽의 행위를 한 사용자	근로기준법, 노동위원회법	부당징계 결정, 원직복직 또는 금전보상 명령
	지방고용 노동관서 진정	고용평등법 위반행위	왼쪽의 행위를 한 사업주	고용평등법	시정명령, 과태료 부과, 입건 송치
	국가인건 위원회 진정	성희롱 행위	성희롱 행위자, 법인, 단체, 국가기관, 지방자치단체 등	국가인권 위원회법	행위자, 책임자에 대한 직장 내 조치, 손해배상, 교육 수강 등
사법적 권리구제	지방고용 노동 관서 고소, 고발	고용평등법 제14조 6항 위반행위	왼쪽의 행위를 한 사업주	고용평등법	입건 수사 후 검찰 송치, 기소, 처벌
	검찰 고소, 고발	형사처벌 되는 법 위반 행위	왼쪽의 행위를 한 자	고용평등법, 성폭력범죄의 처벌 등에 관한 특례법, 형법 등	수사, 기소, 처벌
	민사소송	직장 내 성희롱으로 인하여 발생한 손해	손해에 책임이 있는 자 (행위자, 사용자)	민법	손해배상 판결

자료: 고용노동부(2018). 직장 내 성희롱 예방 · 대응 매뉴얼

- 문제해결 과정에서 정신적, 육체적 건강에 문제가 생긴 경우 병원에서 증상의 원인을 설명할 때 성희롱 사실에 대해 말하여 산재 인정 등의 자료 및 성희롱 발생의 증거로 제시한다.
- 기관장/관리자가 성희롱 피해자에게 불이익 조치를 하는 것은 법적으로 금지되고 있으며, 위반 시 처벌된다는 사실을 알고 회사가 성희롱 피해자에게 불이익을 주는 경우 자료를 확보하여 문제제기를 하고 법적 조치를 강구한다.

3. 스트레스 관리

현대사회는 조직환경이 급격하게 변화되고, 이로 인해 조직의 구성원들은 새로운 환경변화에 대한 적응과 혁신을 하지 않으면 안 되기 때문에 복잡한 경쟁적 환경에 맞서 적응하기 위하여 스트레스 발생은 필연적이다.

직장 내에서 스트레스는 구성원 간 대화 부족이나 업무 비협조, 잦은 종사원의 교체, 부적절한 업무기술서, 급여 또는 근무시간 등 열악한 작업환경이나 위험한 장비 조작 등 뿐만 아니라 고객의 불평, 불만이나 간접적인 압력 등에 의해 발생할 수 있다.

표8-5 직무 관련 스트레스 요인

구분		내용
역할 관련 요인	역할 갈등	• 구성원 간에 기대가 상충되거나 기대에 못 미침 • 상급자 간의 상이한 명령 수행 요구나 모순된 목표달성 요구
역할 관련 요인	역할의 모호성	• 직무 수행 내용이나 방법에 대한 정보가 부적합하거나 부정확(특히 신입 사원의 경우 주로 발생) • 부적절한 업무기술서 • 개인의 책임한계나 직무 목표가 명확 • 조직이 복잡하거나 변화가 빠름
역할 관련 요인	역할의 과다	• 주어진 시간 내에 수행할 수 있는 업무량 이상의 역할 요구 • 종사원의 능력, 재능, 지식 이상으로 요구받음
대인 관계 요인	상사와의 관계	• 상급자의 관심 부족, 호의적이지 않거나 비협조적 • 상급자의 위압적인 태도 • 상사의 잦은 교체
대인 관계 요인	동료와의 관계	• 종사원 스스로 업무를 계획하고 통제하지 못하여 발생되는 시간 손실 • 원만하지 못한 대인관계로 인한 업무성과와 업무 추진의 방해, 협조 부족, 정보 교류 단절, 과다 경쟁으로 동료 간의 갈등 • 동료의 잦은 교체
대인 관계 요인	고객과의 관계	• 고객의 불평이나 불만 • 간접적 압박
급여 요인		• 담당하고 있는 업무에 대한 보상 불만족 • 동종 업종의 타인과 비교 시 보상 불만족
기타		• 열악한 작업 환경 • 위험하거나 복잡한 장비 조작

표8-6 감정노동 직업군 분류

구분	직업
직접 대면	백화점·마트의 판매원, 호텔 직원, 음식업 종사원, 항공사 승무원, 골프장 경기보조원, 미용사, 택시 및 버스기사, 금융기관 종사원 등
간접 대면	콜센터 상담원 등
돌봄 서비스	요양보호사, 간호사, 보육교사, 특수교사 등
공공 서비스, 민원처리	구청(민원실)·주민센터 직원, 공단 직원, 사회복지사, 일선 경찰 등

자료: 한국산업안전공단(2017년, 10월), 감정노동자 종사지 건강 보호핸드북.

특히 "손님은 왕이다"이라는 의식이 강한 환대산업에서는 종사원이 아무리 친절하게 응대해도 고객이 친절하다고 느껴야만 친절한 서비스가 됨으로 기업이 제공하는 서비스의 질을 향상시키고 고객만족을 증대시키기 위해 종사원의 감정보다는 고객의 기분을 중요하게 여김에 따라 문제가 발생하게 된다.

1983년 미국의 사회학자인 알리 러셀 혹실드(Arlie Russell Hochschild)에 의해 감정노동이란 용어를 처음 사용하게 되었는데 말투나 표정, 몸짓 등 드러나는 감정 표현을 직무 수행을 위하여 자신의 감정을 억누르고 통제 등 감정을 관리하는 일이다. 주로 고객, 환자, 승객, 학생 및 민원인 등을 직접 대면하거나 음성대화매체 등을 통하여 상대하면서 상품을 판매하거나 서비스를 제공 하는 고객응대업무"과정에서 발생한다.

최근 산업안전보건법 및 동법 시행령, 시행규칙이 개정되면서 사업주의 고객응대근로자의 보호조치를 의무화하여 업무의 일시적 중단 또는 전환, 휴게시간의 연장, 치료 및 상담지원, 수사기관(또는 법원)에 증거자료 제출 등 4가지의 사업주가 취해야할 구체적인 예방조치를 규정하였다.

적절한 직무 스트레스는 조직 구성원 간에 순기능으로 작용하여 개인의 직무성과를 촉진하는 데 기여할 수 있으나, 과도한 스트레스는 고객과의 인적 상호작용에 영향을 미쳐 서비스 품질을 저하시킬 뿐만 아니라 잦은 이직으로 조직의 효율성과 생산성 저하를 초래하게 된다.

표8-7 스트레스로 유발되는 주요 증상

<table>
<tr><th rowspan="3">신체건강</th><th rowspan="3">정신건강</th><th colspan="3">행동반응</th></tr>
<tr><th rowspan="2">개인 행동</th><th colspan="2">기업조직 행동</th></tr>
<tr><th>직접피해</th><th>간접피해</th></tr>
<tr><td>심장질환
위궤양 · 위장장애
암
탈모
불면증</td><td>불안
노이로제
무기력
분노
우울증</td><td>알코올 · 약물중독
대인관계 논란
폭력
자살
범법행위</td><td>지각 · 결근
휴업 · 이직
생산성 저하
사고 · 재해</td><td>사기 저하
동기유발 저하
불만족
의사소통 단절
의사결정 과오</td></tr>
</table>

자료: 한국EAP협회(2000). 근로자지원프로그램(EAP)의 합리적 도입운영모델 연구. 근로복지공단 연구용역사업.

그림8-3
내부 커뮤니케이션의 3대 유형

자료: Farace, R. V., Monge, P. R., & Russell, H. M.(1977). Communication and Organizing. Addison-Wesley Pub. Co.

표8-8 직무스트레스 요인 평가표

영역	설문내용	전혀 그렇지 않다	그러지 않다	그렇다	매우 그렇다
물리적 환경	1. 근무 장소가 깨끗하고 쾌적하다.	4	3	2	1
	2. 내 일은 위험하며 사고를 당할 가능성이 있다.	1	2	3	4
	3. 내 업무는 불편한 자세로 오랫동안 일을 해야 한다.	1	2	3	4
직무 요구	4. 나는 일이 많아 항상 시간에 쫓기며 일한다.	1	2	3	4
	5. 업무량이 현저하게 증가하였다.	1	2	3	4
	6. 업무 수행 중에 충분한 휴식(짬)이 주어진다.	4	3	2	1
	7. 여러 가지 일을 동시에 해야 한다.	1	2	3	4
직무 자율	8. 내 업무는 창의력을 필요로 한다.	4	3	2	1
	9. 내 업무를 수행하기 위해서는 높은 수준의 기술이나 지식이 필요하다.	4	3	2	1
	10. 작업시간, 업무수행과정에서 나에게 결정할 권한이 주어지며 영향력을 행사할 수 있다.	4	3	2	1
	11. 나의 업무량과 작업스케줄을 스스로 조절할 수 있다.	4	3	2	1
관계 갈등	12. 나의 상사는 업무를 완료하는데 도움을 준다.	4	3	2	1
	13. 나의 동료는 업무를 완료하는데 도움을 준다.	4	3	2	1
	14. 직장에서 내가 힘들 때 내가 힘들다는 것을 알아주고 이해해 주는 사람이 있다.	4	3	2	1
직무 불안정	15. 직장사정이 불안하여 미래가 불확실하다.	1	2	3	4
	16. 나의 근무조건이나 상황에 바람직하지 못한 변화(예: 구조조정)가 있었거나 있을 것으로 예상된다.	1	2	3	4
조직 체계	17. 우리 직장은 근무평가, 인사제도(승진, 부서배치 등)가 공정하고 합리적이다.	4	3	2	1
	18. 업무수행에 필요한 인원, 공간, 시설, 장비, 훈련 등의 지원이 잘 이루어지고 있다.	4	3	2	1
	19. 우리 부서와 타 부서 간에는 마찰이 없고 업무협조가 잘 이루어진다.	4	3	2	1
	20. 일에 대한 나의 생각을 반영할 수 있는 기회와 통로가 있다.	4	3	2	1
보상 부적절	21. 나의 모든 노력과 업적을 고려할 때, 나는 직장에서 제대로 존중과 신임을 받고 있다.	4	3	2	1
	22. 내 사정이 앞으로 더 좋아질 것을 생각하면 힘든 줄 모르고 일하게 된다.	4	3	2	1
	23. 나의 능력을 개발하고 발휘할 수 있는 기회가 주어진다.	4	3	2	1

(계속)

영역	설문내용	전혀 그렇지 않다	그러지 않다	그렇다	매우 그렇다
직장 문화	24. 회식자리가 불편하다.	1	2	3	4
	25. 기준이나 일관성이 없는 상태로 업무 지시를 받는다.	1	2	3	4
	26. 직장의 분위기가 권위적이고 수직적이다.	1	2	3	4
	27. 남성, 여성이라는 성적인 차이 때문에 불이익을 받는다.	1	2	3	4

● 평가 점수 산출 방법

영역별 점수는 다음에 제시한 공식에 의거하여 100점 만점으로 환산한다.

$$\text{영역별 환산 점수} = \frac{(\text{해당 영역의 각 문항에 주어진 점수의 합} - \text{문항개수})}{(\text{해당 영역의 예상 가능한 최고 총점} - \text{문항개수})} \times 100$$

● 평가도구 설문 문항의 점수 산정 방식 및 해석

영역	개인/부서점수	회사 중앙값	한국노동자 중앙값(참고치)		점수의 의미
			남자	여자	
물리적 환경			44.5	44.5	참고치보다 클수록 상대적으로 나쁘다.
직무요구			50.1	58.4	참고치보다 클수록 상대적으로 높다.
직무자율			50.1	58.4	참고치보다 클수록 상대적으로 낮다.
관계갈등			33.4	33.4	참고치보다 클수록 상대적으로 높다.
직무 불안정			50.1	33.4	참고치보다 클수록 상대적으로 불안정하다.
조직 체계			50.1	50.1	참고치보다 클수록 상대적으로 체계적이지 않다.
보상 부적절			55.6	55.6	참고치보다 클수록 상대적으로 부적절하다.
직장문화			41.7	41.7	참고치보다 클수록 상대적으로 문제가 있다.

자료: 고용노동부(2017). 감정노동자 종사자 건강보호 핸드북.

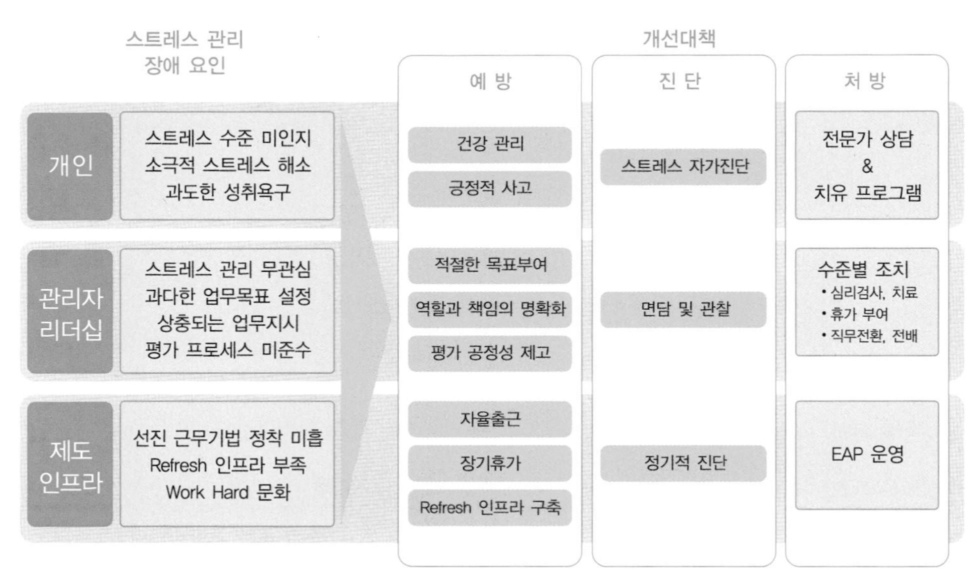

그림8-4
효과적인 스트레스 관리

※EAP(Employee Assistance Program: 근로자지원프로그램)

자료: 백성욱(2010). 직장인 스트레스 관리, 3·3 전략. SERI 경영 노트, 70(6).

현대카드 'CS', 직원 절반이상 '스트레스 감소'

현대카드가 최근 콜센터 상담원 등 감정 노동자들이 업무 현장에서 겪는 극심한 스트레스와 이에 따른 정신적·육체적 피해가 사회문제로 부각됨에 따라, 감정노동 관련 보호 정책에 있어 기업들의 귀감이 되고 있다.

'손님이 왕이다'란 기존 관념을 깨고 CS의 개념을 새롭게 정의했다. 진정한 CS란 고객에 대한 태도가 아닌 솔루션으로, 고객이 처한 문제에 대한 최적의 해결책을 제시해주는 것이 CS의 본질이라 정의 내렸다.

2012년 2월부터 성희롱, 폭언을 일삼는 고객들에 대해서는 상담원이 먼저 전화를 끊을 수 있는 제도를 만들었다. 또 동일한 고객으로부터 2차 피해를 당하지 않게끔 '블랙컨슈머 관리 프로세스'를 구축하여 상담원 보호에 나선 것이다. 현대카드 상담원을 대상으로 설문 결과 53%가 스트레스가 감소했다는 응답을 보였고, 79%가 원활한 상담 운영에 도움이 된다고 응답했다. 보호 제도가 활성화되면서, 장기간 근무한 고역량 상담원도 늘어났다. 이를 통해 상담 품질도 향상돼 고객만족도가 올라가는 선순환 구조가 형성됐다. 특히 현대카드는 비합리적 태도를 보이는 고객에 대한 응대 원칙을 강화한 '엔딩폴리시(Ending Policy) 제도'를 운영하고 있다. 성희롱, 욕설 외 상담원의 가족이나 교육수준, 직업을 무시하는 인격모독 유형과 신체상해 혹은 직위 해제를 협박하는 위협 유형에 대해 상담원들이 자신을 보호하고 대응할 수 있도록 한 것이다. 엔딩폴리시 외에도 현대카드는 감정노동자 보호를 위해, 피해를 입을 시 전문 변호사와 상담할 수 있는 외부전문기관에서 운영하는 제보 채널 '외부제도 핫라인'을 운영 중이다. 또 회사에서 겪은 각종 업무 고충을 해결할 수 있도록 한 상담·제보 채널 '옴부즈인'를 통해 상담원들의 고충을 들어주고 있다. 상담원들의 심리적 안정과 건강 문제도 챙긴다. 감정노동자들의 고충과 직무 관련 스트레스를 덜어주기 위해 심리상담 전문 프로그램인 '마인드플러스'를 운영 하고 있다. 또 업무 중 휴식이 필요할 때면 언제든 수면과 요가 명상을 할 수 있는 직원 쉼터 '냅&릴렉스 존'도 만들었다.

자료: https://news.joins.com/article/22991417(2018.09.20.) 재편집

CHAPTER 9

서비스 요원의 기본예절

서비스 요원은 상급자, 동료, 하급자 그리고 고객과의 원만한 관계 유지를 위한 마음가짐과 몸가짐을 가져야 한다. 다른 구성원들 간 서로 배려하고 존중하며 아끼는 마음으로 예의 바른 태도를 갖추어야 한다. 따라서 서비스 요원이 지키고 행하여야 하는 태도와 용모, 인사 예절, 안내 요령, 소개 및 명함교환 등의 기본 예절과 언어 예절, 전화 예절 등의 응대 예절을 포함한 행동규범을 몸에 익혀야 한다.

1. 서비스 요원의 기본자세

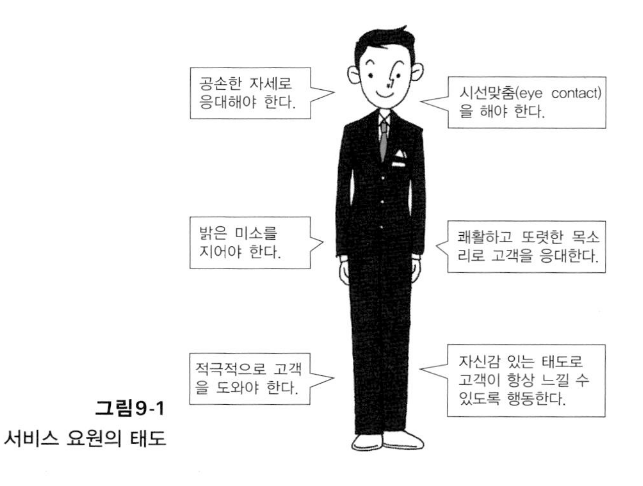

그림9-1
서비스 요원의 태도

1) 태도와 용모

서비스를 담당하는 종사원의 태도로서 가장 중요하고 기본이 되는 것은 몸에 익힌 세련된 태도이다. 보행 시는 항상 고객을 주시하고 가슴을 펴서 등을 곧게 하고 정면을 바라보며 어떤 경우에도 뛰지 않는다.

자세는 의자, 탁자, 벽이나 기둥 등에 절대로 기대어 서 있지 않으며, 양손은 뒤로

그림9-2
남자와 여자 서비스 요원의 용모와 복장

하지 않고 가슴을 펴고 바른 자세를 취한다. 대기 중에는 두 발의 뒤꿈치는 붙이고, 앞은 45° 가량 벌리며 양손은 약간 주먹을 쥐어서 편하게 내린다. 휴식 시의 자세는 어느 한 쪽 다리에 중심을 두고 다른 한쪽 다리는 가볍게 앞으로 내민다.

서비스 업무를 수행하는 데 바른 몸가짐은 모든 행동의 기본이며, 단정한 용모는 고객으로부터 호감을 받는 첫 번째 조건이다. 따라서 고객에게 좋은 서비스를 제공하기 위해서는 종사원의 깨끗하고 단정한 용모 및 태도가 필요하다.

2) 인사

인사는 사회생활에서 가장 기본이 되는 자기표현이며, 아랫사람이 윗사람에게 마음으로부터 우러나오는 존경심을 표현하는 수단이기도 하다.

서비스 요원들의 인사는 고객을 환대하는 표시로 고객으로 하여금 중요한 고객이라고 느끼게 하고 내방객이 즐거운 시간을 보내고 다음에 또 이용해 달라는 의사표시이다.

목례

- 시선은 전방 3m 정도에 둔다.
- 복도, 엘리베이터 내, 화장실과 같은 좁은 장소에서 상사나 고객을 만났을 때
- 식사 중이거나 대화 중 손님을 방해할 때

보통례

- 가장 일반적인 인사법
- 시선은 전방 2m 정도에 둔다.
- 출근 시 상사나 일반 내방객을 맞이하거나 환송할 때
- 결재를 받기 위해 상사의 집무실에 들어갈 때

최경례

- 가장 공손한 인사법
- 시선은 전방 1m 정도에 둔다.
- VIP 고객 또는 마음을 담은 감사나 미안함을 표현할 때

그림9-3
인사법

표9-1 상황에 따른 인사 예절

구분	내용
출근 시	• 출근 인사는 상대보다 먼저 하는 것이 좋은데 명랑하고 힘찬 목소리로 "좋은 아침입니다." 등의 적당한 인사말을 구사한다. • 상사나 선배에게는 보통례를, 동료에게는 목례를 한다.
퇴근 시	• 퇴근할 때는 자리 뒷정리를 끝낸 뒤 "저 먼저 퇴근하겠습니다", "안녕히 계십시오." 등 적절한 인사말을 한다. • "수고하셨습니다."란 인사는 손윗사람이 아랫사람에게 하는 말로 웃어른에게 사용하면 큰 실례가 되니 주의한다. • 상사가 아직 퇴근하지 않았을 때는 가까이 가 인사하고 동료들에게도 친절한 말을 잊지 않는다.
일과 중	• 일과 중에는 "감사합니다.", "죄송합니다." 등 상황에 맞추어 인사를 한다. • 출장이나 외출 전후로는 "다녀오겠습니다.", "지금 돌아왔습니다." 등 거취를 설명하는 인사를 한다. • 몸이 불편하여 외출, 지각 또는 결근한 경우 그 사유를 상세히 설명하고 감사 또는 사죄의 인사를 한다. • 복도 코너나 출입구에서 갑자기 상사와 마주쳤을 땐 놀라는 소리를 내지 않도록 조심한다. 상사 혼자일 때는 걸음을 멈출 필요가 없으며 옆으로 비켜 가볍게 인사하면 되고 일행이 있는 경우 멈춰 서서 정중하게 인사한다. • 상사나 동료를 식당에서 마주쳤을 때는 일단 서로 자리를 양보한다. 식사를 마친 후에는 의자를 밀어넣는 등 자리를 간단히 정리하고 "맛있게 드십시오.", "저 먼저 실례하겠습니다." 등의 인사말을 한다.

(계속)

일과 중	• 세면장, 또는 화장실에서 용무 중일 때는 인사를 하지 않는 것이 예의이고 용무를 마쳤으면 목례를 한다. • 복도에서 남의 앞을 지날 때는 한쪽으로 조심스럽게 피해 가며 상사나 고객과 마주쳤다면 길을 비켜서며 목례를 한다. • 인사를 하기 전 · 후에는 몸만 움직이고 인사말은 생략하거나, 고개만 까닥이거나 턱을 높이 쳐든 자세, 고개를 옆으로 숙이는 것, 공손이 지나쳐 비굴해 보이는 인사도 좋지 않으며 반드시 상대방의 눈을 보아야 한다. • 손윗사람이나 고객이 계단 밑에서 올라오고 있을 땐 벽쪽으로 비켜선 다음 같은 계단에 도착한 시점에 인사를 한다. 위쪽 계단에서 인사를 하면 올라오는 사람이 당황할 수 있다. • 직장 내 내방객을 맞이할 때는 그냥 어떻게 오셨는지를 묻는 것보다는 "실례지만 어떻게 오셨습니까?" 또는 "실례지만 어느 분을 찾으십니까?" 정도로 맞이하도록 한다. • 악수는 사람들 간의 친근함을 나타내는 인사법으로 사교활동에서도 매우 중요하다. 악수는 여성이 남성에게, 손윗사람이 손아랫사람에게, 선배가 후배에게, 기혼자가 미혼자에게, 상급자가 하급자에게 한다. 악수를 청할 때 남성은 반드시 일어나야 하며 여성은 앉은 채로 받아도 무방하다.

3) 안내 요령

내방객의 용건 내용을 듣고 미리 약속이 되었는지, 아니면 약속 없이 어떠한 부서나 사람을 만나기 위해 온 것인지 목적을 파악하고 처리한다.

안내를 할 때는 먼저 누가 안내를 하게 될지를 전달한 후, 방향 지시와 함께 이동한다. 이동은 두세 걸음 앞서 오른쪽으로 약간 비켜선 방향에서 안내를 하는 것이 좋으며, 중간 중간 방문객을 확인하며 안내한다.

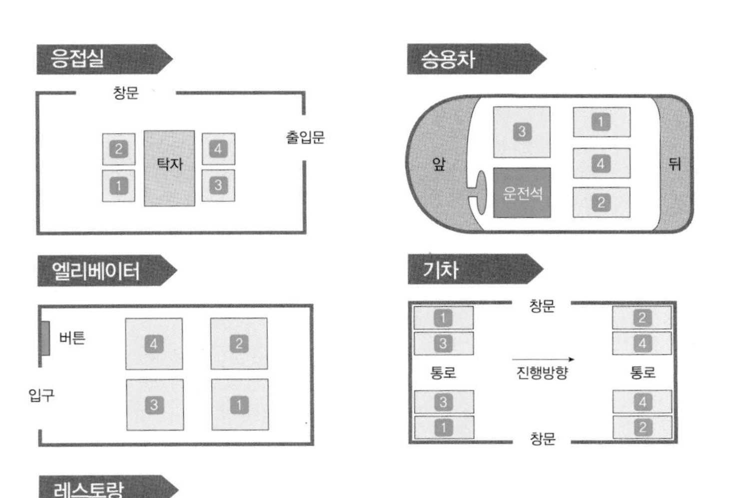

그림9-4
상석의 위치

- 한 손으로 방향을 가리키며 안내한다.

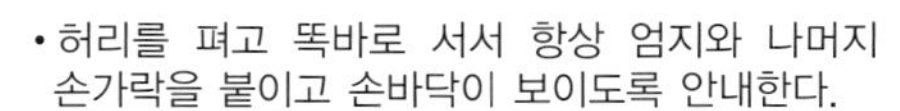

- 허리를 펴고 똑바로 서서 항상 엄지와 나머지 손가락을 붙이고 손바닥이 보이도록 안내한다.

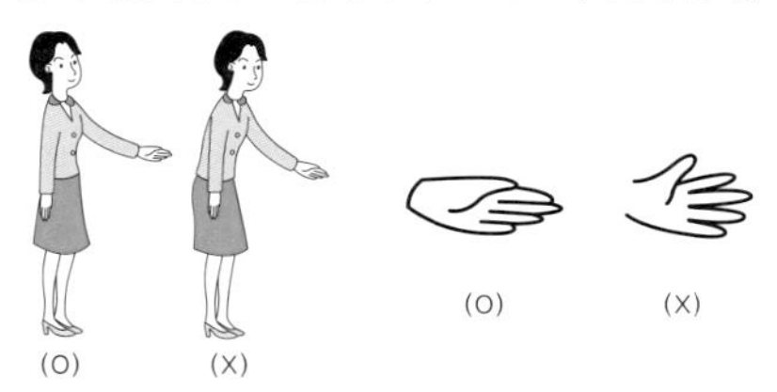

- 여성 안내자의 경우 내려갈 때는 미리 내려가서, 올라갈 때는 뒤따르며 안내한다.

- 에스컬레이터에서는 항상 뒤따르는 형태로 안내한다.

- 엘리베이터에 탈 때 승무원이 있으면 손님이 먼저 타고 먼저 내리며, 승무원이 없으면 먼저 타서 열고 기다리고, 내릴 때는 버튼을 누른 채 먼저 내리시도록 한 뒤, 뒤따라 내린다.

- 문이 밖으로 열리면 활짝 연 후, 먼저 들어가시도록 하고, 문이 안으로 열리면 먼저 들어가서 문을 잡은 후, 들어오시도록 한다.

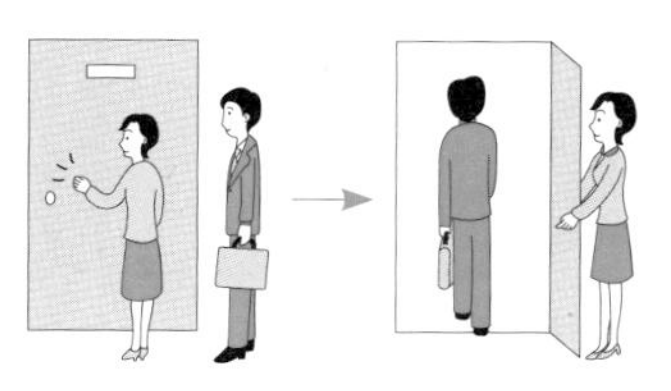

- 회전문은 뒤따라 들어가며 밀어드린다. 자동회전문일 경우 문에 손을 대지 않고 뒤따른다.

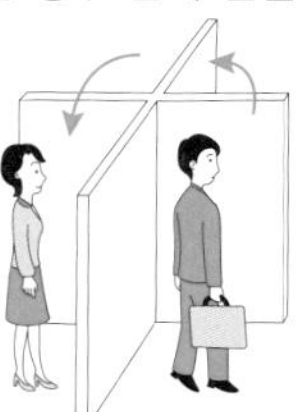

그림9-5
안내 요령

배웅은 내방객의 중요도에 따라 달라지나, 일단 배웅을 위해 일어나고 미리 내방객의 물품을 챙겨 꺼내 둔다. 차량을 가지고 온 내방객의 경우 주차권을 받을 수 있도록 조치한다.

배웅의 수준은 상대방의 중요도에 따라 사무실 배웅, 엘리베이터 앞 배웅, 차량 배웅 등으로 결정해 둔다. 배웅 시에는 엘리베이터 문이 닫힐 때까지, 차량의 경우 시야에서 사라질 때까지 서 있으면 좋다. 내방객이 돌아간 뒤에는 간단하게 뒷정리를 해 둔다.

4) 소개 및 명함 교환

사람을 만날 때 처음 보는 사람에게 자기소개를 하는 경우와 여러 사람을 소개하는 경우가 있다.

소개의 순서는 손아랫사람이 손윗사람에게, 남성을 여성에게, 후배를 선배에게, 지위가 낮은 사람을 높은 사람에게, 가족을 손님에게 그리고 미혼자를 기혼자에게 소개한다. 소개 시 일반적으로 직위는 연령에 우선하고, 지명도 높은 지인보다 손님이 중요하며, 남성의 직위가 높을 경우에도 여성을 먼저 소개해야 한다. 소개할 때 예절은 다음과 같이 한다.

- 동성끼리 소개말을 주고받을 때는 함께 일어선다.
- 성직자, 연장자, 지위가 매우 높은 사람을 소개받을 때는 남녀 관계없이 일어서는 것이 원칙이다. 다만 환자나 노령자는 예외다.
- 남성이 여성을 소개받을 때는 반드시 일어선다. 그러나 여성이 남성을 소개받을 때는 꼭 일어설 필요가 없다.
- 파티를 주최하는 여성(호스티스)은 상대가 남성이라도 일어난다.
- 동성 간의 소개라면 악수를 하는 것이 보통이지만, 이성 간에는 여성 쪽에서 간단히 목례와 미소를 보내는 것으로 충분하다. 연장자가 악수 대신 간단한 인사를 했다면 연소자도 이에 따른다.

- 우리나라에선 소개를 받으면 명함부터 내밀고 보는 것이 관례지만 외국의 사교 모임에서는 명함을 거의 주고받지 않는다. '오른손으로 악수하며 왼손으로 명함을 꺼내드는' 실수는 하지 않도록 한다.

명함은 사람의 얼굴을 대신하는 중요한 정보교환의 수단뿐만 아니라 인적 네트워크의 기초자료가 된다. 명함을 주고받을 때 다음과 같이 주의하도록 한다.

- 명함 지갑은 남성의 경우는 상의 안쪽 주머니에, 여성은 핸드백에 넣어 두는 것이 좋다.
- 명함은 서서 주고받으며 건네는 위치는 상대방의 가슴 높이 정도가 적당하다.
- 구겨지거나 더러운 명함은 절대로 사용하지 않는다.
- 명함을 건넬 때 자신의 성명이 상대방 쪽에서 바르게 보이도록 한다.
- 명함을 주고받을 때는 간략한 자기소개의 말을 하고 명함과 관련하여 한두 마디 대화를 나눈다. 받은 명함을 즉시 호주머니에 넣는 것은 예의에 어긋난다.
- 명함을 받았을 때 상대의 이름이 어려운 한자거나 외국어일 땐 즉석에서 확인해 나중의 실수를 막는다.
- 상대방 앞에서 명함에 메모하는 것은 실례이다.

그림9-6
명함 건네는 법

- 명함은 손아래 사람이나 직위가 낮은 사람이 손윗사람이나 직위가 높은 사람에게 먼저 내민다. 명함 오른쪽 끝을 오른손 엄지손가락과 집게손가락으로 잡아 건네는 것이 예의다. 이때 왼손으로 오른손을 가볍게 받친다.
- 쌍방이 동시에 명함을 꺼냈을 때는 상대편 것을 왼손으로 받은 뒤 곧바로 오른손으로 옮겨 쥔다.
- 받은 명함을 테이블에 놓고 나와서는 안 된다.

2. 응대 예절

1) 언어 예절

(1) 바른 호칭

제대로 된 호칭은 에티켓의 기본 요소로 자신과 상대편의 나이, 사회적 지위, 대화 상황에 걸맞은 호칭을 다양하게 구사할 줄 알아야 한다.

① 상사

직접 대면할 때에는 성과 직위에, 성명을 모르면 직위에만 '님' 자를 붙인다. 상사에게 자신을 호칭할 때에는 '저' 또는 "팀장 ○○○입니다."라고 성과 직위 또는 직명을 사용한다.

② 부하 또는 동료 직원

부하나 동료에게는 "○과장 또는 ○○○씨"라고 성과 직위 또는 직함으로 칭한다. 처음 대면이거나 선임자일 때엔 '님' 자를 붙이고 자신을 칭할 땐 '나'라고 한다. 부하라도 연장자인 경우에는 적절한 예우가 필요하다.

③ 차상급자에게 상급자를 호칭할 때

자신의 상사보다 더 윗사람 앞에서 자기 상사를 칭할 때는 "상무님, ○부장이 ……"라고 '님'자를 빼고 직책이나 직위만 사용한다. 외부 인사와 이야기할 때는 "김부장께서 ……."하는 식으로 말한다.

④ 남자 직원이 여자 직원을 부를 때

'○○○씨'로 부르는 것이 좋다. 후배 여자 직원을 부를 때도 '○○○씨', 직위가 있을 경우엔 성에 직위를 붙여 부른다. 손아래 남자 직원이 선배 여자 직원을 부를 때는 '선배님'이라는 호칭을 쓴다. 직위가 있으면 직위로 부른다.

⑤ 손님에 대한 기본적인 접객 용어

- 손님이 부를 때 : 네, 손님
- 손님에 대응할 때 : 네, 알겠습니다.
- 손님 앞에서 자리를 떠날 때 : 죄송합니다. 잠시만 기다려 주십시오.
- 모르는 질문을 받을 때 : 담당자에게 확인하겠습니다. 잠시만 기다려 주십시오.
- 손님에게 불평을 들을 때 : 폐를 끼쳐드려 대단히 죄송합니다.
- 음식이 늦거나 잘못 나왔을 때 : 죄송합니다. 주문 확인해 드리겠습니다.
- 그릇류를 떨어뜨리거나 소음을 냈을 때 : 죄송합니다.
- 돈을 지급 할 때 : 감사합니다. ○○○ 받았습니다. 거스름돈 ○○○입니다. 안녕히 가십시오.

(2) 경어

상사에 대한 존칭은 호칭에만 붙인다(예 : 사장님실 → 사장실). 본인이 참석한 자리에서 그 지시를 전달할 때는 '님'을 붙인다(예 : 상무님 지시사항을 말씀드리겠습니다). 문서 작성 시 상관에 대한 존칭을 생략한다(예 : 김부장님 제안 → 김부장 제안).

2) 전화 예절

전화는 상품을 판매하는 데 필수불가결하며 고객과의 의사소통을 위한 매개체로 전화를 받는 사람의 말씨, 음성만으로 상대의 이미지가 결정되어 버린다. 따라서 전화벨이 울리면 신속하게 받아야 하며 세 번 이상 울리기 전에 즉시 응답하고 밝은 미소와 명랑한 음성으로 무엇이든지 도울 수 있다는 마음이 상대에게 전달되도록 해야 한다.

말을 할 때는 목소리의 크기, 높낮이, 속도에 주의하여야 하며, 분명하고 정중하게 우선 인사말, 업체명, 직책, 이름을 말하고 고객의 이름과 용건을 듣는다. 항상 메모와 필기구를 준비하여 바로 메모하는 습관을 가져야 한다.

이해하기 어려운 전문용어의 사용은 가급적 피하고, 이해하기 어려운 것이 있을 경우 납득이 갈 때까지 정중히 설명하고, 들은 용건은 반드시 메모하고 그 내용을 다시 확인한다.

표9-2 올바른 경어 표현

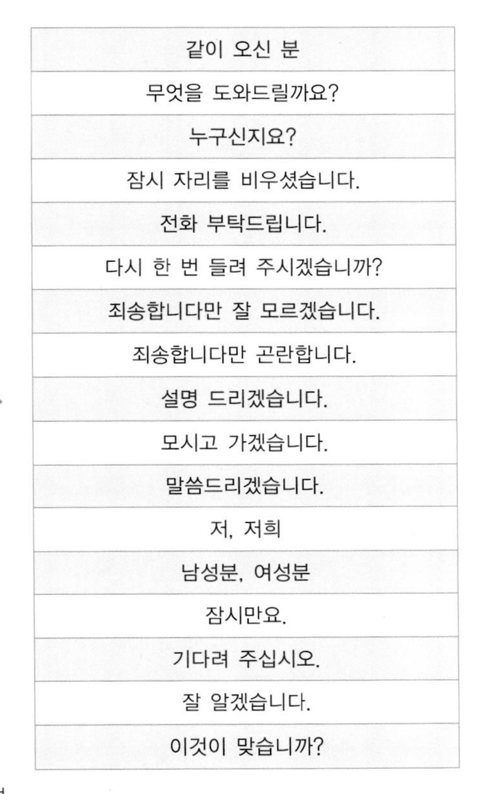

잘못된 표현	올바른 표현
같이 온 사람	같이 오신 분
무슨 일이죠?	무엇을 도와드릴까요?
누구예요?	누구신지요?
자리에 없어요	잠시 자리를 비우셨습니다.
전화하세요.	전화 부탁드립니다.
또 오겠습니까?	다시 한 번 들려 주시겠습니까?
모릅니다. 모르겠는데요.	죄송합니다만 잘 모르겠습니다.
안 됩니다.	죄송합니다만 곤란합니다.
설명하겠습니다.	설명 드리겠습니다.
함께 가겠습니다.	모시고 가겠습니다.
말하겠습니다.	말씀드리겠습니다.
나, 우리	저, 저희
남자, 여자	남성분, 여성분
잠깐만요.	잠시만요.
기다리세요.	기다려 주십시오.
알았습니다.	잘 알겠습니다.
이것입니까?	이것이 맞습니까?

자료: 박혜정(2007). 이미지메이킹(p.187). 백산출판사. 일부수정

통화 중 상사나 동료에게 질문을 하거나 의논할 때는 수화기를 반드시 아래로 향하게 하여 손바닥으로 잘 막고, 고객 이름은 경칭을 사용하여 실수하는 일이 없도록 한다. 시간이 필요한 일인 경우 일단 전화를 끊고 가능한 한 빠른 시간 내에 답변을 한다.

말을 전달해야 할 경우 고객 이름과 용건, 전화번호 등을 정확히 메모하여 틀리지 않게 전하고, 가능한 한 부탁받은 시간을 메모하여 용건의 전달 여부를 점검하고, 통화 마지막에 본인의 이름, 전화번호를 다시 한 번 분명히 이야기한다.

본인이 담당하고 있지 않은 용건의 전화를 받았을 때나 담당자가 자리에 없을 경우, 용건을 충분히 확인한 후 정확히 담당자에게 인계하여야 하며, 전화를 다른 부서로 연결하는 행위는 절대로 하지 말아야 한다.

‘사물존칭’ 감정노동자들의 잘못된 한글 ‘새로고침’

“커피가 뜨거우시니(X) 조심하십시오” → “뜨거우니(O) 조심하십시오”
“등받이 올리실게요(X)” → “등받이 올려주세요(O)”
“출발일이 언제십니까(X)” → “언제 출발하십니까(O)”

고객을 응대하면서 늘 존경과 친절을 보여야 한다는 생각에, 사물에 조차 과도한 경어를 붙이는 감정노동자의 잘못된 한글 사용 관행을 고치려는 움직임이 일고 있다.

국립국어원의 특별자문을 받은 제주항공이 11년째 바른 우리말을 쓰면서, 서비스업계 한글바로쓰기를 선도하고 있다.

이 회사는 오래전 ‘결제를 도와드리겠습니다’를 ‘결제 하시겠습니까?’로, ‘예약이 들어가 있습니다’를 ‘예약되어 있습니다’로 바꾸었다.

11년전부터 한글날엔 아예 한자어 조차 순우리말로 바꿨다.

“자리 띠 알림 불이 꺼질 때까지 자리 띠를 매고 기다려 주시고, 손전화는 조금 더 있다가 사용해 주시기 바랍니다. 아울러 자리 앞의 주머니 또는 위 선반에 들어 있는 짐을 두고 내리시지 않도록 다시 한 번 둘러봐 주시기 바랍니다.”

아직은 몇몇 순우리말이 복원된지 얼마되지 않아 어색한 측면이 있고, 한자어가 익숙하기에 모든 날 순우리말 방송을 못하지만, 다시 순우리말이 널리 쓰이기를 기대하면서 이 방송을 지속하고 있다.

이륙과 착륙은 각각 ‘날아오를 때’와 ‘땅에 내릴 때’로 표현하는 등 우리말로 표현이 가능한 한자어와 외래어를 뺐다. ‘비행기’는 ‘날틀’로 표현했다. ‘여행’은 ‘나들이’, 제주항공을 소개할 때 쓰는 ‘신선한’ 등의 꾸밈말은 새롭고 산뜻하다는 뜻을 가진 ‘새뜻한’ 등으로 바꿔 방송한다.

잘못된 맞춤법, 표현법은 지난해 최종 수정이 완료됐다. 이른바 ‘사물존칭’ 등 잘못된 높임말은 1순위 고침 대상이었다. 제주항공은 교육자료로 활용해 임직원의 언어습관을 고쳐나갈 계획이다.

자료 : http://biz.heraldcorp.com/view.php?ud=20181008000108

전화를 끊을 때는 “감사합니다.”라고 인사를 하고 상대방이 끊고 나서 조용히 수화기를 내려 놓는다.

(1) 전화 거는 예절

- 전화 걸기 전 시간, 장소, 상대방의 상황 등을 고려하여 간단히 용건에 대해 메모를 한다.
- 자신의 신분을 먼저 밝힌다.
- 통화하고자 하는 사람의 이름, 소속을 확인한다.

- 다른 사람이 나오면 정중하게 바꿔주기를 청한다.
- 용건은 간단, 명료하게 말한다.
- 용건이 끝나면 인사하고 마무리를 한다.
- 잘못 걸렸을 때 정중히 사과한다.
- 전화를 건 사람이 먼저 끊는다. 윗사람에게는 아랫사람이 나중에 끊는다.
- 늦은 밤, 이른 아침, 식사시간은 가급적 피한다.

(2) 전화 받는 예절

- 전화는 세 번 정도 울리기 전에 받는다.
- 늦게 받았을 경우에는 사과를 한 후 통화를 시작한다.
- 근무처, 소속, 이름을 밝힌다.
- 메모를 준비하고 용건을 듣는다.
- 요점을 메모, 정리, 복창하여 내용을 재확인한다.
- 의문점이나 용건 해결을 위해 필요한 질문을 한다
- 해결방안을 상대방이 이해하기 쉽게 답변한다.
- 잘 모르는 내용인 경우 양해를 구한 후 담당자를 연결하든가, 확인 후 다시 연락할 것을 약속한다.
- 끊는 인사를 한다.
- 건 사람이 끊은 후 끊는다.

전화 예절의 기본

① 메모지와 필기구는 항상 전화기 옆에 준비
② 간결하고 친절한 말씨로 통화
③ 분명한 발음으로 알아듣기 쉽게
④ 내용은 간단하고 명료하게
⑤ 태도는 친절하고 말은 정중하게

(3) 전화 연결 요령

- 누가 받을 사람인지 확인한다.
- "잠시만 기다려 주십시오. 연결해 드리겠습니다."
- "죄송하지만 누구시라고 전해드릴까요?"
- 받을 사람이 없을 때는 부재 이유를 밝히고 메모를 받는다.
- "메시지를 남겨 주세요. 메모를 전해 드릴까요?"
- "통화 중입니다. 잠시 기다리시겠습니까? 다시 전화 주시겠습니까?"
- "회의 중이신데 메모를 남겨 드릴까요?"

표9-3 전화 응대 매뉴얼

구분	상황	올바른 전화 응대법
맞이 단계	전화벨이 울릴 경우	• 전화 벨소리가 3회 이내, 연결음악인 경우 8초 이내에 받는다. • 4회 이상 전화벨 또는 연결음악 9초 이상이 울린 후 받을 때는 "늦게 받아 죄송합니다.", "오래 기다리시게 해서 죄송합니다." 등 양해의 표현을 한다. • 친밀감 형성 및 긴장된 고객의 대화 유도를 위해 "무엇을 도와드릴까요?" 등을 표현한다.
	전화를 받는 경우	• 적절한 인사말과 함께 소속, 계급 또는 직책, 성명을 말한다. • 상냥하고 부드러운 음성, 명확한 발음, 적절한 말의 속도, 사무적이거나 형식적이지 않는 목소리 높낮이와 톤으로 응대한다.
응대 단계	직접 응대 가능한 경우	• 문의사항에 대해 최대한 신속하게 답변을 한다. – 즉시 응답이 불가능하여 고객이 대기하는 시간이 발생하는 경우 "죄송합니다. 잠시만 기다려 주시겠습니까?", "죄송합니다. 잠시 확인해 보겠습니다." 등 양해의 표현을 한다. – 고객의 대기시간이 길어질 경우 대기음악 등을 활용한다. – 대기 후 답변을 할 때는 "오래 기다려 주셔서 감사합니다." 등 양해의 표현을 한다.
	담당자 연결의 경우	• 해당 담당자를 연결할 때 양해표현, 연결표현, 끊어질 경우 전화번호 등의 안내를 한다. – "죄송합니다만, 담당부서(또는 담당자)로 연결해 드리겠습니다. 혹시 연결 중에 전화가 끊어질 경우 000-0000 번호로 전화하시길 바랍니다. 감사합니다." 등
	다시 전화가 필요한 경우	• 즉시 답변 처리가 어려운 경우 – "죄송합니다만, 문의하신 내용 확인을 위해 시간이 조금 걸릴 것 같습니다. 성함과 연락처를 알려주시면 확인 후 다시 전화드리도록 하겠습니다." 등 양해의 표현을 한다. • 담당자가 부재 시 – "죄송합니다만, 지금 담당자가 잠시 자리를 비웠습니다. 성함과 연락처를 알려주시면 담당자로 하여금 바로 전화드리도록 하겠습니다." 등 양해의 표현을 한다.

(계속)

구분	상황	올바른 전화 응대법
	다시 전화가 필요한 경우	• 문의사항이 타 부서 내용인 경우 – "죄송하지만, 고객님께서 문의하신 내용은 해당 부서인 OO과에서 안내해 드려야 할 사항입니다. 성함과 연락처를 알려주시면 OO과 담당자로 하여금 전화드리도록 하겠습니다."의 표현을 한다. – 담당자 부재 시나 타 부서로 메모 전달해야 할 때 고객의 질문사항을 간결하게 기재하여 전달해서 고객이 동일한 내용을 다시 설명하지 않도록 한다.
응대 단계	일반적 사항	• 태도 – 고객의 문의사항에 대해 집중한다. – 통화 중간에 다른 일을 동시에 수행한다거나, 관련 없는 내용을 답변하지 않는다. – 고객의 말을 자르거나 가로막는 행동을 자제하고 끝까지 경청한다. 부득이한 경우로 고객의 말을 끊을 경우 "고객님, 말씀 도중 죄송합니다만 ……" 등의 양해 표현을 한다. – 고객의 문의사항 청취 시 중간 중간에 "아, 그렇죠.", "그렇습니다.", "불편하셨겠네요." 등 호응의 표현으로 공감대를 형성한다. – 고객의 말을 제대로 듣지 않았다라는 불쾌감이나 재반복 설명을 해야 하는 불편함을 제공하지 않도록 메모와 경청을 하여 문의사항에 대해 되물어보지 않도록 한다. – 통화 중 부득이하게 다른 사람을 부르거나 대화를 해야 할 경우 보류 버튼을 사용한다. – 해당 문의사항에 대한 전문지식을 보유하여 정확한 답변과 구체적인 설명을 한다. – 가장 쉬운 용어와 예시를 활용하여 이해하기 쉽게 설명한다. – 문의사항에 대해 고객이 충분히 이해할 때까지 다양한 부가 설명을 제공하고 고객이 문의한 사항에 적절한 해결책을 제시한다. • 언어 – 긍정적인 표현을 사용한다. "안 됩니다." → "곤란합니다만, 방법을 찾아보도록 하겠습니다.", "못합니다.", "모릅니다." → "도움을 드리지 못해 죄송합니다." 등 – 정중한 언어 및 경어를 사용한다. "OOO로 가시라구요."→"OOO로 가시기 바랍니다.", "~하시면 되거든요." → "~하시면 됩니다.", "~했어요?" → "~하셨습니까?", "그렇죠, 네 ~네, 그럼요……." → "네, 맞습니다. 그렇습니다." 등 – 자연스러운 속도로 발음한다. – 사무적이거나 형식적이지 않고 상대방이 편안하게 들을 수 있도록 응대한다. – 대화 중 "죄송합니다만 ……, 괜찮으시다면 ……, 불편하시겠지만 ……, 번거로우시겠지만 ……" 등 부드러운 완충역할을 해 주는 언어를 사용한다. – 예외적인 상황 발생 시 "괜찮으시다면, 잠시만 기다려 주시겠습니까?", "불편하시겠지만, 홈페이지를 참고하시겠습니까?" 등 적절한 양해표현을 사용한다. – 외래어 · 비어 · 속어 · 사투리 등을 사용하지 않고 표준어를 사용한다.
마무리 단계	마지막 인사	• 용무완료 여부를 확인하고 적절한 끝인사와 본인의 성명을 말한다. – "더 궁금하신 사항이 있으십니까? 좋은 하루 되십시오(또는 행복한 하루 되십시오 등). 지금까지 고객서비스팀 팀장 OOO이었습니다." 등
	종료 시	• 종료 인사 후 고객이 먼저 끊은 다음 약 3초 경과 후에 전화 수화기를 내려놓는다.

3) 네티켓

정보통신의 발달로 새로운 삶의 공간이 된 가상공간(cyber space)은 자신의 존재를 감출 수 있는 익명성, 시공간을 초월한 모든 정보와 교류가 누구나 접근할 수 있는 개방성과 사용자 간의 수평적인 관계인 평등성이 보장되는 공간이다. 따라서 가상공간의 질서를 정립하기 위해서는 타인을 존중하고 배려하는 마음가짐과 태도를 가져야 한다. 네티켓(netiquette)이란 네트워크(network)와 에티켓(etiquette)의 합성어로 네티즌이 인터넷 공간에서 지켜야 할 예의범절을 의미한다.

네티켓의 핵심원칙

① 인간임을 기억하라.
② 실제생활에서 적용된 것처럼 똑같은 기준과 행동을 고수하라.
③ 현재 자신이 어떤 곳에 접속해 있는지 알고, 그곳 문화에 어울리게 행동하라.
④ 다른 사람의 시간을 존중하라.
⑤ 온라인상에서도 교양 있는 사람으로 보이도록 하라.
⑥ 전문적인 지식을 공유하라.
⑦ 논쟁은 절제된 감정 아래 행하라.
⑧ 다른 사람의 사생활을 존중하라.
⑨ 당신의 권력을 남용하지 말라.
⑩ 다른 사람의 실수를 용서하라.

자료: Shea, V.(1994). Netiquette. San Rafael, CA: Albion Books.

(1) 전자우편 네티켓

컴퓨터 보급의 확대로 인터넷 사용자가 급증하면서 손으로 직접 쓰던 편지보다는 쉽고 빠르게 보낼 수 있는 전자우편은 그 사용빈도와 정보전달량 측면에서 중요한 위치를 차지하고 있다.

전자우편이 가지고 있는 주요 특성은 첫째, 특정 시간과 장소에 상관없이 자신의 형편에 따라 메시지를 전달하고, 수신하며, 답신할 수 있는 비동시성(asynchronous)이다. 둘째, 문자 기반(text-based)으로 정확한 문법 및 철자를 사용하여야 하며, 필요에 따라서는 사운드, 비디오, 애니메이션, 그래픽 파일 등을 첨부할 수 있다. 셋째, 지역적 거리에 상관없이 수초 이내에 전송되어 수신자는 신속하게 반응할 수 있으며, 한 번에 여러 명에게 발신이 가능한 신속성이다. 넷째, 사용 지식이 없더라도 키보드 작동능력을 포함하는 최소한의 컴퓨터 소양능력만 갖추고 있으면 누구라도 사용하기가 용이하다. 다섯째, 최소한의 장비와 소프트웨어 및 시설 등으로 작동되기 때문에 비용적인 면에서 효율적이다. 전자우편을 사용할 때의 주의사항은 다음과 같다.

- 매일 메일을 확인하고 즉시 지울 것, 바로 읽을 것, 다른 사람에게 전달할 것, 참고용으로 저장할 것, 나중에 읽기 위해 저장할 것 등을 구분하여 처리한다.
- 자신의 ID나 비밀번호를 타인에게 절대 공개하지 않는다.
- 메일을 보내기 전 반드시 보내고자 하는 주소를 확인한다.
- 보내는 사람에 대한 신분을 밝히고 메일을 보낸다.
- 제목은 메시지 내용을 알 수 있도록 함축하여 간략하게 쓴다.
- 중요하거나 긴급한 상황일 경우 [긴급], [제안] 등 말머리 제도를 이용할 수 있다.
- 메시지 내용은 올바른 철자와 문법을 사용하여 가능한 한 짧고 간결하게 요점만 쓰고 문자의 크기나 줄 간격, 글꼴, 색상 등을 알맞게 설정하여 보기 좋게 작성한다.
- 타인에게 피해를 주는 비방, 욕설 등이나 과격한 어조의 메시지는 피한다. 풍자와 유머도 주의해서 사용하며, 가급적 피하는 것이 좋다.
- 개인에게 보내야 할 메일이 리스트 전체에게 가지 않도록 주의한다.
- 신속하게 파일을 수신할 수 있도록 첨부파일의 경우 압축하여 보낸다.
- 메시지 응답은 친절하면서 신속하게 한다.
- 신속하게 응답할 수 없다면, 메시지를 받았으며 나중에 충분한 응답을 하겠다는 간단한 메시지를 보내도록 한다.
- 모든 질문에 대해서는 사소한 것이라도 자세하게 답변한다.
- 회신 시 상대방 의견을 직접 인용하여 본문 안에 넣는 것은 삼가고 동의한다고 하는 한 줄 정도의 글로 간결하게 회신한다. 초점에 벗어난 질문이나 코멘트는 하지 않는다.

- 가능한 한 메시지 끝에 성명, 직위, 단체명, 메일주소, 전화번호 등 서명을 포함시키되 4줄을 초과하지 않도록 한다.
- 기존에 FAQ를 파악하여 같은 질문을 하지 않도록 한다.
- 여러 그룹과 동시에 메시지를 주고받을 때는 상단에 사과내용과 함께 그룹명을 표시한다.
- 메세지를 작성한 후에는 한 번 검토한 후 보낸다.

(2) 채팅 네티켓

자신을 먼저 소개한 뒤 대화에 임하고, 상대방의 호칭으로 '님'을 사용하며, 입장과 퇴장할 때 서로에게 인사를 나눈다. 다른 사람의 ID로 접속하여 대화하지 않고 주제에 맞는 대화를 하며, 상대방에게 불쾌감을 주는 비방, 욕설 또는 빈정대는 말은 하지 않아야 한다. 또 같은 내용의 말을 한꺼번에 계속 반복하지 않으며 간단명료하고 바른 언어, 예절에 맞는 언어를 사용한다. 이밖에도 성희롱이나 스토킹, 비속어 사용 등을 하지 않아야 한다.

(3) 게시판 네티켓

글은 간결하고 명확하게 쓰며, 문법에 맞는 표현과 올바른 맞춤법에 맞춰 사용하고, 남의 글에 대해 욕을 하거나 비난하는 글은 삼간다. 게시물 내용을 설명할 수 있는 제목을 붙이고 사실과 다른 내용은 올리지 않으며 같은 글을 여러 번 반복하여 올리지 않는다.

(4) 자료실 네티켓

불법 소프트웨어나 음란물은 올리지 않는다. 반드시 자료 올리기 전에는 바이러스 체크를 하며 자료를 올릴 때는 압축하여 용량을 줄이고 당사자의 이름을 밝힌다. 유익한 자료를 받았다면 올린 사람에게 감사의 메일을 보낸다.

네티즌 윤리강령

네티즌 기본정신

- 사이버 공간의 주체는 인간이다.
- 사이버 공간은 공동체의 공간이다.
- 사이버 공간은 누구에게나 평등하며 열린 공간이다.
- 사이버 공간은 네티즌 스스로 건전하게 가꾸어 나간다.

네티즌 행동강령

- 우리는 타인의 인권과 사생활을 존중하고 보호한다.
- 우리는 건전한 정보를 제공하고 올바르게 사용한다.
- 우리는 불건전한 정보를 배격하며 유포하지 않는다.
- 우리는 타인의 정보를 보호하며, 자신의 정보도 철저히 관리한다.
- 우리는 비속어나 욕설 사용을 자제하고, 바른 언어를 사용한다.
- 우리는 실명으로 활동하며, 자신의 ID로 행한 행동에 책임을 진다.
- 우리는 바이러스 유포나 해킹 등 불법적인 행동을 하지 않는다.
- 우리는 타인의 지적 재산권을 보호하고 존중한다.
- 우리는 사이버 공간에 대한 자율적 감시와 비판활동에 적극 참여한다.
- 우리는 네티즌 윤리강령 실천을 통해 건전한 네티즌 문화를 조성한다.

자료: 정보통신부(2000. 6. 15.) 네티즌 윤리강령.

서비스 측정도의 10개 항목

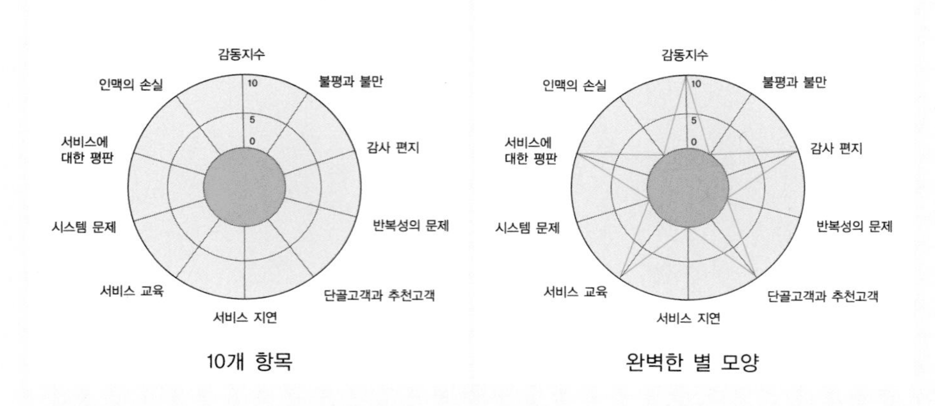

10개 항목　　　완벽한 별 모양

① 감동지수

고객에게 감동을 주고 있는가?

고객에게 매일 잊을 수 없는 감동을 주는 것으로 유명한가?

언제나 고객과 연관된 일로 하루를 보내려고 노력하는가?

불평을 칭찬으로 바꿀 수 있으며, 어려운 상황을 극복할 수 있는 사람이라는 평판을 듣는가?

② 불평과 불만

본인 자신이나 팀, 또는 회사에 대해 불평을 하는 사람들이 있는가?

함께 일하는 사람들이나 그들의 일처리 방식에 대해 자주 불평을 하는가?

③ 감사 편지

우편함에 감사 편지로 가득 차 있는가?

감사 메모가 쇄도하는가?

칭찬 이메일 때문에 서버를 새로 구축한 적이 있는가?

④ 반복성의 문제

문제가 생기면 초기 단계에서 바로 해결하는가?

발생될 만한 문제를 예상하여 이를 조기에 차단할 수 있는 제도를 미리 만들어 놓는 타입인가?

똑같은 문제가 계속 반복되는가? (높은 점수)

⑤ 단골손님과 추천고객

새로운 고객을 유치하는 데 큰 어려움을 겪고 있는가?

새로운 관계를 맺을 때 상대방에게 자신의 장점을 알리느라 애를 먹고 있는가?

주위 사람의 추천으로 고객을 소개받지 못하고 단골고객을 만드는 데 애를 먹고 있는가?

(계속)

⑥ 서비스 지연

걸려온 전화를 받는 데 얼마나 오랜 시간이 걸리는가?

처음부터 담당자와 통화하게 되어 있는가?

원하는 정보를 얻기 위해 얼마나 오래 기다려야 하는가?

⑦ 서비스 교육

서비스 교육을 받는 데 얼마나 많은 시간과 돈과 노력을 투자하고 있는가?

매주 무언가를 배우러 가고 매달 교육을 받고 있는가?

교육자료를 가지고 있고 그것을 현실에 적용하기 위해 시간을 들여 노력하고 있는가?

⑧ 시스템 문제

현재 가동 중인 시스템은 성능이 어떤가?

일처리를 용이하게 해 주는가 아니면 방해요소인가?

⑨ 서비스에 대한 평판

어떤 평판을 받고 있는가?(좋은 서비스로 유명한가 아니면 악명이 자자한가?)

서비스가 훌륭한가? 아니면 저런 식으로 고객을 대하면 안 되겠다는 반면 교사로 인용할 것인가? 아니면 당신에 대해 아무런 말도 하지 않겠는가?

⑩ 인맥의 손실

팀은 늘 고객을 중심으로 생각하는 훌륭한 인재들로 가득 차 있는가?

처음 일을 시작할 때부터 지금까지 거래하고 있는 고객들의 명단을 만들 수 있는가?(고객을 발굴하자마자 놓치는 편인가?)

같은 팀 내의 사람들은 어떤가?

'옛날 직원 모임'을 하려면 커다란 운동장이 필요할 정도로 퇴사한 사람이 많은가?

자료: 마이클 헤펠(2009). 5STAR SERVICE(정아은, 역)(pp. 71-73). 호이테북스.

CHAPTER 10

서비스 요원의 교육훈련

교육훈련은 동기유발(motivation), 고용(employment), 보상(compensation)과 함께 인사정책의 4대 믹스(mix)로 불리고 있다.

특히 환대산업은 노동집약적 산업의 대표적 형태로 서비스 품질 수준이 높고 인적자원에 대한 의존도가 높아 기업의 경영성과에 인적 구조가 절대적인 영향을 미친다. 따라서 조직과 구성원의 발전과 능력 향상을 위해 교육훈련은 매우 중요하며 현재에만 국한되는 것이 아니라 장래에 요구되는 수준까지 고려하여 지속적으로 실시하여 경쟁력 강화를 이루어야 한다.

1. 교육훈련의 개념

교육과 훈련의 개념이 유사하게 여겨지기도 하지만 그 추구하는 목표와 교육내용, 기대 효과 등은 다르다. 교육은 장기적 목표를 위해 앞으로 수행하게 될 새로운 업무를 위한 학습에 이용되고, 훈련은 직무교육 같은 단기적 목표를 위해 현재 수행하고 있는 업무의 성과를 높이기 위한 학습을 의미한다. 다시 말해, 종사원의 자질을 계발하고 직무에 대한 적응력을 높임으로써 보다 효율적으로 직무와 자격을 갖출 수 있도록 유도하는 것이 교육이며, 보다 나은 직무수행을 위한 능력을 향상시켜 생산성을

표10-1 교육과 훈련의 비교

구분	교육(education)	훈련(training)
내용	• 일반적 지식(객관적 지식 습득)	• 특별한 지식(주관적 경험 습득)
효과의 범위	• 다양한 효과	• 특정 효과
기간	• 장기적	• 단기적
추구목표	• 인간으로서의 역할 습득과 지식함양에 치중 • 개인목표 강조 • 정신적 · 보편적 · 장기적 목표 추구	• 특정기업의 특정 직무수행을 위한 기능 습득에 치중 • 조직 목표 강조 • 육체적 · 구체적 · 단기적 목표 추구
기대결과	• 보편적 지식학습을 통한 다양한 결과 기대	• 특정의 제한된 행동결과 기대
사용수단	• 이론 중심의 지식 전달	• 실무 중심의 기능 연마
주체	• 주로 정규교육기관	• 주로 기업 혹은 연수원

자료: 이혜숙 외(2018). 식음료경영론(p.96). 교문사.

높이도록 하는 것이 훈련이다.

교육훈련이란 교육과 훈련의 합성어로 종사원의 지식, 기술, 태도 등에 지속적인 변화를 가져올 수 있도록 설계하고, 계획된 학습경험과 사고나 행동의 적절한 관습이나 태도를 향상시킴으로써 개인이 현재 또는 향후에 수행해야 할 직무를 효과적으로 수행할 수 있는 능력을 향상시키기 위한 교육활동이라 볼 수 있다.

따라서 환대산업의 교육훈련은 서비스 업무 및 절차, 시설관리 및 고객 만족관리 등에 관한 제반사항을 체계화하여 종사원들의 합리적인 업무수행 능력을 개발하고 서비스 경영의 효율성을 높이는 데 중요한 역할수행을 할 수 있도록 하여야 한다.

2. 교육훈련의 효과

교육훈련을 통한 효과는 조직적인 차원, 개인적인 차원, 대인관계 차원으로 나눠 볼 수 있다. 첫째, 조직의 측면에서는 인재 육성을 위한 기술 축적으로 수익 창출에 긍정적인 태도를 갖게 되고, 생산성과 노동의 질을 향상시킨다. 둘째로 구성원 각 개인적인 차원에서 보면 자기계발의 욕구가 충족됨으로 동기유발이 되어 개인의 의사결정

표10-2 교육훈련의 목적

직접 목적		간접 목적
1차 목적	2차 목적	궁극적 목적
지식 향상 기능 향상 태도 개선	능률 향상 인재 육성 인간 완성	기업의 유지 발전 조직의 목적과 개인의 목적 통합 조직 효율성 증대

자료: 양참삼(1994). 인적자원관리(p.463). 법문사.

이나 문제해결 능력을 효과적으로 향상시킬 수 있으며 자기발전의 계기가 마련될 수 있다. 셋째로 집단과 개인의 원활한 대화와 대인관계 기술을 향상시킴으로써 커뮤니케이션이 활성화되어 조직 간 협력을 잘 할 수 있다. 즉, 종사원은 자기계발 기반을 조성하고, 직무에 대한 동기를 부여하며, 직무수행을 원활하게 하고 사기 진작 및 자아실현을 할 수 있다.

교육훈련 성과는 조직의 발전을 이룰 수 있으며 고객의 욕구나 환경 변화에 따라 고객에게 제공되는 서비스 질을 향상시킬 수 있다.

3. 교육훈련의 절차

교육훈련 활동은 조직의 경영전략에 따라 교육훈련 필요성을 분석하고, 교육의 목적 및 목표를 설정하여 교육훈련 내용을 확정하고, 교육훈련 참가자에 맞는 교육훈련 기법을 선정하여 교육훈련을 실시하고, 교육훈련에 대한 결과를 평가하는 과정 등으로 구성될 수 있다.

1) 필요성 분석

교육훈련은 각기 다른 역량을 갖고 있는 종사원의 역량을 증대시켜서 업무수행에 원활하게 적응이 될 수 있는 계기를 마련하여 개인의 능력향상, 조직협력, 동기부여, 사기증진, 태도변화, 문제해결능력, 원만한 대인관계 등 다양한 효과와 기대를 불러일으키며, 기업의 입장에서는 유능한 인재계발, 경영의 극대화와 조직의 효과성 증대를 꾀

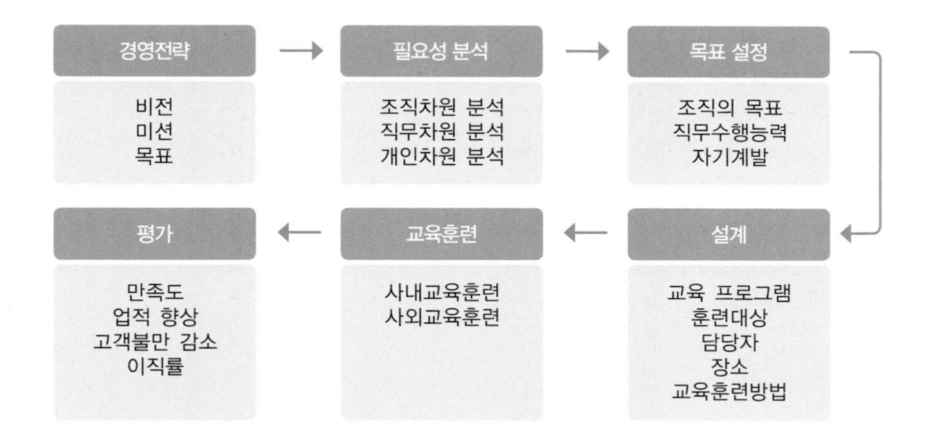

그림10-1
교육훈련의 구성

할 수 있다. 또한 고객의 측면에서 보면 최상의 서비스를 제공받음으로써 최고의 만족과 감동을 통해 심리적 안정과 편안한 휴식을 취할 수 있다.

효율적인 교육훈련을 실시하기 위해서는 개인, 직무, 조직 수준별 필요성에 입각하여 우선 교육훈련의 필요성을 분석하여 교육훈련의 내용과 방법을 결정하여야 한다. 또한 조직의 인적자원 정책, 조직의 분위기, 복직율과 훈련의 소요기간 등 내부적인 요인과 법률, 정부규제, 공공정책 등 외부 요인을 고려하여 조직 차원의 분석(organization analysis)을 통해 조직의 목표, 자원, 환경 등을 검토하여 훈련의 중점사항과 훈련의 수준 정도를 결정하여야 한다. 그리고 직무 차원의 분석(task analysis)으로서 직무기술서와 직무명세서를 검토하여 직무를 완벽하게 수행할 수 있는 훈련내용과 방법을 선택하여야 한다. 개인 차원의 분석(person analysis)의 경우는 직무담당자들에게 필요한 기술, 지식, 태도를 고려하여 현재 담당하고 있는 직무성과 향상을 위한 적정성 여부와 개인이나 집단의 특성에 의해 교육훈련의 필요성이 결정되어야 한다.

2) 목표 설정

교육훈련 프로그램의 경우 피교육자의 일반적인 생활습관의 변화, 지식 습득, 서비스태도 등 직무수행 능력 향상, 개개인의 능력 개발 그리고 지속적인 훈련 등을 통한 결과중심 등 어떤 목적으로 실시하는가를 결정해야 한다.

목표수준 설정은 교육훈련의 효율성을 측정할 수 있는 척도로, 교육훈련 과정을 통하여 얻어지는 지식이나 성과를 측정하는 척도를 마련하는 데 중요한 역할을 한다. 예를 들어, 고객에게 제공되는 서비스나 생산성 향상 또는 비용 절감 등이 목표가 될 수 있다.

3) 교육훈련 설계

(1) 피교육자 선발

피교육자 선발은 교육훈련 프로그램의 성공 여부에 커다란 영향을 준다. 피교육자는 교육훈련의 중요성을 인식하여 프로그램에 적극적으로 참여하는 자세를 보여야 한다.

교육훈련의 대상별로 구분하여 보면 신입사원, 일반직원, 중간관리자, 최고경영자로 구분할 수 있다.

① 신입사원

회사에 처음 들어온 신입사원의 경우 회사에 대한 귀속의식과 애사심을 심어 주고 효율적인 직무수행을 위하여 인사, 고용조건, 시설안내 등 회사에 대한 기본적인 정보를 습득할 수 있도록 하기 위해 실시한다.

② 일반직원

감독 또는 관리직이 아닌 기존의 일반직원에게는 계획된 직무에 관한 기술을 전수하는 교육훈련을 실시한다.

③ 중간관리자

회사의 경영방침을 충분히 이해하고 작업화시켜 나가야 하는 부장, 차장, 과장, 팀장 등 직접 업무를 담당하고 종사원을 감독, 지도, 통솔하는 직위에 있는 중간관리자에게는 광범위한 경영문제나 경영관리의 이해, 관리자로서 필요한 관리기술의 지도를 실시한다.

④ 최고경영자

점장 등 회사의 최고경영자에게는 조직 목표를 달성하기 위해 고도의 판단력과 의사결정능력을 갖추고 통솔력과 지도력을 갖출 수 있도록 최고의 경영관리능력을 양성한다.

(2) 사전 테스트

교육훈련을 실시하기 전 직무수행과 교육훈련 후의 직무수행을 비교할 수 있는 기준이 되며 사전 테스트를 통해 프로그램 계획과 교육훈련 방법을 선택할 수 있다.

(3) 교육훈련 방법 선택

교육훈련 방법을 선택하는 것은 교육훈련 성과를 좌우하는 중요한 요소이다. 회사에서 요구되는 능력을 충족시키기 위해 교육을 하기 전 피교육자에 따라 교육의 내용을 단계별로 수준에 맞게 설정한 교육내용과 기대효과를 파악해야 한다. 이 교육내용에 따라 교육기간을 설정하고 교육에 적합한 교육담당자를 결정한다.

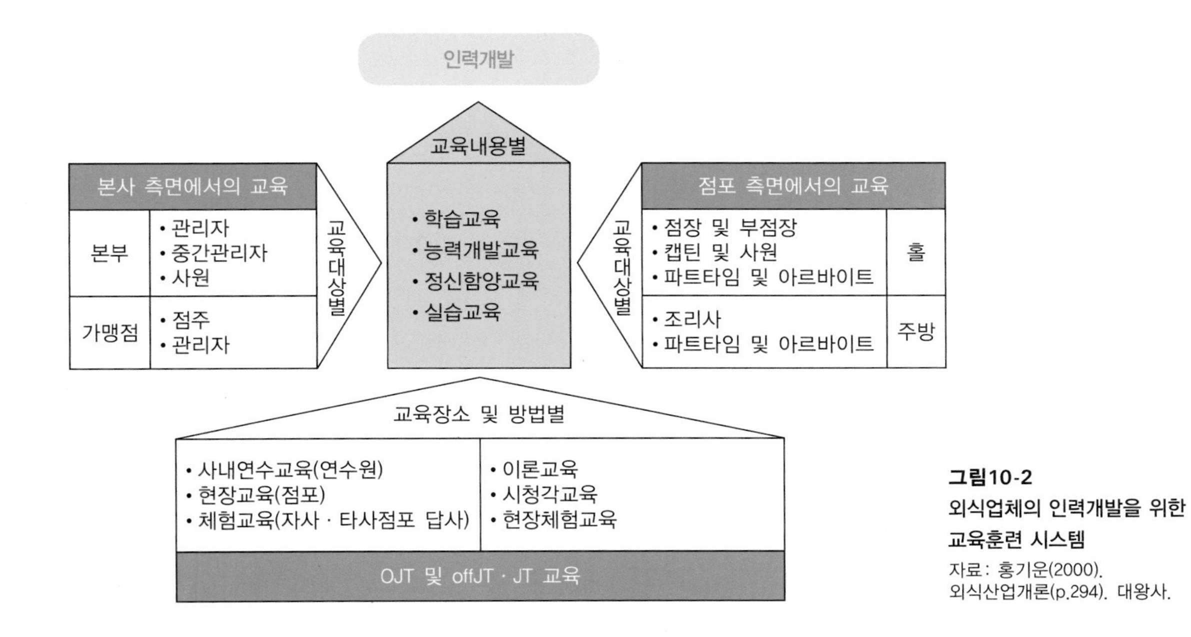

그림10-2
외식업체의 인력개발을 위한 교육훈련 시스템
자료 : 홍기운(2000). 외식산업개론(p.294). 대왕사.

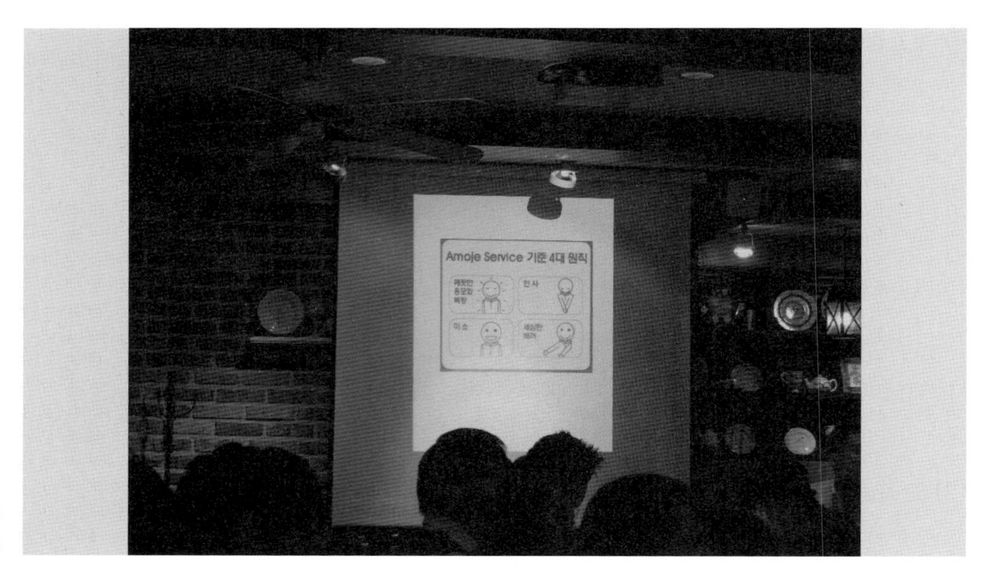

그림10-3
아모제의 서비스 교육

4) 교육훈련 실시

사내교육(OJT: On the Job Training)은 회사 자체 내 계획에 따라 구체적인 직무에 대하여 상급자가 하급자에게 직접적, 개별적으로 훈련시키는 방식이다. 사외교육(Off JT: Off the Job training)은 국내외 전문기관의 위탁교육으로 직무와 직접적인 관련을 갖지 않는 보편적인 내용이나 작업에 대한 사고방식이나 인간관계 기술을 훈련하는 방식이다. 교육훈련은 주로 서비스 교육, 전문기술 교육, 정신 교육, 교양강좌 등을 합숙훈련이나 해외연수를 통해 할 수 있으며 강의식, 토의식, 사례연구나 현장학습 등 필요한 여러 가지 훈련기법을 도입하여 다양하게 활용하여야 한다. 특히 고객지향성을 위한 교육내용은 효과적으로 고객의 소리를 얻을 수 있는 고객정보 수집방법, 고객의 문제를 분석하고 이해하는 방법 그리고 고객 욕구에 서비스를 맞추는 방법이 포함되어야 한다.

표10-3 일반적인 교수 전략

목적	교육 방법	특성	활용 방법	유의 사항
지식/기법 습득	강의	• 단시간 내 다수에게 대량의 정보 제공 • 교육 효과 저조 • 강사 자질에 좌우	기본 지식, 공통 개념 소개	• 시청각 교재 활용 • 중요한 핵심내용에 질문방법 사용
	시범	• 실제 실물을 보거나 직접 조작함 • 비용 과다	기기사용법/ 조작법 교육	• 철저하게 시범준비, 강사는 기기에 대해 완전 마스터할 것
태도 변용	토의법	• 흥미 끄는 정도 강력 • 토의 중 경험, 정보 교류 • 동료의식 좋아짐 • 정보량이 적음	해결방법이나 아이디어 개발 시 문제의식, 문제 공유를 위해서	• 주제에 대해 무관심한 참여자의 적극적인 참여 촉진
	역할 연기	• 장시간 소요 • 촉진자의 능력 중요 • 상대편의 감정 이해 • 적극적인 의사소통 가능	접객응대, 전화응대 회의진행 방법 대인관계 스킬 (면접, 상담, 손님 응대)	• 평가체크리스트 명확히 할 것 • 연기를 녹화, 또는 구성원의 피드백을 받도록 함
행동 변용과 문제 해결능력 향상	사례 연구	• 판단기준 내면화 가능 • 행동으로 전이 용이 • 편협한 사고 → 유연 • 사례개발에 시간, 노력소모	상황분석력이나 문제해결 능력을 높일 경우	• 개인 연구시간을 충분히 줄 것 • 적극적인 토론 촉진
	과제법	• 강의, 워크숍을 더욱 효과적으로 함 • 동기부여가 되지 못할 경우 학습효과 저조	집합교육의 사전 학습으로서 강의나 토의의 페이스를 설정할 경우	• 치밀한 후속조치와 도움을 제공할 것

자료: 중앙공무원교육원(2007). 교육훈련담당자 업무 매뉴얼.

1단계: 가르칠 준비를 한다.

- 상대의 기분을 편안하게 해 준다.
- 앞으로 하게 될 일을 대략적으로 설명한다.
- 상대가 알고 있는 정도를 확인한다.
- 일을 하고 싶은 마음이 들도록 일을 시킨다.
- 바른 자리를 잡게 한다.

2단계: 작업을 설명한다.

- 작업의 주요 순서를 정확히 기억시킨다.
- 가장 중요한 작업요점을 강조한다.
- 단계별로 작업의 순서를 구분하여 확실히 설명한다.
- 상대의 이해도를 확인하여 가르친다.

3단계: 실행시켜 본다.

- 실제로 실행시켜 보고 기본동작을 정착시킨다.
- 실행하면서 작업순서를 직접 설명하게 한다.
- 반복하면서 요점을 직업 설명하게 한다.
- 3회 이상의 반복작업으로 자신감을 갖게 한다.

4단계: 가르친 후 점검한다.

- 일을 깨닫게 한다.
- 궁금한 사항을 물어 볼 수 있는 사람을 정해 둔다.
- 점차적으로 지도 횟수를 줄여 간다.

그림10-4
효과적인 교육기법

자료: 김형렬 외(2006). 외식관리(p. 97). 한올출판사.

5) 교육훈련 평가

교육훈련 평가란 교육 프로그램, 교육과정과 운영 등 교육 훈련 전 과정에 걸쳐 데이터를 수집하고 그 데이터를 의미 있는 정보로 전환하기 위한 체계적인 과정이다. 교육을 실시한 후 효과를 평가하는 과정은 교육훈련의 가치를 측정하는 수단으로 교육훈련 참여자, 조직, 교육 담당자에게 미치는 유효성을 측정하기 위함이다.

교육훈련 평가의 목적은 운영된 프로그램의 장단점, 학습이나 직무로의 전이에 기여한 정도를 규명하고 교육훈련 참가자들의 제언이나 만족도 등의 정보를 통해 프로그램 개선이나 향후 프로그램 홍보에 이용하기 위함이다. 또한 프로그램의 재정적 이익이나 비용, 교육훈련에 대한 투자 비용의 효과에 대한 판단을 하기 위해서이다. 교육훈련에 대한 유효성 평가 방법에는 반응 평가, 학습 평가, 행동 평가와 결과 평가로 나눌 수 있다.

반응 평가는 훈련의 종료 시점에서 훈련 프로그램의 유용성 및 질적 수준을 설문지를 통해 측정할 수 있다. 주로 교육 과정과 운영상 문제점을 수정, 보완함으로써 교육의 질을 향상하기 위한 목적으로 사용된다.

학습 평가는 교육훈련 후 학습자의 지식, 기능, 태도 등 학습목표 달성 정도를 확인하는 것으로 시험 등을 통해 학습 단계를 평가한다.

행동 평가는 업무 복귀 후 배운 지식, 기능, 태도를 현업에서 얼마나 활용하고 있는지를 평가하는 것으로 '현업 적용도 평가'라고도 한다. 주로 학습자 외에도 동료나 상급자의 관찰에 의해 학습 내용이 업무 성과나 행동 변화에 미치는 영향 정도를 측정한다.

표10-4 교육훈련 유효성 평가방법

평가 모델		핵심 내용
반응 평가	프로그램의 만족 정도	학습자는 교육 프로그램에 만족하였는가?
학습 평가	지식, 기술, 태도, 행동 습득 정도	학습 목표를 달성하였는가?
행동 평가	직무에서 활용 정도	학습 내용이 현장에서 활용되고 있는가?
결과 평가	조직에의 기여 정도	기업의 경영성과에 기여하였는가?

마지막으로 결과 평가는 투자된 훈련 비용 대비 이익 및 매출의 변화를 측정하는 것으로 '조직 기여도 평가'라고도 한다. 교육훈련의 정당성 및 유용성을 입증하는 데 도움이 되지만 방법상 한계가 있다.

표10-5 교육훈련 평가 프로세스

1. 평가전략 설정	교육목표의 확인 • 학습 산출물과 평가 수준의 결정 • 목표 수준 결정 • 평가 주체, 평가 시기, 평가 도구, 평가 설계 선정
2. 평가도구 설계	평가 수준별로 평가 도구의 상세 설계 • 반응/학습/행동 평가: 원인/결과 변수 선정 • 결과 평가: 성과 평가 항목 설정
3. 평가도구 개발	평가 수준별 평가 도구 개발 • 반응/학습. 행동 평가: 설문 개발, 시험 출제 • 결과 평가: 성과분석 양식 개발
4. 평가 실행	자료 수집 • 반응/학습/행동 평가: 설문조사, 시험실시 • 결과 평가: 성과 자료 수집(부서 KPI* 달성도 등)
5. 평가결과 분석	사전/사후 평균값 차이 분석 • 실험/통제 집단 간 사전/사후 변화 비교 • 회귀분석: 원인변수 → 결과변수
6. 결과 보고서 작성	진행 경과 보고 • 분석결과 보고(반응 → 학습 → 행동 → 성과) • 시사점 및 개선 방안
7. 결과 활용	교육과정 개선 • 과정 운영 방안 개선 • 전이 방안 개선

※KPI(Key Performance Index)

자료: 중앙공무원교육원(2007). 교육훈련 담당자 업무 매뉴얼.

참고문헌

강준구(2011). OECD 회원국의 서비스산업 분석: 산업구조, 파급효과, 생산성을 중심으로. 대외경제정책연구원.

고용노동부(2017). 감정노동자 종사자 건강보호 핸드북.

고용노동부(2018). 직장 내 성희롱 예방·대응 매뉴얼.

고용노동부, 안전보건공단(2016). 감정노동과 건강관리.

고재윤, 유은이, 정미란(2006). **고객접점서비스 요인이 고객만족에 미치는 영향**-서울시내 특1급 호텔 레스토랑을 중심으로.

고재윤, 유은이, 정미란(2006). **호텔레스토랑의 고객접점서비스의 중요도가 고객만족에 미치는 영향**.

고정민 외(2005. 8. 3). 전략 서비스 산업의 경쟁력 강화방안. SERI CEO **인포메이션, 512**. 삼성경제연구소.

권혁률(2010). **관광서비스론**. 현학사.

김기진, 변광인(2010). DINESERV를 이용한 고객만족, 충성도 결정요인에 의한 한식 활성화 전략에 관한 연구. **외식경영학회, 13**(1), 7-29.

김기홍(2005). **서비스경영론**. 대왕사.

김난도 외(2016). **트렌드 코리아 2017**. 미래의 창.

김난도 외(2017). **트렌드 코리아 2018**. 미래의 창.

김대철, 김수욱, 성백서(2015). **서비스운영관리**. 한경사.

김문성(2010). 관광산업에서 감정 커뮤니케이션과 경험된 감정, 접점 서비스 품질과의 관계. **관광연구, 25**(2), 111-135.

김상희(2005). 서비스접점에서 소비자 감정표현과 판매원 반응에 관한 연구: 언어적·비언어적 커뮤니케이션을 중심으로. **소비자학연구, 16**(2), 111-146.

김상희(2007). 서비스접점에서 판매원 언어적·비언어적 커뮤니케이션이 고객 감정과 행동의도에 미치는 영향 -정서감염현상을 중심으로-. **소비자학연구, 18**(1), 97-131.

김성용(2010). **Hospitality 서비스 경영전략**. 기문사.

김수경(2004). 인터넷 쇼핑몰의 브랜드 소문이 소비자의 태도에 미치는 영향에 관한 연구. 서울대학교 대학원 경영학과 석사학위논문.

김순이, 최재하(1999). QFD방법을 이용한 의료서비스 개선 전략에 관한 연구. **품질경영학회지, 27**(2), 1-19.

김영갑, 전혜진(2014). **외식서비스경영론**. 교문사.

김영중, 정효선, 윤혜현(2011). 특급호텔조리사의 역할스트레스가 직무만족도 및 조직몰입에 미치는 영향:경욕과 성별의 조절효과. **호텔경영학연구, 20**(1), 31-48.

김영태 역(2010). **호텔·외식·관광마케팅**. 도서출판 석정.

김원인, 강인호, 김영규(2009). **글로벌 경영시대의 환대산업 서비스관리**. 계명대학교 출판부.

김원인, 박정아, 최정자 역(2008). **관광마케팅**. 시스마프레스.

김정우 외(2008. 4. 7). 서비스 산업의 생산성 국제 비교. SER **경제 포커스, 187**. 삼성경제연구소.

김지희, 김기홍(2010). **외식경영론**. 대왕사.

김철원, 김태희, 박희자(2004). QFD를 통한 메뉴품질 평가에 관한 연구. **외식경영연구, 7**(2), 147-166.
김태희, 윤지영, 서선희(2017). **외식서비스마케팅**. 파워북.
김현주, 허진, 최웅(2010). 외식업체의 조직 특성과 고객지향성의 관계에 관한 탐색적 연구. **외식경영학과, 13**(1), 233-254.
김형렬, 박소연, 박효철, 변풍식, 유은경, 이재진, 정재홍, 추연우(2006). **외식관리**. 한올출판사.
나윤서, 김홍범(2010). **항공사 객실승무원의 교육훈련 프로그램 개발**. 한국항공경영학회 2010년 춘계학술발표대회.
마이클 헤펠(2009). 5star service(정아은 역). 호이테북스.
문정숙, 김경미(1991). 경험, 지식, 제품특성이 가격-객관적품질 관계에 대한 소비자인지에 미치는 영향에 관한 연구. **소비자학 연구, 2**(2), 27-40.
문화일보(2010.11.1).
미래창조과학부. 한국과학기술기획평가원(2016).「이슈분석 : 4차 산업혁명과 일자리의 미래」.
미래창조과학부 미래준비위원회. KISTEP. KAIST(2017). 10년 후 대한민국 4차 산업혁명 시대의 생산과 소비. 도서출판 지식공감.
박세범, 박종오(2010). **소비자행동**. 북넷.
박승빈(2017). 4차 산업혁명 주요 테마 분석2017년 하반기 연구보고서 제3권.
박창규, 박은정, 김레슬리(2005). 호텔연회 서비스 이용객의 만족 요인에 관한 연구.
박충희(1988). 관광호텔 인적서비스 질의 관리에 관한 실증분석. 박사학위논문. 경기대학교.
박형희(2003). **접객서비스백과**. 한국외식정보.
박혜정(2011). **고객서비스실무**. 백산출판사.
박희진, 최규환(2009). 패밀리 레스토랑 직원의 감정노동과 고객의 감정반응 및 애호도와의 관계 연구, 관광학연구. **사)한국관광학회, 33**(4).
백성욱(2010). 직장인 스트레스 관리, 3·3전략. **SERI 경영 노트**, 70.
백종현(1997). 에드워드 데밍의 관리방법에 대한 충실도 측정을 위한 시나리오 설계와 해석문제. **서강경영논총**. 서강대학교 경영연구소.
번 슈미트(2013). **번 슈미트의 체험 마케팅**. 윤경구·금은영·신원학 역, 김앤김북스.
부숙진(2008). 축제서비스 품질 측정모형 간 비교우위. **관광연구, 23**(1), 253-274.
서비스경영연구회 역(2006). **글로벌 시대의 서비스 경영**(5판). 맥그로힐코리아.
서울신문(2018.1.16).
서원석, 조성은(2005). QFD(Quality Function Deployment)를 이용한 호텔서비스 품질 측정에 관한 연구: 호텔 서비스과정의 중요도를 중심으로. **관광학연구, 29**(3), 335-356.
송현수, 이정현(2006). **원칙에서 출발하는 고객만족경영**. 새로운 제안.
신완선, 김태호, 류문찬, 서창적, 안영진, 이상복, 정규석, 정영배, 최정상(2009). **말콤볼드리지 MB 모델 워크북**. 고즈윈.
신우성(2010). **환대산업서비스**. 대왕사.
신창목(2011. 5. 24). 한국 서비스 교역의 경쟁력과 시사점. **SERI 경제 포커스, 338**. 삼성경제연구소.

신혜숙, 손일락, 류시영(2010). 외식산업 종사원의 직무 스트레스가 이직의도에 미치는 영향. **관광연구저널, 24**(1), 289-303.
양석균(2009). 조직상황특성이 리더십 역량 교육성과에 미치는 영향. 박사학위논문. 카톨릭대학교.
양참삼(1994). **인적자원관리**. 법문사.
여성가족부(2018). 성폭력예방교육 표준강의안 2.0.
오성환, 김금수(2005). **직장예절**. 형설출판사.
오수경(2004). 여행사의 여행서비스 품질 향상에 관한연구 -여행서비스 불평사례를 중심으로-. **관광경영연구, 8**(3).
우경식, 허정봉(2010). **관광서비스마케팅**. 새로미.
유영진, 송정선(2010). 패밀리레스토랑의 커뮤니케이션 유형이 브랜드 가치와 고객만족, 브랜드 애호도에 미치는 영향. **관광연구저널, 24**(2), 111-127.
유혜선, 서용구(2010). **스토리마케팅**. 명진출판사.
윤경구, 금은영, 신원학 역(2013). **번 슈미트의 체험 마케팅**. 김앤김북스.
윤희숙(2004). 고객만족, 불만족에 관한 개념적 고찰. GK consulting Senior consultant, Annual Report of Human Ecology Research institute, 18.
이미옥, 조윤식(2003). 패스트푸드점의 서비스품질 차원별 차이에 관한 연구. **관광경영학연구, 7**(1), 149-168.
이미혜(2010). 항공서비스 접점에서 고객 평가요인이 감정적 반응과 태도에 미치는 영향. **관광경영연구, 14**(1).
이성석(2003). 호텔기업 서비스 교육성과의 영향변인에 관한 연구. 박사학위논문. 동아대학교.
이유재(1994). 고객만족의 결과변수에 대한 이론적 연구. **경영논집, 28**(3-4), 201-232.
이유재(2013). **서비스마케팅**(제5판). 학현사.
이정학(2010). **관광학원론**. 대왕사.
이하나 역(2002). **서비스 경영론**. 현학사.
이형룡, 하인주(2003). DINESERV를 이용한 인천국제공항의 레스토랑 서비스품질에 관한 연구. **호텔경영학연구, 12**(1), 1-17.
이형재(2002). **고객 관계 관리와 경쟁우위**. 사회과학논평, 22.
이혜숙, 우인애, 조현숙(2018). **식음료경영론**. 교문사.
이화인(2017). **서비스고객의 심리와 행동**. 기문사.
임붕영(2006). **고객을 춤추게 하는 서비스 리더십**. 백산출판사.
임영환, 김규철, 김종윤, 이가윤, 정재민, 박형우(2004). **화법의 이론과 실제**. 집문당.
임창희, 홍용기, 채수경(2001). **비즈니스 커뮤니케이션**. 한올출판사.
전영호(2001). 외식업종사원의 고객만족 교육훈련에 관한 연구. 박사학위논문. 경기대학교.
정규엽(2017). **호텔·외식·관광마케팅**. 센게이지러닝코리아.
정승혜, 문금현(2000). **대학생을 위한 화법 강의**. 태학사.
정용해(2006). 고객접점 서비스가 서비스질, 고객만족, 충성도에 미치는 영향에 관한 연구-서울시내 특1급 호텔 식음료 영업장을 중심으로-.
조선배, 김광용(2008). KS-SQI, NCSI, KCSI의 비교 연구. **호텔경영학연구, 17**(3), 213-227. 한국호텔외식경영학회.

조영대(2007). 서비스학개론. 세림출판사.

조윤식(2004). LODGSERV 5차원의 순위구조에 관한 탐색적 연구. **관광경영학연구, 8**(3), 335-352

조재립(2009). **서비스 경영**. 청문각.

조주은, 송성인(2005). 항공사 서비스접점 직원의 서비스 지향성이 조직성과에 미치는 영향. **관광 레저 연구, 17**(3).

조희정, 구본기(2010). 항공사종사자의 직무스트레스가 이직 의도에 미치는 영향 연구. **관광연구 25**(1), 109-125.

주영민(2013). 서비스, 과학과 손잡다: 서비스 사이언스의 부상. **SERI 경제 포커스**. 제 408호. http://www.seri.org/db/dbReptV.html?g_menu=02&s_menu=0203&pubkey=db20130129001.

주영민(2013). 서비스, 과학과 손잡다: 서비스 사이언스의 부상. **SERI 경제 포커스**. 제408호(2013.1.29).

중앙공무원교육원(2007). 교육훈련담당자 업무 매뉴얼.

차길수(2008). **서비스 인간관계론**. 대왕사.

차배근(1999). **커뮤니케이션개론**. 세영사.

최동열, 김복일(1998). 서비스사회 시대의 기본 서비스 마인드. *Journal of Tourism Systems and Quality Management, 4*(1), 243-259.

최윤희(2000). 비언어행위와 사회적 영향에 관한 일 고찰. **한국커뮤니케이션학, 8**(12), 98-117.

최정환, 권태영(2003). **호텔 종사원의 고객 서비스 접점에 관한 연구**. 세종대학교 호텔관광경영학과.

최풍운, 변우진(2001). **관광서비스 중심 환대산업서비스론**. 학문사.

최희경, 정삼권, 이경은(2010). 언어, 유사언어, 비언어 커뮤니케이션이 고객 만족과 충성도에 미치는 영향관계 연구: 항공사 승무원 중심. **호텔관광연구, 12**(2), 244-260.

추병완(2000). 청소년 네티켓 교육의 방향. **초등도덕교육, 6**, 171-186.

통계청(2017, 제10차 개정). 한국표준산업분류. https://kssc.kostat.go.kr

통계청(KOSIS). 경제활동별 GDP(원계열, 명목, 연간)(1970~2017).

통계청(KOSIS). 경제활동인구조사. 산업별 취업자(OECD)(2016).

통계청(KOSIS). 종사자 지위별 취업자(OECD)(2016).

통계청(KOSIS). 2018 경제활동인구조사. 성/산업별 취업자(2004~2017).

프리미엄 경제 파워 데이터(수백만 명의 고객 정보) 분석으로 미래 예측 …… 경영이 쉽다(2011. 8. 8). 조선비즈. http://biz.chosun.com/

한국산업안전공단(2017.10). 감정노동자 종사지 건강 보호핸드북.

한국생산성본부. 노동생산성지수(부가가치기준)(2010~2017).

한국양성평등교육진흥원(2016). 직장 내 성희롱 예방과 대처를 위한 주체별 대응 매뉴얼.

한국양성평등교육진흥원(2017). 2018 성폭력예방교육 표준강의안 2.0(공공기관 종사자).

한국여행발전연구회(2008). **호텔관광 마케팅**. 대왕사.

한국은행(ECOS). 서비스무역세분류통계 원자료(수입 비중, 수출 비중, 무역 수지).

한국은행(ECOS). 2017 경제활동별 국내총생산(당해년가격)(OECD)(2010~2016).

한국EAP협회(2009). 근로자지원프로그램(EAP)의 합리적 도입운영모델 연구(근로복지공단연구용역사업).

한글학회(1985). 우리말 큰사전.

허향진, 김희철, 김민철(2001). 호텔 서비스 품질 측정을 위한 QFD기법의 적용에 관한 연구. 호텔경영학연구, 10(1). 313-324.
홍기운(2000). **외식산업개론**. 대왕사.
홍정석(2009). 고객 가치 창조. 시각부터 교정하자. LG Business Insight.

국외문헌

Baker, S.(1952). *Principle of Hotel Front Office Operations*. Hospitality Press.
Baldwin, T. T., & Ford, J. K.(1988). Transfer of training: A Review and Directions for future Research. *Personnel Psychology, 41*, 63-105.
Baldwin, T. T., & Holton III(2003). *Improving Learning Transfer in Organizations*. Jossey-Bass.
Barrows, C. W., & Powers, T.(2009). *Introduction to the hospitality industry*(7th ed). Wiley.
Basteson, J. E.(1989). *Managing Service Managing Service Marketing*. Dryden Press.
Berry, L., Shostack, G., & Upah, G.(1983). *Emerging Perspectives on Service Marketing*(eds.). Chicago, IL: AMA, 99-107.
Bitner, M. J., & Booms, B. H.(1994). *Critical Service Encounter: The Employee's View Point*. Journal of Marketing.
Carroll, S. J., & Schneider, C. E.(1982). *Performance Appraisal and Review System, The Identification, Measurement and Development Performances in Organization. Glenview, V.* Scatt, Foresman and Company.
Costa, A. I. A., Dekker, M., & Jongen, W. M. F.(2000). Quality function deployment in the food industry: a review. *Trend in Food Science & Technology, 11*, 306-314.
Cronin, J., Joseph, Jr., & Taylor, S. A.(1992). Measuring Service Quality: A Reexamination and Extension. *Journal of Marketing, 58*(July), 55-68.
David Weaver, D., & Lawton, L.(2010). *Tourism Management*(4th ed). Wiley.
Dick, A. S., & Basu, K.(1994). Customer Loyalty: Toward an Integrated Framework. *Journal of the Academy of Marketing Science, 22*(2), 99-113.
Farace, R. V., Monge, P. R., & Russell, H. M.(1997). *Communicating and Organizing*. Addison-Wesley Pub.co.
Fitzsimmons, J. A., & Fitzsimmons, M. J.(2006). *Service Management*(5th ed.). Mc Graw-Hill Company.
Garvin, D.(1988). *Managing Quality*. NY: The Free Press.
Gluck, W. F.(1982). *Personnel: A Diagrammatic Approach*(3th ed). Business Publication Inc.
GrÖnroos, C.(1984). Service Quality Model and Its Marketing Implication. *European Journal of Marketing, 18*(4), 36-44.

Jack E., miller John R., & Walker Karen eich drimmond(2007). *Supervision in the hospitality industry Applied human resources*(5th ed.). Wiley.

Jeong, M., & Oh. H.(1998). Quality Function deployment: An extended framework for service quality customer satisfaction in the hospitality industry. *Hospitality Management, 17*, 375–390.

Jones, T. O., & Sasser, E. W. Jr.(1995). Why satisfied customers defect. *Harvard Business Review, November–December*, 88–99.

Kandampolly, J., Mok, C., & Spark, B.(2001). *Service Quality management in hospitality, tourism, and leisure*. The Haworth Press, Inc.

Kempf, D. S., & Smith, R. E.(1998), Consumer processing of product trial and the influence of prior advertising. *Journal of Marketing, 35*, 325–338.

Knutson, B. J.(1988). Ten laws of customer satisfaction. *Cornell Hotel & Restaurant Administration Quarterly, 29*(3), 14–17.

Kotler, P.(2003). *Marketing insights from A to Z 80 concept every manager needs to know*. John wiley & sons, Inc.

Kotler, P.(2003). *Marketing Management*(11). Prentice Hall.

Kotler, P., Brown, J. T., & Markens, J. C.(2006). *Marketing for hospitality and tourism*. Pearson.

Krajewski & Ritzman(1999). *Operations Management: Strategy and Analysis*(5th ed). Addison–Wesley.

Kustson, B., Stevens, P., Wullaert, C., Patton, M., & Yokoyama, F.(1991). LODGSERV: A Service Quality Index for the Lodging. *Hospitality Research Journal, 14*(2), 277–284.

Lazer, W., & Layton, R.(1999). *Contemporary Hospitality Marketing*. Education Institute of the AH&MA.

Levitt, T.(1975). *Marketing Myopia*. Harvard Business Review.

Lewis, R. C., & Booms, B. H.(1983). The Marketing Aspects of Service Qality. In Berry, L., Shostack, G. & Upah, G. (Eds), *Emerging Perspectives on Services Marketing*. American Marketing Association, Chicago, IL, 99–107.

Lovelock, C. H.(1983). Classifying services to gain strategic marketing insights. *Journal of Marketing, 47*, Summer, 9–20.

Lovelock, C. H.(1992). *Strategies for Managing Capacity Constrained Service Organization, Managing Services: Marketing, Operation, and Human Resources*. New Jersey. Prentice Hall, 154–168.

Lovelock, C., Wirtz, J., & Chew, P.(2014). **서비스 마케팅** (제2판). 김재욱·김종근·김준환·이서구·이성근·이종호·최지호·한계숙 역. 시그마프레스.

Lucas, R. W.(1996). *Customer service skills and concepts for business*. Irwin Mirror Press.

Luk, Sherriff T. K., Corinna T. de Leon, Foo–Weng Leong, & Esther L. Y. Li.(1993). Value Segmentation of Tourists Expectations of Service Quality. *Journal of Travel & Tourism Marketing, 2*(4), 23–38.

Mc Graw Hillion(2002). *Hospitality and Tranel Marketing*(3rd ed.). Delmar Alastiar.

Morrision, A. M.(2002). *Hospitality and Marketing*. Thomson.

Nickson, D. B(2007). *Human Resource Management for the Hospitality and Tourism Industries*. Butterworth-Heinemann.

Noe, R. A., & Schmitt, N. (1986). The influence of trainee attitudes on training effectiveness: test of model. *personnel Psychology, 39*, 497-523.

OECD Statistics. National Accounts of OECD countries 및 Labor Force Statistics.

Parasuraman, A., Zeithaml, V. A., & Barry, L.(1988). SERVQUAL: A Multiple-Item Scale for Measuring Customer's Perception of Service Quality. *Journal of Retailing, 64*(spring), 12-40.

Parasuraman, A., Zeithaml, V. A., & Berry, L. L.(1985). A Conceptual Model of Service Quality and Its Implication for Future Research. *Journal of Marketing, 49*(Fall), 41-50.

Philip Kotler, P.(2003). *Marketing Insights from A to Z*. Wiley.

Reisinger, Y. (2009). *International Tourism*. Elsevier Inc.

Rust, R., Zahorik, A., & Keiningham, T.(1994), *Return on Quality*. Probus Publishing Chicago, 7-8.

Sergio-Roman, Salvador Ruiz, & Jose Luis Munuera(2002). The Effects of Sales Training on Sales Force Activity. *European Journal of Marketing, 36*(11/12), 1344-1366.

Shea, V.(1994). *Netiquette*. San Rafael. CA: Albion Books.

Sherden, W. A.(1988). Gaining the Service Quality Advantage. *the Journal of Business Strategy, 9*(2), 45-48.

Sherman, A., Bohlander, G., & Snell, S.(2001). *Managing Human Resources*. South-Western, 38-72.

Shostack, G.L.(1977). Breaking free from product marketing. *Journal of Marketing, 41*, April, 73-80.

Sommerville, Arleen, N.(1982). The Presearch Reference Interview: A Step by Step Guide. *Data Base, 5*, 32-38.

Sparrowe, R. T., & Kye-sug(kaye) Chon(1995). *Welcome to hospitality an introduction*. FCSI south-western publishing co.

Stafford, M. R., & Day, E.(1995), Retail services advertising: The effects of appeal, medium, and service. *Journal of Advertising, 26*(1), 57-71.

Steven, P., Knutson, B., & Patton, M. (1995). DINESERV: A Tool for Measuring Service Quality in Restaurant. *Cornell Hotel and Restaurant Administration Quarterly, 36*(2), 56-60.

Suh, Chang-Juck and Mi-ra Kang(2008), "An Empirical Study on Expectations and Achievements Affecting Performance of Service Recovery," *Journal of The Korean Production and Operations Management Society, 19*(3), 93-121.

Sundaram, D. S., & Webster, C.(2000). The Role of Nonverbal Communication in Service Encounters. *Journal of Service Marketing, 14*(5), 378-391.

Tan, K. C., Xie, M., & Chia, E.(1998). Quality function deployment and its use in designing information technology systems. *International Journal of Quality and Reliability Management, 5*(6).

Tannenbaum, I., & Yukle, G.(1992). Training and Development in work Organizations. *Annual Review of Psychology, 43*, 399–441.

Tompowers(1988). *Introduction to management in the hospitality industry*(3rd ed.).

Wasner, D. J., Bruner, I. I., & Gordon, C.(1991). Using Organizational Culture to Design Internal Marketing Strategies. *Journal of Service Marketing, 5*(1), 35–46.

Westbrook, R. A., & Oliver, R. L.(1991). The Dimensionality Consumption Emotion Patterns and Consumer Satisfaction. Journal of Consumer Research, 18(June), 84–91.

William Lazar(1999). *Contemporary Hospitality Marketing*. Education Institute of the AH&MA.

Woods, R. H., & Jude Z KIng (1996). *Managing for Quality in the hospitality industry*. Education Institute American Hotel & Motel Association.

Zeithaml, V. A., & Bitner, M. J.(1997). *Service Marketing*. McGraw–Hill.

Zeithaml, V.(1988). Consumer perception of price quality, and value: a means–end model and synthesis of evidence. *Journal of Marketing, 52*(July), 2–22.

인터넷 사이트

http://biz.heraldcorp.com/view.php?ud=20181008000108

http://img.shinhan.com/cib/ko/data/FSB_0903_01.pdf

http://ks-sqi.ksa.or.kr/ks-sqi/3359/subview.do

http://ks-sqi.ksa.or.kr/ks-sqi/3363/subview.do

http://m.newsway.co.kr/news/view?tp=1&ud=2016042117504846603&adtbrdg=e#_adtReady

http://news.hankyung.com/article/2018100952201

http://news.hankyung.com/article/2018101567561

http://news.kmib.co.kr/article/view.asp?arcid=0923908150

http://news.mk.co.kr/newsRead.php?no=604335&year=2018

http://news.mk.co.kr/newsRead.php?no=802217&year=2016

http://news.tongplus.com/site/data/html_dir/2018/06/14/2018061401698.html?hot

http://weekly.donga.com/List/3/all/11/98290/1

http://www.albion.com/netiquette/corerules.html

http://www.cgv.co.kr

http://www.consulting.kmac.co.kr

http://www.everland.com/web/everland/favorite/favorite_index.html

http://www.foodbank.co.kr/news/articleView.html?idxno=53723

http://www.hotelnews resource.com

http://www.hotelschool.cornell.edu/research/chr/news/newsroom/item-details.html?id.
http://www.humanrights.go.kr
http://www.iconsumer.or.kr/news/articleView.html?idxno=4826
http://www.iconsumer.or.kr/news/articleView.html?idxno=5001
http://www.jejusori.net/?mod=news&act=articleView&idxno=202423
http://www.jejusori.net/?mod=news&act=articleView&idxno=202423
http://www.kmac.co.kr/certify/cert_sys02_2.asp
http://www.kmac.co.kr/certify/cert_sys03.asp
http://www.koas.or.kr/service/sc_overview.html
http://www.kosha.or.kr
http://www.kosha.or.kr/trList.do?medSeq=38438&codeSeq=4110000&medForm=101&menuId=-4110000101
http://www.law.go.kr
http://www.lgeri.com/report/view.do?idx=15580
http://www.lgeri.com/report/view.do?idx=15877
http://www.mcdonalds.co.kr/event/kor/pc/scale_for_good.jsp
http://www.michaelheppell.co.uk/exec/sam/view/id=1214/node=1216
http://www.moel.go.kr
http://www.mogef.go.kr/nw/enw/nw_enw_s001d.do;jsessionid=EhoeUmMHYASGphSTjSZ01w6E.mogef20?mid=mda700&bbtSn=705635
http://www.msecret.net/board/onlinemarket/view/wr_id/764
http://www.ncsi.or.kr/ncsi/ncsi_new/ncsi_intro.asp
http://www.ndsl.kr/ndsl/issueNdsl/detail.do?techSq=350
http://www.sedaily.com/Hmg/Main/MagazineEbook?MSeq=116&Hash=N0Y3M2#hmgf/page134-page135
http://www.seoul.co.kr/news/newsView.php?id=20180117020005
http://www.seri.org/bt/btIndex.html?btno=100&mnno=1930&no=33725
http://www.seri.org/db/dbReptV.html?g_menu=02&s_menu=0203&pubkey=db20130129001
http://www.thinkfood.co.kr(2018.6.21.)
https://banking.nonghyup.com/servlet/content/ip/ec/IPEC0001M.thtml
https://flyasiana.com/C/KR/KO/index
https://news.joins.com/article/18571617
https://news.joins.com/article/22991417(2018.09.20.)
https://shp.mogef.go.kr/shp/front/anony/intro/anonyEventProcessManual.do?menuNo=81068000
https://www.bluer.co.kr/2018/03/28/7374/
https://www.cjfoodville.co.kr/campaign/PR_View.asp
https://www.facebook.com/witheverland/

https://www.freepik.com

https://www.happypointcard.com/intro/mobile/app.spc

https://www.istarbucks.co.kr

https://www.outback.co.kr/Recruit/CompanyBeliefs.aspx

https://www.theworlds50best.com/list/1-50-winners

INDEX

찾아보기

기타

이혜숙
서울대학교 사범대학 가정학과 졸업
서울 Swiss Grand Hotel sales & marketing manager
미국 Hollywood American college Hotel & Restaurant Management Diploma 취득
미국 Clarion Edgewater Long Beach Hotel Finance manager
세종대학교 대학원 호텔관광경영학 석·박사
Delky's Franchise Owner
전 한국 호텔외식경영학회, 한국 외식경영학회, 한국 관광연구학회 이사
 한국관광학회 평생회원
전 수원대학교 호텔관광학부 교수

우인애
숙명여자대학교 가정대학 식품영양학과 졸업
숙명여자대학교 가정대학 식품영양학 석사
숙명여자대학교 가정대학 식품영양학 박사
한국 외식산업학회 이사
현재 수원여자대학교 보건식품학부 교수

황윤경
서울대학교 가정대학 식품영양학과 졸업
고려대학교 대학원 가정학 석사
고려대학교 대학원 이학 박사
한국 제과제빵교수협의회 회장, 한국 외식산업학회 이사
현재 수원여자대학교 보건식품학부 교수

오지은
한국외국어대학교 서양어대학 화란어/영어 전공 졸업
미국 University of Michigan, Ann Arbor 정보학 석사
세종대학교 대학원 호텔관광경영학 박사
한국 호텔외식경영학회, 한국 호텔관광학회, 한국 관광연구학회 이사
현재 한세대학교 국제관광학과 교수

2판

환대산업서비스론

2011년 12월 16일 초판 발행 | 2019년 2월 27일 2판 발행

지은이 이혜숙·우인애·황윤경·오지은 | **펴낸이** 류원식 | **펴낸곳** **교문사**

편집부장 모은영 | **책임진행** 김선형 | **디자인** 신나리 | **본문편집** 디자인이투이

영업 이진석·정용섭·진경민 | **출력·인쇄** 동화인쇄 | **제본** 한진제본

주소 (10881)경기도 파주시 문발로 116 | **전화** 031-955-6111 | **팩스** 031-955-0955

홈페이지 www.gyomoon.com | **E-mail** genie@gyomoon.com

등록 1960. 10. 28. 제406-2006-000035호

ISBN 978-89-363-1816-1(93590) | 값 20,000원

* 저자와의 협의하에 인지를 생략합니다.
* 잘못된 책은 바꿔 드립니다.